# 地层冻结法

## Diceng Dongjiefa

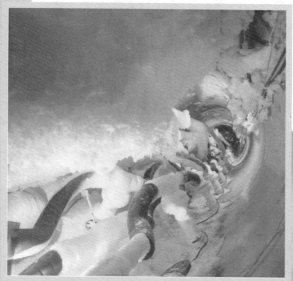

陈湘生◎编著

人民交通出版社
China Communications Press

# 内 容 提 要

本书共七章内容,具体包括:冻结法研究和应用现状、人工冻土基本力学性质、土壤冻胀融沉特性及对策、地层冻结设计、基坑工程冻土挡墙数值模拟、冻结法典型工程应用实例、地层冻结法风险与控制。

本书可作设计与施工企业、高校、科研单位等相关人员的参考用书或工具书。

**图书在版编目(CIP)数据**

地层冻结法/陈湘生编著. — 北京 : 人民交通
出版社,2013.2
ISBN 978-7-114-10403-9

Ⅰ.①地… Ⅱ.①陈… Ⅲ.①冻结法施工 Ⅳ.
①TU752

中国版本图书馆 CIP 数据核字(2013)第 038576 号

| | | |
|---|---|---|
| 书　　　名: | 地层冻结法 | |
| 著 作 者: | 陈湘生 | |
| 责任编辑: | 陈志敏　　刘彩云 | |
| 出版发行: | 人民交通出版社 | |
| 地　　　址: | (100011)北京市朝阳区安定门外外馆斜街 3 号 | |
| 网　　　址: | http://www.ccpress.com.cn | |
| 销售电话: | (010)59757973 | |
| 总 经 销: | 人民交通出版社发行部 | |
| 经　　　销: | 各地新华书店 | |
| 印　　　刷: | 北京市密东印刷有限公司 | |
| 开　　　本: | 787×1092　　1/16 | |
| 印　　　张: | 17.75 | |
| 字　　　数: | 358 千 | |
| 版　　　次: | 2013 年 2 月　　第 1 版 | |
| 印　　　次: | 2013 年 2 月　　第 1 次印刷 | |
| 书　　　号: | ISBN 978-7-114-10403-9 | |
| 定　　　价: | 68.00 元 | |

(有印刷、装订质量问题的图书由本社负责调换)

# 序　言

　　人工地层冻结法(Artificially ground freezing method)源于天然冻结现象。人类首次成功地使用人工制冷加固土壤,是在 1862 年英国威尔士的建筑基础施工中。1880 年德国工程师 F. H. Poetch 首先提出了人工冻结法原理,并于 1883 年在德国阿尔巴里煤矿成功采用冻结法建造井筒。从此,这项地层特殊加固技术被应用于竖井和其他岩土工程建设中。冻结法加固地层的原理,是利用人工制冷的方法,将低温冷媒通过冻结管送入地层,使地层中的水冻结成冰,从而使地层的强度和弹性模量都比未冻时增大许多,把要开挖体周围的地层冻结成封闭的连续冻土墙,以抵抗地压和水压,并隔绝地下水和开挖体之间的联系,然后在形成的封闭连续冻土墙的保护下,进行地下开挖和施作永久支护的一种特殊地层加固方法。工程界也把地层冻结法称作软弱含水地层止水的最后一个工法。

　　地层冻结法的核心包括人工冻土物理力学性质、设计理论、冻结孔施工工艺、冻结系统设计、冻结系统安全及监控、土壤冻胀融沉机理及控制技术等内容。

　　本书作者带领的团队在生产一线首先建立了我国第一套人工冻土试验规程;三十多年来对我国四十多个矿山和地铁工程进行人工冻土物理力学试验研究,并分别在剑桥大学和清华大学土工离心试验机上对土壤冻胀/融沉进行模拟试验研究,获得大量基础性资料,建立了我国人工冻土的物理力学性质框架体系;基于人工冻结黏土蠕变本构关系,获得了变量分离的深冻结壁设计公式,为深冻结井凿井奠定了基础。从安全和节约投资的角度出发,开发了冻结管作为钻杆施工冻结钻孔,使成孔和下放冻结管一次完成;形成了集地铁联络通道水平冻结设计理论、冻胀/融沉控制技术和信息化安全检测监控系统等多项独特技术为一体的水平冻结成套工艺,成功应用在地铁工程建设中。这些成果多次获得省部级科技进步奖,其中"人工冻土基本力学性能研究及应用"获得国家科技进步二等奖。

　　本书包含了作者所著《人工冻结黏土力学特性研究及冻土地基离心模型实验》全国优秀博士论文内容。该书对冻结法应用的条件和风险做了全面的分析,是该领域集人工冻土物理力学性质、冻结理论、工艺和实践的一本价值非常高的专著。

中国工程院院士

2013 年 1 月

# 前　言

　　人工地层冻结法(Artificially ground freezing method),自 1958 年首次应用于我国开滦煤矿开凿竖井以来,用于矿山凿井已接近 1 000 个,最深冻结深度达 955m(下部局部冻结),冻结总长度近 258km;应用于煤矿建井以外的市政等其他各类重难点工程也已经超过 200 个。自作者带领的科研团队成功开发出具有我国特色的水平冻结成套技术以来,地层冻结技术已被广泛应用于煤矿建井,含水软弱困难地层中的地铁、过江隧道等工程施工中,解决了其他工法难以解决的许多工程难题,使我国地层冻结法的研究和应用处于国际领先地位。但在工程实施过程中也遇到了不少难题,尤其是作者在帮助审查一些重大工程冻结设计中发现:许多工程技术人员对人工冻土物理力学性质、冻结过程冻土发展规律及范围控制、冻胀和融沉机理及控制技术、冻土结构的受力体系及冻土墙设计、冻土结构与永久结构的相互作用、工后沉降注浆补偿及处理措施等认知不足,设计缺乏全面考量,缺乏完整经验,照搬以往设计而缺乏针对性,从而导致设计与施工安排不合理而可能导致重大事故与安全隐患。作者认为很有必要从基本力学体系与原理、设计、施工和安全风险控制与管理等方面将上述关键问题叙述清楚,供工程技术人员借鉴,以求在应用该工法时尽可能少出问题或不出问题,这正是作者在出版专著《地层冻结工法理论研究与实践》后,再行编撰本书的目的。

　　地层冻结法源于天然冻结现象,其核心是利用人工制冷的方法,通过埋设在拟冻结地层中的冻结器(或通道)传递冷媒,与所处地层进行热交换,把地层温度降到所含水的冰点温度(受是否含盐或其他物质影响)以下,形成冻土体,从而使地层的强度和弹性模量都比未冻时的增大许多。地层冻结与融化会对地层产生影响,水是核心要素,负温是关键,两者缺一不可。人工冻土的力学特征由冰主导,水变成冰,在原位其体积要增大约 9.05%;反之,固相冰融化成液相水时,其对应冰的体积要缩小约 8.3%。因此确定水的冰点温度非常关键。冻结器传递冷媒的范围是冻结扩展范围的决定要素,冻结过程如果产生水分向冻结锋面迁移,迁移的水体积加上因水变成固体冰的体积,导致体积进一步增大,相应此处在融化时同样体积会缩小,造成地层冻结法应用过程中出现地层冻胀和融沉现象。

要想成功应用冻结法,工程技术人员应充分认知地层冻结法中的人工冻土物理力学性质、冻土结构受力方式或体系、设计理论、冻结系统设计、冻结孔施工工艺、冻结器设置和可靠性、冻结系统安全及监控、土壤冻胀和融沉机理及控制技术、连续封闭的冻结墙质量等。同时,要清醒认识到每一项冻结工程的风险所在。作者试图把这些通过理论、实践和事例说透彻,以便对工程技术人员有所帮助。

本书主要包括以下几个方面的内容:第一章主要介绍冻结法理论研究和应用现状;第二章主要介绍人工冻土基本力学性质;第三章为土壤冻胀融沉特性及对策;第四章说明地层冻结设计要素;第五章主要是基坑工程冻土挡墙数值模拟;第六章介绍冻结法典型实例;第七章系统性说明地层冻结法风险与控制。资料来源包括作者为主承担的国家科技攻关项目、国家自然科学基金项目、原煤炭工业部重点科研项目和基金项目、原人事部出国留学回国人员资助科研项目、原国家科委重点基础性研究项目、与原国际土力学和基础协会主席英国剑桥大学 Schofield 教授合作项目、作者在清华大学濮家骝教授指导下的全国优秀博士论文以及所负责或参加工程项目等成果。

参加本书编著的有作者的研究生鲁先龙研究员(第五章)、罗小刚高级工程师(第三章1g部分);作者所领导的人工冻土物理力学性质研究团队成员有(煤炭科学研究总院北京建井研究所):徐兵壮、张云利、李昆、汪崇鲜、骆桂兰、李嘉玲、梁惠生、伍期建、王家成等人。还有上海市地铁总公司、广州市地下铁道公司、杭州市地铁公司、宁波市地铁公司、北京市地铁公司、天津市地铁公司、南京市地铁公司、苏州市地铁公司、北京中煤矿山工程公司、中煤特殊凿井工程公司等单位的技术负责人提供了若干冻结工程实例。在本书编写完成后,深圳市地铁集团有限公司郑爱元博士后做了精心的校核。在此一并表示感谢!

虽然作者试图尽可能把资料准备充分而翔实,把基本要素与原理说透彻,尤其是想将地层冻结风险罗列全,但由于作者精力有限,认识难免存在偏颇,对书中谬误之处恳请读者批评指正,以利我国地层冻结法的安全高效应用。

作 者

2013 年 1 月于深圳

# 目　　录

# 第一章　冻结法研究和应用现状

## 第一节　地层冻结法原理及发展过程

地层冻结法（Ground Freezing Method）也叫地层冻结技术（Ground Freezing Technology），是煤矿在含水不稳定地层中凿井最常用的方法（占到将近 60%）。近年来，其工程应用的范围越来越广，并已成为地铁工程在软弱含水地层中施工联络通道（集水井）、盾构始发或者到达以及处理事故、加固地层的主要工法之一。对于在富水、破碎、密集建筑区域等复杂环境条件下不良地层的市政工程施工，地层冻结法也被认为是最佳和最后的有效方法。

地层冻结法加固地层的原理是利用人工制冷的方法，将低温冷媒送入开挖体周围的含水地层中，使地层中的水在低于其冰点的温度场内不断冻结成冰而把地层中的土颗粒用冰胶结形成一个不透水的整体结构，而这种冻土结构的整体强度和弹性模量远比非冻土的大，会把开挖体周围的地层冻结成封闭的连续体（冻土墙），以抵抗地压并隔绝地下水和开挖体之间的联系，然后可以在封闭的连续冻土墙的保护下，进行开挖和施工支护。该法适用于松散的不稳定的冲积层、裂隙性含水岩层、松软泥岩、含水率和水压特大的岩层。

冻结法的具体工艺过程是将冻结管埋入待处理的地层中，由循环在冻结管内低于水冰点温度的冷媒（低温液化气体或盐水）传递能量而将冻结管周围土壤中的孔隙水由近而远地冻结成冰，周边的土颗粒通过冰胶结成一体。若将冻结管以适当间距埋设，则相邻的冻土柱不断扩大而连接形成连续的冻土墙或闭合的冻土结构，如此冻土墙体即具有完全的止水性与高强度，可作为临时开挖的防护措施，如图 1-1 所示。

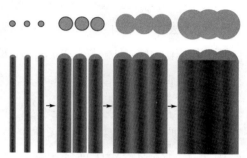

图 1-1　冻土形成、发展、相连示意图

冻结法加固地层分为直接式（消耗型制冷剂系统）和间接式（循环冷媒系统）。

直接式冻结工法,所用制冷剂主要有液氮或固体二氧化碳溶于酒精后的液体。液氮最低温度可达-190℃左右,而后者最低温度可达-79℃左右,这时冻土墙可在很短时间内(如几小时)形成。它们既是制冷剂,又是冷媒。用泵直接把这种液体泵入地层里的冻结管内,另一端排出已同地层发生过热交换的尾气。这种方法中,冻结管内温度一般较低。干冰和液氮冻结对于处理一些工程事故和在高大建筑物下施工,具有速度快、操作方便和冻土墙承载能力大等优点,当然成本也更高。图1-2为直接冻结工法示意图,图1-3为地层冻结系统冻结器(管)的两种连接方式。

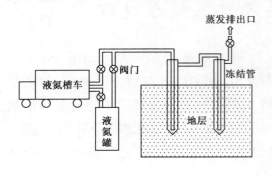

图1-2 直接冻结工法示意图

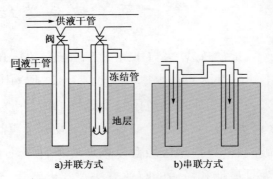

图1-3 地层冻结系统冻结器(管)的两种连接方式

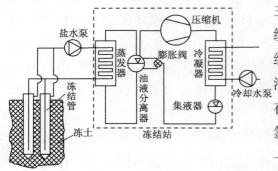

图1-4 间接冻结盐水冻结系统工法示意图

典型间接式冻结系统主要包括冷冻站系统和地层冻结系统两部分。冷冻站系统主要有压缩机、冷凝器、膨胀阀,地层冻结系统有冷媒泵、冻结管等。两个系统由蒸发器组合在一起。这种系统的制冷介质一般分为液氨(氨压缩机)和氟利昂(螺杆机组)两种。在市政工程中多用氟利昂制冷剂,冷媒多用氯化钙溶液(盐水)。这种方法中,冷媒温度一般为-20～-35℃。图1-4为间接冻结盐水冻结系统工法示意图。

冻结法大概是在19世纪50年代蒸汽压缩式冷冻机发明后,于1862年第一次被应用,由英国用在维尔斯(Wales)建筑基础施工中,以防止软弱透水层坍塌。1880年德国工程师Poetch首先提出人工冻结法原理,并于1883年在德国阿尔巴里德煤矿,成功地采用冻结工法建造了103m深的竖井。冻结法在市政隧道工程中首次使用是1886年瑞典的人行隧道工程(施工总长24m)。随后世界一些国家亦陆续采用,1906年用于法国的横穿河床地铁工程;1933年用于前苏联地铁工程的竖井;1942年用于巴西的26层高楼不均匀沉陷纠偏中;1962年日本首次在大阪守口市试用于横跨河床水道敷设工程,1968 年正式用于东京金杉桥工程及大阪市金里工区之横跨河床地铁工程;1960 年用于加拿大之双拱铁道隔墙拆除工程等。

我国最早于 1955 年在开滦煤矿林西风井工程中首次使用冻结工法凿井,该井筒净直径 5m,冻结深度 105m。经过 50 多年的迅速发展,我国冻结法用于矿山凿井已接近 1 000 个,最深冻结深度达到 955m(下部局部冻结),冻结总长度接近 258km(见附表 1-1);施工斜井 16 个,这些斜井均采用地面打垂直钻孔进行冻结(见附表 1-2)。其中,内蒙榆树林子斜井冻结段斜长 114.8m,倾角 25°,从地面沿井筒轴线分五段冻结,每段长度为 16.2～28.5m 不等,根据自然平衡拱原理确定冻结壁尺寸,采用分期冻结和局部冻结工艺,逐段合理安排冻结与掘砌平行作业,为适于采用斜井开挖的矿井穿过松软地层应用冻结法提供了经验。20 世纪 70 年代初,冻结法施工技术,首次应用于北京地铁建设工程,冻结段长度 90m,垂深 28m,采用明槽开挖。1975 年沈阳地铁 2 号井采用冻结法施工,井筒净直径 7m,冲积层 31.4m,冻结深度 51m。80 年代,海拉尔水泥厂开挖上料仓基坑和南通市在建筑物旁开挖沉淀池施工中也使用了冻结法。1993 年起,煤炭科学研究总院北京建井研究所在上海地铁 1 号线工程中用冻结法完成了 1 个泵站和 3 个隧道与连通道结合部"死角"的施工任务(后者从隧道内进行冻结)。此后,冻结工法开始被广泛应用到市政工程,特别是地铁工程建设中,而且有越来越广泛应用于地铁工程施工的趋势。截至目前,冻结法用于地铁等市政工程总数量超过 130 项(见附表 1-3)。

同时,把干冰和液氮用于冻结工法也陆续进行了试验及工程应用研究。作者原来所在的煤炭科学研究总院北京建井研究所和高校合作,于 20 世纪 90 年代初将其应用于地层冻结,取得了半工业性试验的成功。干冰冻结技术类似于液氮,它的最低温度为-79℃。试验表明,干冰冻结的冻土扩展速度虽不及液氮,但较之盐水冻结要快 6 倍,而冻结成本要比液氮低 50% 以上,是很有实用价值和发展前景的人工冻结技术。国外在 20 世纪 60 年代即已采用液氮制冷加固地层,我国 20 世纪 70 年代进行半工业性试验,1992 年在上海地铁隧道工程中初次使用,与常规氨—盐水冻结配合,实现了 520m³ 的长方形土体冻结。随后,作者在上海地铁 1 号线宁海西路联络通道集水井底部使用液氮封堵地下水。

## 第二节　冻结法的优势和适用性

冻结法之所以用在一些困难地层、复杂地下结构施工中,而且作为困难地层中地下工程施工的最后一种工法,说明它与其他工法相比,具有很多的独特优点和可靠性。

冻结法经过 130 多年的应用和发展,已成为一种成熟的工法。

## 一、主要优点

(1)高强度和大弹性模量。地层冻结后的强度和弹性模量较未冻时有极大提高且均匀。含水松软地层经过低温冻结后成为一个整体,整个地层的强度和弹性模量因为其内水结冰都有较大提高。

(2)完整不透水的密封性。只要地层孔隙中有水,通过冻结把这些孔隙水变成冰,就把这些孔隙封闭了,再开挖时外部水就无法进入开挖矿空间。

(3)不同地层交互可形成连续一体冻结结构。地层固体之间孔隙水通过冻结后成冰,把不同的固体全部黏结起来形成一个连续整体。

(4)与相邻构造物具有很好的密结性。因为冻结后地层中的水结成冰,使冻土和其紧贴结构通过冰结交在一起,形成连续的结构。

(5)安全性高。如果设计合理,形成的冻结地层即使遇到突然断电的情况,因为解冻要有一个比较长的时间,完全可以利用这段时间启用其他电源继续冻结。

(6)技术可靠。地层冻结是借用自然界的冻结现象把地层孔隙水冻结成冰,原理明了,理论清晰,是一个可靠的技术。

(7)对地层没有危害。该法是通过热交换使地层孔隙水不断降温结冰以提高地层整体强度和弹性模量,没有其他介质进入地层。

(8)复原性好。工程完成后地层解冻基本恢复原状,相对其他工法,对地层扰动或破坏性最小。

(9)便于施工管理。因为完全靠把地层孔隙水冻结成冰而形成冻结结构,只要通过布置合适的测温孔对地层进行温度监测,就可以知道冻土结构形成与否,以及对应的冻土强度和弹性模量;在将要开挖空间内还可以通过设置的水文孔观测水位变化,判断冻结结构是否围闭(封闭)。

## 二、主要适用环境与条件

(1)不适合采用降低地下水位的地方(如降水会导致建筑物或街道、地下管线发生沉陷及损害)。

(2)不允许使用水泥浆或其他任何化学浆注浆的地方(注浆会造成地下水质污染)。

(3)注浆失效的地方。

(4)深厚松软地层竖(斜)井施工。

(5)软弱地层,如流沙、烂泥层、矿渣层、崩积层等,进行横通道及隧道的开挖。

（6）水底（河流、水库、水池、水塘、海域等）隧道施工。

（7）盾构始发和到达井及其周边加固。

（8）含水地层中隧道联络通道施工。

（9）局部含水地层开挖的加固。

（10）排桩桩间止水。

（11）水下盾构对接处理。

（12）不规则开挖体止水。

（13）工程抢险。

冻结法是其他所有工法无法使用时的最后一个手段。

### 三、冻结法典型事例

**1. 冻结竖井（立井）**

这是我国目前地层冻结应用最广的领域，近30年来，我国煤矿科技工作者矢志解决400m深冲积地层冻结凿井冻结壁、冻结井壁和冻结孔钻进（两壁一钻）世界性难题，目前已经全面突破，冻结深度达到955m，冲积层冻结深度也超过700m，都处于世界领先地位。其主要工艺见图1-5。

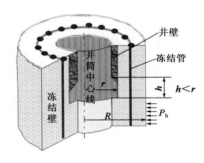

图1-5　竖井冻结主要工艺

**2. 冻结斜井**

冻结斜井的冻结管布置，目前主要采取垂直孔方式。但是沿斜井轴向布置冻结孔保证钻进精度非常困难，钻机也很难架设。图1-6是我国第一个斜井垂直冻结孔布置方式。

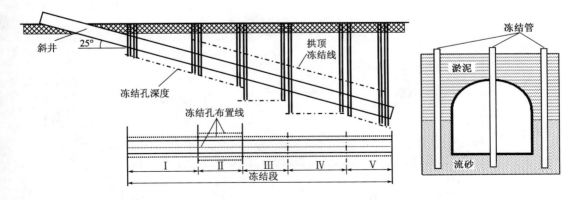

图1-6　斜井垂直冻结孔布置方式

### 3. 我国最大排桩桩间冻结止水帷幕

图 1-7 是我国最大排桩桩间冻结止水帷幕——润扬大桥南锚碇基础排桩桩间冻结止水工程。

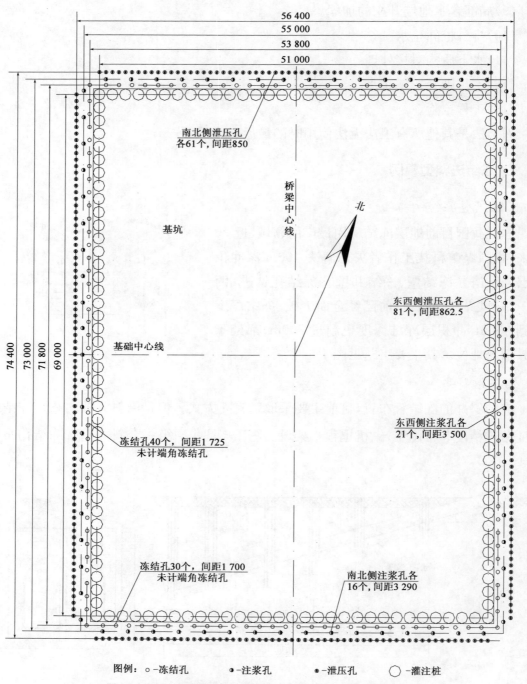

图 1-7　润扬大桥南锚碇基础排桩桩间冻结止水工程(尺寸单位:mm)

**4. 水平隧道拱顶水平冻结**

图 1-8 是北京地铁某隧道拱顶水平冻结示意图。由于隧道顶部遇到含水砂层且水量大,选用水平冻结方式成功完成了施工。

**5. 水平隧道全封闭水平冻结**

图 1-9 是某地铁折返线暗挖隧道南端冻结孔口布置图,为水平全封闭冻结工程,解决了岩石破碎带大量出水的问题。

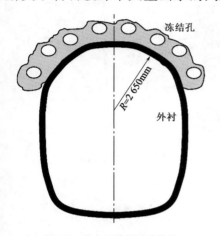

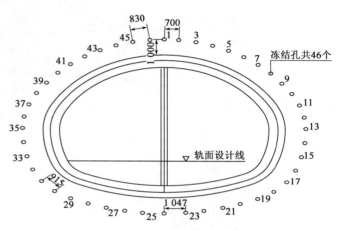

图 1-8　北京地铁某隧道拱顶
　　　　水平冻结示意图

图 1-9　某地铁折返线暗挖隧道南端冻结孔口布置图(尺寸单位:mm)

**6. 地铁联络通道单向放射冻结孔(水下)布置**

图 1-10 是某地铁江底下 8m 联络通道水平冻结单向放射冻结孔布置方式。

**7. 地铁隧道联络通道双向放射冻结孔方式布置**

图 1-11 是某地铁隧道长的联络通道双向放射冻结孔布置方式。

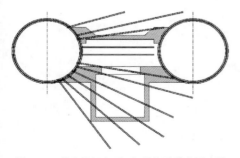

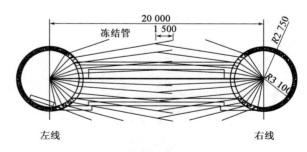

图 1-10　某地铁江底下 8m 联络通道水平冻结
　　　　单向放射冻结孔布置方式

图 1-11　某地铁隧道长的联络通道双向放射
　　　　冻结孔布置方式(尺寸单位:mm)

**8. 冻土地连墙**

图 1-12 是某地铁区间通过暗河床时采用冻土地连墙施工。

## 9.其他几种地下隧道或管道连接处冻结方式(见图 1-13～图 1-26)

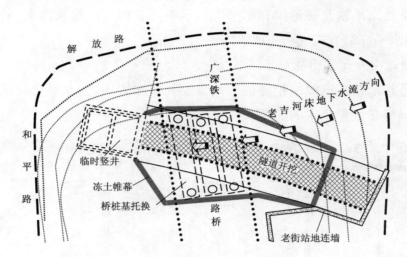

图 1-12　某地铁区间冻土地连墙

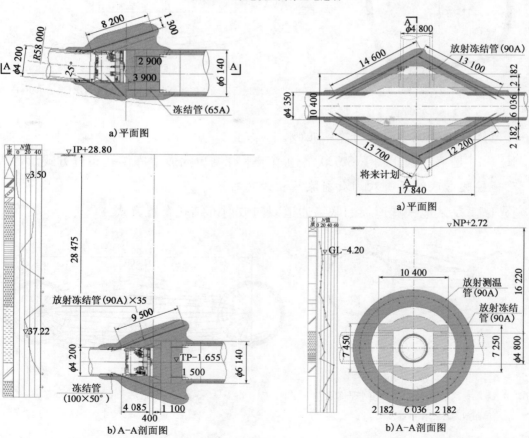

图 1-13　地下不同尺寸管道对接冻结施工
（尺寸单位:mm,高程单位:m）

图 1-14　地下十字交叉管道对接处冻结施工
（尺寸单位:mm,高程单位:m）

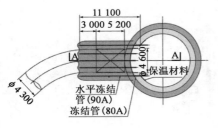

a) 平面图

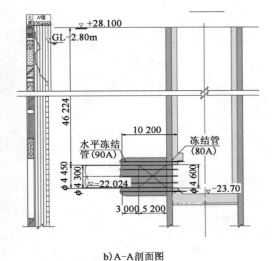

b) A—A剖面图

图 1-15　竖井地下水平管道对接处冻结施工
（尺寸单位：mm，高程单位：m）

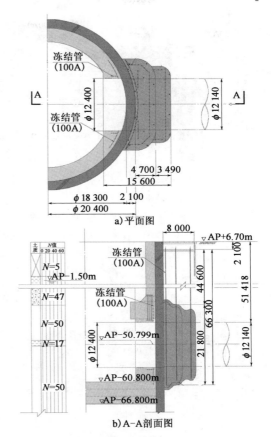

a) 平面图

b) A—A剖面图

图 1-16　大直径竖井地下水平管道对接处冻结施工
（尺寸单位：mm，高程单位：m）

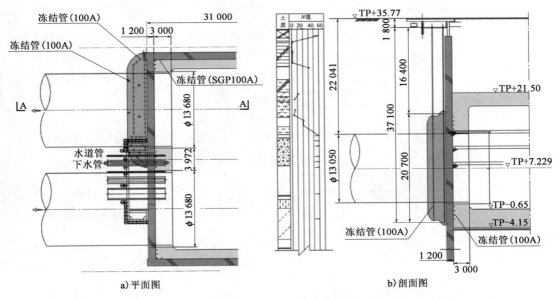

a) 平面图　　　　　　　　　　　　　　　b) 剖面图

图 1-17　基坑地下大直径平行水平隧道对接处冻结封水（尺寸单位：mm，高程单位：m）

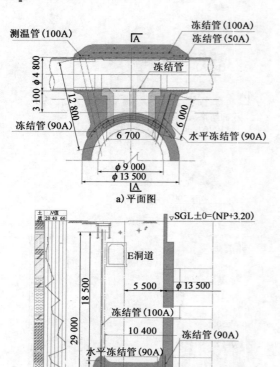

a) 平面图

b) 剖面图

图 1-18　竖井地下与不相交的水平隧道连通处
冻结施工(尺寸单位:mm,高程单位:m)

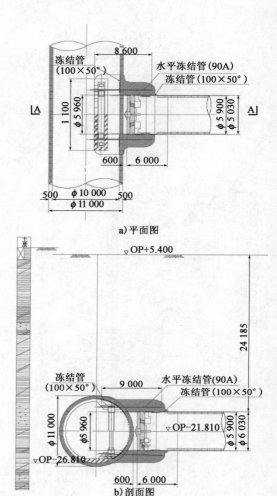

a) 平面图

b) 剖面图

图 1-19　地下小直径隧道盾构与大直径水平隧道连通处
冻结施工(尺寸单位:mm,高程单位:m)

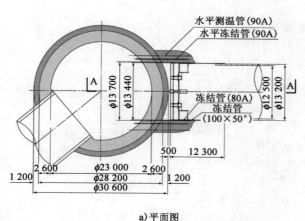

a) 平面图

b) 剖面图

图 1-20　地下小直径隧道盾构与大直径竖井连通处冻结封水(尺寸单位:mm,高程单位:m)

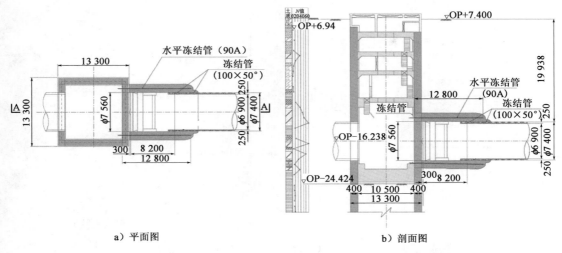

a）平面图　　　　　　　　　　　　　　b）剖面图

图 1-21　地下隧道盾构与正方形竖井连通处冻结施工（尺寸单位：mm，高程单位：m）

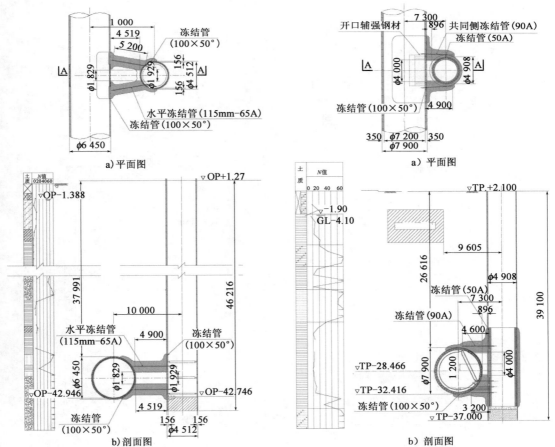

图 1-22　小直径竖井与地下不相接水平隧道连通处
冻结施工（尺寸单位：mm，高程单位：m）

图 1-23　小直径竖井与地下不相接水平隧道局部连通处
冻结加固（尺寸单位：mm，高程单位：m）

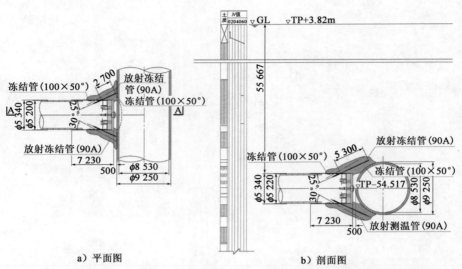

a）平面图

b）剖面图

图1-24　地下小直径隧道与大直径水平隧道垂直连通处冻结加固（尺寸单位：mm，高程单位：m）

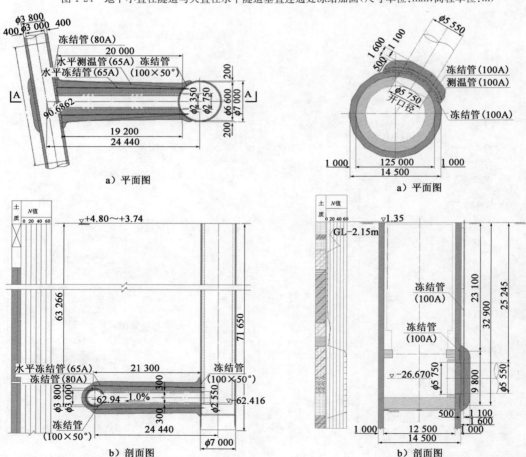

a）平面图

a）平面图

b）剖面图

b）剖面图

图1-25　竖井与地下水平隧道远距离连通冻结施工
（尺寸单位：mm，高程单位：m）

图1-26　竖井内地下水平顶管开口处冻结加固
（尺寸单位：mm，高程单位：m）

## 第三节　冻结法应用的注意事项

冻结法的核心是通过人工降温把地层中水的温度降到冰点以下使其结冰。因此，要想成功应用冻结工法，需要仔细把握下列几个要素。

（1）土层里含水率不宜低于5％，或者给地层加水，否则难以冻结形成冻土墙。

（2）土层里水的冰点不能太低（如含盐），否则会导致结冰困难或者无法冻结。

（3）土层内水的流速不能太大，否则会导致冷量被带走而冻结时间长，或者无法冻结。地下水流速1～2m/d时采用盐水冻结是经济可行的，虽然流速在50m/d时也能用液氮冻结形成冻土，但是非常不经济。

（4）土层内的水位变化，因河川或海水涨落差过高，也会导致冷量损失过多而冻结效果不好，甚至无法形成冻土墙，或者无法（与其他结构）形成封闭体。

（5）要具备可以进行冻结孔施工的条件，尤其是水平冻结孔的施工条件更加重要。在承压水条件下施工冻结孔，钻进设备和孔口密封装置极为重要。

（6）同样负温情况下冻结砂性土（非过饱和）的强度（无侧限抗压、直接剪切或三轴剪切、抗拉强度等）大于冻结黏性土的强度。

（7）一般情况下冻土墙的平均温度为−8～−20℃，并取决于所承受外载，温度过低会增加成本，不经济。

（8）单排冻结管可以形成1～4m的冻土墙。如果需要更厚的冻土墙，就需更低温度或者双排甚至3排或4排辅助冻结管。

（9）形成隔水封闭体的关联结构（隔水地层、已有结构或其他工法即将形成的结构）与冻土之间的结合要紧密，并保证其可靠性。

（10）开挖体内的水文观测孔、相关的测温孔布置要事先周密地考虑并设计好，冻结孔的精度和最终结果极为重要。

（11）土质冻结因其内部液体水变成固体冰而体积要增大9％，导致直接冻胀；如果是冻敏性土，在冻结过程中水分还要迁移到冻结封面上来，不断形成冰镜体而导致水分迁移冻胀。反之，冻土融化时因固体冰要变成液体水，其体积要缩小而产生沉降——融沉。

（12）冻土发展和冻土封闭体形成的检测和监控是冻结法成功的关键因素之一，因此，信息化系统在冻结工法中极为重要。

基于作者近30年的地层冻结法研究和应用的经验与教训，认为冻结法的成功主要取决于：

（1）全面了解地层物理力学性质：热物理参数（热容量、导温系数、导热系数等）、渗透系数、含盐量、含水率、水温、土颗粒组成和土质分类、常温下的 $c$ 和 $\varphi$ 值等。

（2）全面掌握所在地层的工程地质和水文地质情况，其中含水层与其他水源关系、流速流向、是否承压水、各含水层之间的水力联系、隔水层的厚度及相关力学性质等尤为重要。

（3）充分认知所要冻结地层的冻土物理力学性质，主要是冻土的抗压强度、三轴剪切强度、单轴/三轴蠕变强度（根据需要）、抗拉强度、抗弯强度、土的冻胀（土壤的冻敏性）和融沉特性等，且前提是要采用正确的试验研究方法。

（4）选取最恰当冻土结构的设计模型（充分掌握边界条件、冻土结构受力体系、最合适力学模型、编制计算说明、估算积极冻结期等）。

（5）使用最合适钻机和钻孔纠偏与测斜仪，从而满足冻土结构的钻孔精度；选择最佳冻结器布置方式，确保本身的密闭性（冻结管打压检验、循环系统密闭性检验等）；选取全方位的信息化检测监控系统，确保冷媒系统可靠性、制冷系统运转的可靠性等（尤其是冷却水、冷媒、制冷剂三大系统的监测监控）。

（6）信息化检测监控系统，必须包含全方位的冻土结构形成的检测（温度场）和冻土结构形成的密闭性检验（地下水压力变化、温度场变化）等。

（7）务必进行全过程的信息化施工，包括开挖过程变形控制和衬砌过程控制，以及由此建立与冷冻站运转（温度、流量、流速等）的关联关系。

（8）涉及重大财产和人身安全的冻结工程，应具备应急措施（如液氮槽车等抢险设备）。

（9）在信息化施工基础上，对融化过程进行跟踪，通过注浆弥补地层融沉量。

（10）进行冻融地层工后变形和永久结构稳定性跟踪。

在含水地层中进行地下开挖前，关键是在开挖面进行止水处理。不同的地层条件和周边环境是决定采用什么工法的主要决定因素。反之，各工法都有自己适用的条件，选择何种工法都需要先了解开挖地层实际状况、施工条件、开挖方式以及周边环境，并进行可行性研究及审慎评估尤其是风险评估后，方可使随后开挖工程进展顺利。由上面所述其优点和要素可见，采用管理要求极为严格的冻结法更不例外，其前期工作较其他工法更为重要，要求也更高，特别是要全面把握工程地质和水文地质、土的物理力学性质以及其低温性能、隔水层物理力学性质及其厚度、冻结范围内土的冻敏性和融沉特点、周边环境等。一般来说，冻结工法可应用到任何含水地层里的施工中，尤其是其他工法无法应用或应用非常困难的地方。冻结法有时还可以作为其他工法的辅助工法。冻结法具有上面的许多优点,但管理要求也非常严格。

随着冻结法在我国的应用发展,我国已经成为世界上广泛采用冻结法掘砌井筒的国家。20 世纪 80 年代以来,冻结深度不断增大,1984 年建成了冻结深度达 435m 的井筒,取得了用冻结法在深厚膨胀性黏土层中掘砌井筒的成功经验。20 世纪 80 年代以后,我国以解决 700m 冻结深度的技术问题为目标,加强对深井冻结的冻结壁和永久井壁技术的研究,以提高冻结井筒的技术经济效益。开展研究的工作有:

(1)推广钻、测、纠综合技术,确保冻结孔钻直、钻快。

(2)对深井冻结方法、制冷设备和系统,以及超低温技术的研究;改善冻结方案和使冻结壁适应不同地下结构形式。

(3)对冻结壁稳定性和设计理论、冻结管断裂、井壁与冻结壁两者共同作用的设计方法、冻土流变性能和冻结壁三维强度问题的研究。

(4)改进永久井壁结构及设计计算方法,研究解决深井井壁厚度过大的问题以及成井数年后发生井壁破坏的问题。

竖井冻结法施工方案,有全深一次冻结、差异冻结、局部冻结、分期(段)冻结四种。竖井冻结已完成冻结最深深度达到 800m,目前冻结深度达到 950m(深部局部)。在冻结孔布置方面,有主冻结孔+防偏孔、多圈主冻结孔+防偏孔+辅助孔等。在市政工程冻结工程方面,着重解决土层冻胀融沉、水下工程冻结施工安全、水平冻结孔和放射冻结孔钻进工艺和设备、液氮冻结、移动式冷冻设备等关键难题;对不同地区冻土物理力学性质进行了广泛的试验研究;完善提高信息化施工检测监控系统的效能;同时制定了相应的技术规程。

## 第四节　人工冻土力学性质和土壤冻胀融沉特性试验研究进展

我国天然(包括季节性)冻土研究始于 20 世纪 60 年代末,人工冻土力学性质研究始于 20 世纪 70 年代末。因对冻土物理力学性质的试验研究起步晚,各地重视程度不同,所获得数据对比和可靠性难以把握得十分准确,造成设计混乱,使得依据这些数据设计和施工的效果检验和反馈不是十分全面。我国从 20 世纪 80 年代开始对冻土物理力学性质进行研究,特别是 1990 年后,逐步建立健全了冻土物理力学试验研究的方法,研发了对应的试验装置等,其中大部分成果达到了国际水平,基本解决了我国地层冻结法应用的基础难题。

## 一、《人工冻土物理力学性能试验》标准

1988年在原煤炭工业部、原国家科委资助下，基于国际地层冻结大会组委会推荐的冻土试验大纲，作者带领课题组开始制定我国煤炭行业标准《人工冻土物理力学性能试验》(MT/T 593)。该标准共分7部分，1990年开始试行，1996年正式批准成为中华人民共和国煤炭行业标准❶，这也是我国唯一的人工冻土物理力学性能试验标准。

第1部分(MT/T 593.1)：人工冻土试验取样及试样制备方法；

第2部分(MT/T 593.2)：土壤冻胀试验方法；

第3部分(MT/T 593.3)：人工冻土静水压力下固结试验方法；

第4部分(MT/T 593.4)：人工冻土单轴抗压强度试验方法；

第5部分(MT/T 593.5)：人工冻土三轴剪切强度试验方法；

第6部分(MT/T 593.6)：人工冻土单轴压缩蠕变试验方法；

第7部分(MT/T 593.7)：人工冻土三轴剪切蠕变试验方法。

与此同时，研制成功一系列的试验装置(设备)，并很好地服务于在冻土地层上建设青藏铁路等重大工程项目。

## 二、人工冻土力学性质试验研究

作者所带领的冻土力学课题组，在国家自然科学基金、国家科委基础性研究、出国留学人员基金、原煤炭工业部、原能源工业部、国家科技攻关等科研项目资助下，在我国煤矿冻结法应用地和市政工程冻结法应用工地取样，经过20多年的试验研究，获得了大量试验研究数据，并在冻结法中广泛成功应用。主要有：

(1)获得我国人工冻土无侧限抗压强度特征、应力—应变特征，以及它们与负温的关系、与时间的关系(蠕变)。

(2)获得了我国人工冻土尤其是事故多发冻结黏土瞬时三轴剪切强度与负温的关系。发现人工冻结黏土三轴剪切强度参数黏聚力受负温影响极明显，而内摩擦角在−10℃以下几乎不变化，也即其剪切强度随负温降低而增加主要是黏聚力的增大引起的。

获得了人工冻土三轴剪切强度与时间之间的变化规律(长时强度)，以及蠕变特性。

(3)建立了人工冻结黏土变量分离的蠕变本构模型，为深冻结井设计奠定了冻土力学理论基础。

---

❶现行为2011年版。

（4）建立了人工冻土强度与颗粒级配、塑性指数、自由膨胀率的关联关系，为冻土分类及施工中根据土层类型即可判断采用最佳施工方法及工序提供了简单而又极有效的手段。

（5）获得了恒应变速率下与加载速率下人工冻土强度差异及关系，为不同试验方法间数据分析中的可比性奠定了基础。

（6）建立了土壤冻胀试验方法，并研制了相应的设备；利用离心模型试验机进行了土壤冻胀—融沉试验方法的验证试验，并获得了非常有意义的成果。

### 三、冻结设计理论

基于人工冻土力学性质试验研究结果，使冻土结构设计水平有了很大提高。尤其是在深冻结井冻结壁设计中，基于冻结黏土层强度最低、蠕变特性强的特点，基于С.С.Вялов的有限段高冻结壁设计公式，根据作者带领的团队所获得的冻结黏土蠕变试验研究数据，提出了深冻结壁设计时空思想和变量分离的深冻结壁设计公式，解决了超深冻结壁的设计理论难题。同时，在不同市政工程的冻土墙（结构）设计中，考虑地层冻胀融沉特点，解决并完善了与其他结构共同受力或者独立承载或者联合使用等多种形式的设计和施工课题，以及冻结融化过程影响等。

### 四、土壤冻胀融沉特性

通过室内外对土壤冻胀—融沉特性试验研究，对不同土壤冻胀融沉进行了分类。地层冻结中，最重要的是对那些冻敏性土质要高度重视。1993 年作者在国际土力学及基础工程协会前主席 Andrew Schofield 教授指导下，在剑桥大学首次利用土工离心试验机试验模拟技术，再现了土中管道多次冻胀/融沉循环过程中不断在土壤内部上抬现象。在濮家骝教授带领下，作者首次在清华大学利用土工离心试验机试验模拟技术，再现了土的多次冻胀/融沉循环现象，并比较现场实测数据以及离心模型试验模拟试验验证了数据的可靠性，有力地推动了国际冻土界土壤冻胀融沉离心模型试验的快速发展。尤其是通过对上海地铁黄浦江下联络通道土壤注浆和不注浆现场对比试验、土工离心模型模拟试验数据对比，发现数据基本吻合，说明上海冻敏性土质（淤泥砂类）通过注浆可以大大减少冻胀和融沉。

### 五、地层冻结法工程规范

在中国煤炭建设协会协调下，由作者原来所在单位煤炭科学研究总院北京建井研究所等几家科研、设计和施工企业从 1999 年起开始制定《煤矿冻结法开凿立井工程技术规范》(暂行),历经近十年,于 2009 年 12 月 18 日以中国煤炭建设协会文件正式颁布该暂行规范,其中大量采纳了作者所带领研究团队的有关冻土物理力学性能试验规程、指标、设计理论和公式等,规范了我国深冻结井冻结壁设计、冻结孔钻进、井壁设计和施工,有力地推动了我国冻结法的应用。目前我国冻结法凿井技术无论是在冲积层深度还是在冻结深度都处于世界领先地位。

煤炭科学研究总院建井分院(北京中煤矿山工程公司)在上海地铁总公司和刘建航院士支持下,从 1993 年开始应用冻结法局部冻结施工联络通道。作者带领的团队和上海地铁总公司在工程实践中不断完善地铁工程中的冻结法,并成功地在黄浦江底下 8m 处用冻结法完成了联络通道和集水井的施工。从此,在市政工程尤其是在地铁工程困难地层中冻结法应用越来越广泛。上海申通地铁集团有限公司和煤炭科学研究总院建井分院(北京中煤矿山工程公司)共同编制了上海市工程建设规范《旁通道冻结法技术规程》(DG/TJ 08-902—2006,J 10851—2006),进一步规范了地铁工程建设中的冻结法应用。

# 第二章　人工冻土基本力学性质

冻土物理力学性质是冻结法应用的两大核心基础之一。其中，对深冻结井极为重要的指标是人工冻土的蠕变特性和长时强度。冻土物理力学性质的试验研究虽然已有近 90 年的历史，但在全球范围内其试验研究方法统一是从 1987 年开始的。这是由于天然冻土（natural frozen soil），包括永冻土（permanent frozen soil）和季节性冻土（seasonal frozen soil）范围有限，人类活动在最近 70 年才全面进入到这些地域。另一方面，人工地层冻结法虽然已经有将近 150 年的历史，但也是在最近 40 多年才发展到 800m 深，40 多个国家的矿山、水电、市政、军事和交通等领域，这些冻土属于"人工冻土"（artificial frozen soil）范畴。因此，充分认识冻土物理力学性质对人工地层冻结法非常关键。

土中的水，通过冰点以下温度的冷媒热传导冻结成冰，从而使土冻结成人工冻土，这是地层冻结法的关键组构物。因此，首先充分认识人工冻土的组构，尤其是了解人工冻土的基本物理力学性质，包括它的瞬时力学性质和其与时间关联的力学性质，是冻结法应用的关键。

## 第一节　冻土的组构及工程意义

在人工冻土和天然冻土两大冻土范畴中，从功用和时间方面来讲，人工冻土体是一临时承载支护结构，而天然冻土是一长时的承载地基（多年冻土）。由于人工冻土是因人工降温而形成的冻土，而天然冻土则是因气温变化而形成的冻土，故人工冻土的许多性质是比较容易人为调节的，而天然冻土则要困难得多。另外，人工冻土形成的冷源相对天然冻土的冷源——大气要稳定得多。同时，冻结速度不同和水分迁移速度不同，也会造成冻胀速度和冻胀量相异等。虽然有这么多不同，但因两者的核心都是土中的水因温度低于其冰点温度而成为胶结体——冰，而使两者的力学性态有许多相近之处。这里着重于人工冻土力学特性的研究。

冻土属于多相系，既有矿物颗粒、冰、未冻水，还有气体，而这种多相系的复杂性主要体现在气相和液相的水同时存在，在外载作用下，显示出非常复杂的物理力学特性。

因此,必须充分认识冻土的组构和它本身对物理力学性质的影响。在这方面,前苏联学者进行了大量的试验研究,得到了大量的室内外试验研究数据和应用实例,成功地解决了许多工程问题。

## 一、土颗粒

属于固相的土颗粒是土体的骨架,主要由矿物组成,并主要来源于火山岩和变质岩。由岩石风化而成的颗粒或小碎片等形态叫原生矿物,而由原生矿物风化而成的如蒙脱石、高岭土和伊利石等形态叫次生矿物。前者多呈砂性土,后者主要是黏性土。显然,次生矿物是不稳定的颗粒,尤其是其中的一些盐基矿物(如钙和镁的碳酸盐和钠盐)比较容易融于水,使土体内含盐而在冻结时冰点下降。此外,在地层沉积过程中各种植物和动物残余也是固体成分,如果这些残余体堆积在一起就形成了泥炭或淤泥。

土的骨架显然是由不同直径的上述颗粒组成的,这些不同直径的颗粒在土中的分布情况就是土的颗粒级配。土的颗粒级配在某种程度上决定着土的基本性质,进而在一定程度上决定着冻土的物理力学性质。这主要是由于土颗粒表面带有电荷,土颗粒粒径不同,单位质量土的比表面积不同,因土颗粒表面电荷存在而对应的自由能不同,在冻结状况下对应的吸附水(未冻水)也不同,从而显现的物理力学性质不同。同样,冻胀和融沉也不同。显然,单位质量土的比表面积不同,冻胀和融化效果就会有差异,对应的冻土力学特性也不同。

## 二、气相

土层内或多或少都存在着气体,即使是深部土也存在极少量的气泡(包括水的气体形态)。气相的存在,使得冻土物理力学性质更加复杂,某些方面有些类似于非饱和土。冻土物理力学性质更主要的是未冻水的影响,这些极少量的气泡只有在高压并临近破坏时才参与冻土体破坏加速的进程。

## 三、相变的水

冻土中的水是一个多相态物质,它的相态呈现出固体(冰)、未冻水和气体,它的相态取决于温度、压力等外部条件,所以它不是恒定的。一般情况下,温度对于水所处各相态占有比例是主要作用;当外力大到足以使土颗粒之间产生相对滑动时,之间的固相冰会被部分挤压和错动达到融化,形成液相水。作为气相水在温度或外力作用下同样也要发生变化。当温度低于土中液相水的冰点时,其中液相水就向固相冰发生相变。固相冰使松散土颗粒被黏结成整体,形成比未冻土要稳定多的冻土体,其中的未冻水随温度降低而不断转化成冰(未冻水减少),而原有冰随温度降低而强度(和弹性模量)增加(冻土体整体强度增加)。

Н. А. Цытович(1973)指出:土中的水冻结成冰与净水冻结成冰,因有土颗粒的存在而有特别的不同之处。土颗粒表面带有电荷,当水和土粒接触时,就会在这种静电引力下发生极化作用,使靠近土粒表面的水分子失去自由活动的能力而整齐、紧密地排列起来。距土粒表面越近,静电引力强度越大,对水分子的吸附力也越大,从而形成一层密度很大的水膜,叫做吸附水或强结合水。离土粒表面稍远,静电引力强度减小,水分子自由活动能力增大,这部分水叫薄膜水或弱结合水。再远则水分子主要受重力作用控制,形成所谓毛细水(一般归属于弱结合水的范围)。更远的水只受重力的控制,叫重力水(自由水),就是普通的液态水。

这四种水(也有的把强结合水和弱结合水统称"结合水")因其所受力场不一而冰点温度相差较大。由于结合水密度大(相对密度1.2～1.4),其冰点温度最低,要使其完全结冰最低温度要达到$-186℃$,其相对含量也最少。薄膜水的相对密度略大于1,冰点温度低于0℃,一般在$-20～-30℃$时才全部冻结成冰。而毛细水和重力水相对密度为1,能传递静水压力,在一个大气压下其冰点温度为0℃。

由于土中四种水的冰点温度不同,无论是在永冻土、季节性冻土中,还是在人工冻土中,总是有未冻水的存在。因此,一般来说,冻土是由土颗粒骨架、固相水——冰、空气和未冻水这四部分构成的多相复合材料,具有本身组构的不均匀性。在外载作用下,其内土颗粒骨架、未冻水、固相水——冰和空气等成分相互作用。冰在高应力区融化成未冻水而向低应力区迁移,未冻水在低应力区冻结成冰,从而形成了冰和未冻水之间的相互转化。若低应力区的未冻水冻结成冰的速度大于或等于高应力区冰融化成未冻水的速度,则冻土内颗粒间不会发生相对错动,从而使冻土处于稳定状态;反之,若前者的速度小于后者的速度,随着时间的推移,冻土内颗粒间就会发生移动和相对错动,而使冻土进入不稳定状态。这种冰融化成未冻水或未冻水冻结成冰,既受控于温度,也取决于土的类型、内应力大小。正因为如此,冻土的力学特性除了类似于常温土的特性与土颗粒构成、含水率有关系外,更重要的还与温度、荷载与承载时间有密切关系。这些也决定了冻土力学特性试验研究的复杂性。

显然,同样负温下,单位体积内比表面积大的,因其吸附水和薄膜水含量多,未冻水含量比那些单位体积内比表面积小的要多,进而其强度也不同,也就是未冻水含量多的,强度低且变形也大,高压下其蠕变特性更显著。所以,那些单位体积内细颗粒越多的土,同样负温下其强度也越低;反之亦然。这是我们在应用冻结法时必须把握的关键要素之一。

另外,在冻土的形成过程中,往往伴生着水的过冷现象和水分迁移。土层冻结时发生水分向冻结面转移的现象,即所谓水分迁移。由于土粒间彼此的距离很小,甚至互相接触,所以相邻两个土粒的薄膜水就汇合在一起形成公共水化膜。在冻结过程中,增长着的冰晶不断地从邻近的水化膜中夺走水分,造成水化膜的变化(变薄),而相邻的厚膜中的水分子又不断地向薄膜补充,这样依次传递就形成了冻结时水向冻结面的迁移。由于分子引力的作用,变薄了的水膜也要不断地从自由水中吸取水分,这就使冻土的水分增大。水变成冰时,其体积要增大 9.05%,当这种体积膨胀足以引起土颗粒间的相对位移时,就形成冻土的冻胀。尤其是冻结过程中土内发生水分不断向冻结锋面上迁移,与附近水产生水力联系,从而使变成冰的那部分水量不断增大,土的冻胀量亦增大,水分迁移使冻土的冻胀加剧。水分迁移和冻胀与土性、水补给条件和冻结温度等有密切关系。在细粒土中,特别是粉质亚砂、粉质黏土类型土中的水分迁移最强烈,冻胀最甚,这类土属于冻敏性土。负温温度梯度越大,因冻结速度快,水分迁移慢于冻结速度而冻胀越小。此外,外部水分补给条件是影响水分迁移和冻胀的重要因素之一。粉质亚砂土、粉质黏土类型土具备这种水分迁移条件。同样,冻土在融化时又因其内固相冰转化为液相水体积要缩小(8.3%),从而产生土体沉降(融沉)。冻敏性土这一特性同样也是我们应用冻结法时必须把握的关键要素之一。

纯黏土虽然颗粒很细,但其比表面积大而吸附水和强结合水多,同等含水率下转换成冰的水分相对少,加上水分迁移相对困难一些,其冻胀性稍次于粉质亚黏土和亚砂土。砂、砾石由于颗粒粗,冻结时一般不发生水分迁移。

如上所述,冻土在力学和物理性质等方面的复杂性,带来了试验研究上的困难。自 1930 年前苏联学者 H. A. Цытович 在国际上发表第一篇有关冻土的论文以来,先后分别召开了永冻土和地层冻结国际大会近 20 余次。世界上许多学者在冻土学、冻土力学、冻土物理学、工程冻土学等方面做了大量的试验研究,极大地推动了冻土研究工作,并取得了许多既有理论意义又有应用价值的重要成果,但仍有若干关键课题尚需进一步试验研究,以满足工程和发展的需要。如在人工冻土方面高围压下的力学特征、冻土力学性质与土的类型、含水率、温度、时间等的关系,土的冻胀和融沉特征,尤其是人工冻结工程中短时土的冻胀和融沉对周边结构稳定性的影响,以及针对这些特征采取的对策研究,还有相关的试验方法建立健全的成果和认知等妨碍着冻结法在深表土和市政工程中的安全和经济应用。永冻土结构的稳定性课题虽已有数十年的研究,但其受季节性温度交替变化影响,且冻胀或融沉的试验研究因试验方法所限而数据非常有限。土工离心模拟技术的出现给该领域的模拟研究带来了极为省时的手段,但该手段在这方面的试验研究工作才刚刚起步,还有许多基础性工作有待深入研究。

冻土是一多相介质体,其物理力学性质的试验研究与许多学科相关,是一个具有系统性的交叉科学。在前人的基础上,作者及其团队近30年来在上述这些方向上做了大量工作,将这些相关学科的试验研究方法结合进来,建立了可靠的试验研究方法,得出了既有理论意义又有应用价值的成果,将理论研究和工程实践相结合,在此进行全面阐述,力求让地层冻结法应用者对冻土试验研究方法、获得数据所表述的物理力学意义以及在工程应用中的注意事项有一个全面深入的认知,确保地层冻结法安全、经济、有效。

# 第二节 (人工)冻土瞬时力学特性试验研究

## 一、概述

　　需要说明的是,由于各国在冻土力学试验方法上存在差异,所得力学指标不同,容易导致在应用上出现差错,这是地层冻结法应用时必须高度重视的。在冻土力学性质研究的发展史上,冻土试样有立方体和圆柱体两种形式。因为立方体冻土试样以破坏时间控制式($30\pm5$)s的结果与圆柱体高径比等于$1.5\sim2$加载速率控制式的结果相比,其离散比较大,最终统一采取国际地层冻结大会组委会制定的冻土力学试验标准大纲的高径比$\geqslant2$的圆柱体试样。不同的轴向加载速率对无侧限抗压强度有一定影响,国际地层冻结大会组委会推荐无侧限抗压强度试验采取轴向加载应变速率$1\%$/min左右、三轴剪切试验轴向加载应变速率$0.1\%$/min左右。另外,不同的冻土试样重度对试验结果有较大影响。国际上各国在这三个方面的试验研究工作和文献有很多,本书不做专门阐述。这里着重给出我们采用国际地层冻结大会组委会制定的冻土力学试验标准大纲的高径比$\geqslant2$的天然重度圆柱体冻土试样在无侧限抗压强度轴向加载速率为$0.8\%$/min、三轴剪切试验轴向加载应变速率$0.1\%$/min左右的试验研究的结果,只是在进行对比时,才借用其他尺寸试样及加载方式的结果。

　　人工冻土力学试验,主要经历现场取样、室内成型(重塑或直接切削)、试样固结和冻结、检验合格后进入试验几个阶段。这里需要强调的是试样固结和冻结这个阶段,许多实验室试验人员在操作上往往是先冻结,接着直接进入试验,没有固结或者在三轴剪切或三轴蠕变试验固结时不排气不排水。这样得出的结果如果直接应用到地层冻结设计上,会出现问题甚至严重事故,尤其是深部地层中更是如此。其原因在于我们在进行地层冻结时,地层中被冻结的土是处于三向压力固结状态下的冻结,而我们从地层深处把土取出来时这种三向压力彻底解除了,同时变形(松弛)也就发生并混有空气进入土里。如果把它作为试样直接冻结后就试验,尤其是在三轴试验时不固结不排水,显然与现场受力情况不同,得到的三轴强度指标是不固结不排水的指标,而且还含有解除三向压力时所进的空气。显然,只有先固结(排气排水)、再冻结,检验合格后再进行试验,才是比较接近实际条件,所得指标才基本可靠,尤其对深部人工冻土更是如此,特别是三轴试验在试验过程中必须是排气排水剪,否则所得三轴剪切力学参数就是不排气不排水剪切数据。这是所有人工冻土试验者,尤其是地层冻结法应用者要高度重视的,否则会出差错。

冻土无侧限抗压强度是冻土的一项重要的常用力学指标。上面说到,人工冻土内除了土的颗粒外,还有未冻水和冰,以及非饱和情况下气体的存在,这使得其力学特征不但与土的类型有关,而且还与温度、含水率、加载方式和重度等有关。它显示出与其他常规岩土力学更为复杂的特征和更多的影响因素。这些力学特征决定着地层冻结的成败。

为了对我国地层冻结法应用各地区冻土的力学特征有较全面的了解,在地层冻结法应用所有地区都进行采样。本研究的土样分别来自潘集(PJ-以地名头两个汉字拼音首个字母作代号,下同)、谢桥(XQ)、顾桥(GQ)、张集(ZJ)、童亭(TT)、祁南(QN)、陈四楼(CS)、车集(CJ)、城郊(CJ)、位村(WC)、古汉山(GH)、冷泉(LQ)、东荣(DR)、济宁(JN)、邱集(QJ)、古城(GC)、金桥(JQ)、沽源(GY)、王洼(WW)、榆树林子(YS)、龙东(LD)、上海(SH)、扬州(YZ)等工程的工地。在每个地质检查孔自上而下到第四纪最深处,对单层在2m以上厚土层都进行采样,用地质勘探钻套管取芯。有的土工试验在现场做,多数在煤炭科学研究总院冻结试验室做。取芯、土工参数试验等都按《土工试验方法标准》或参考《土工试验规程》进行(见表2-1)。

**二、冻土无侧限瞬时抗压力学特性**

1. 不同温度下各种冻土无侧限瞬时抗压强度与温度的关系

冻土无侧限抗压强度主要与温度、土的类型、土颗粒和级配密切相关。一般说来,温度越低强度越高,同样温度下冻结砂的强度大于冻结黏土的,同样温度下同类土的级配好的强度相对高些。

在不同负温下对不同类型人工冻土进行无侧限抗压强度试验表明,不同类型的人工冻土,其瞬时无侧限抗压强度不同。一般来说,同样负温下,从人工冻结细砂、粉质砂、壤土至砂质黏土、粉质黏土和黏土,强度从大变小(见表2-2)。

恒应变速率下($\dot{\varepsilon}_1 = 0.8\%/min$),多数人工冻土的瞬时单轴无侧限抗压强度与负温近似呈线性关系(见表2-2、图2-1)。

表2-1

## 土工试验成果总表（土颗粒组成，单位：%）

| 土样编号 | 按塑性指数分类 | 天然含水率(%) | 湿密度(g/cm³) | 液限(%) | 塑限(%) | 塑性指数 | 自由膨胀率(%) | 膨胀量(%) | 粒径(mm) | | | | | | | |
|---|---|---|---|---|---|---|---|---|---|---|---|---|---|---|---|---|
| | | | | | | | | | >2 | 2~0.5 | 0.5~0.25 | 0.25~0.1 | 0.1~0.05 | 0.05~0.005 | 0.005~0.002 | <0.002 |
| PJ314 | 黏土 | 18.4 | 2.28 | 40.4 | 20.5 | 19.9 | 71 | 34.7 | | 1 | 2 | 4 | 4 | 48 | 24 | 17 |
| PJ318 | 重壤土 | 17.6 | 2.09 | 32.4 | 18.6 | 13.8 | 30 | 21.2 | | | 1 | 13 | 41 | 23 | 5 | 17 |
| XQ212 | 黏土 | 20.8 | 2.04 | 54.6 | 29.8 | 24.8 | 80 | 27.5 | | | 2 | 3 | 4 | 39 | 18 | 34 |
| XQ260 | 黏土 | 23.3 | 2.03 | 51.6 | 32.6 | 19 | 53 | 41 | | | | 0 | 3 | 45 | 18 | 34 |
| ZJ178 | 黏土 | 31.3 | 1.85 | 69.3 | 32.1 | 37.2 | 129 | 46.5 | | | 2 | 0 | 0 | 9 | 8 | 81 |
| ZJ235 | 黏土 | 30.1 | 1.98 | 69.3 | 37.2 | 32.1 | 121 | 28.8 | | | | | | 8 | 12 | 80 |
| ZJ290 | 黏土 | 23.5 | 2.01 | 60.1 | 34.1 | 26 | 214 | 18.5 | | | 2 | 3 | 10 | 5 | 13 | 67 |
| TT150 | 细砂 | 17.9 | 1.98 | | | | | | | | | 1 | 77 | 19 | 3 | |
| LD170 | 粗砂 | 21.7 | 2.1 | | | | | | 6 | 74 | 12 | 5 | 3 | | | |
| CS178 | 细砂 | 24.9 | 1.92 | | | | | | | | | 43 | 54 | 3 | | |
| CS285 | 细砂 | 27.3 | 1.92 | | | | | | | | 5 | 75 | 20 | | | |
| CS309 | 黏土 | 22 | 2.1 | 59 | 30.7 | 28.3 | 99 | 3.8 | | | | 1 | 20 | 47 | 15 | 17 |
| CS312 | 重壤土 | 17.3 | 2.05 | 31 | 18.8 | 12.2 | | | | | | 2 | 13 | 52 | 19 | 14 |
| CS266 | 黏土 | 20.4 | 2.18 | 58.5 | 24.5 | 34 | | | | | | | | 26 | 23 | 51 |
| CS305 | 黏土 | 18.3 | 2.08 | 48.8 | 24 | 24.8 | | | | | | | | 27 | 30 | 43 |
| CS360 | 粉质黏土 | 16 | 2.27 | 31 | 18.5 | 12.5 | | | | | | 1 | 17 | 35 | 8 | 39 |
| CS368 | 粉质黏土 | 13 | 2.11 | 29.4 | 17.3 | 12.1 | | | 2 | 2 | 5 | 9 | 11 | 27 | 7 | 37 |
| JJ180 | 黏土 | 24.8 | 1.98 | 43.2 | 24.9 | 18.3 | 37 | 5.6 | | | | | 11 | 25 | 15 | 49 |
| JJ214 | 黏土 | 28.3 | 1.96 | 52.6 | 30.9 | 21.7 | 56 | 22.4 | | 4 | 3 | 3 | 10 | 38 | 22 | 20 |
| JJ240 | 粗砂 | 16.2 | 2.24 | | | | | | 7 | 65 | 19 | 4 | 5 | | | |
| JJ245 | 砂质黏土 | 17.8 | 2.14 | | | | 38 | | | 11 | 6 | 6 | 8 | 19 | 17 | 33 |

续上表

| 土样编号 | 按塑性指数分类 | 天然含水率(%) | 湿密度(g/cm³) | 液限(%) | 塑限(%) | 塑性指数 | 自由膨胀率(%) | 膨胀量(%) | 粒径(mm) | | | | | | | |
|---|---|---|---|---|---|---|---|---|---|---|---|---|---|---|---|---|
| | | | | | | | | | >2 | 2~0.5 | 0.5~0.25 | 0.25~0.1 | 0.1~0.05 | 0.05~0.005 | 0.005~0.002 | <0.002 |
| CJ180 | 黏质粉土 | 14.3 | 2.27 | 28.9 | 20.9 | 8 | | | 1 | 0 | 0 | 2 | 2 | 60 | 29 | 6 |
| CJ213 | 细砂 | 17 | 2.08 | | | | | | | | 22 | 64 | 14 | | | |
| CJ248 | 黏质粉砂 | 25.5 | 1.93 | | | | | | | | 2 | 77 | 3 | 8 | 10 | |
| CJ256 | 黏土 | 23.3 | 2.06 | 46.8 | 29.5 | 17.3 | 95 | 17.9 | | | | | | 15 | 29 | 56 |
| CJ260 | 粉质黏土 | 19 | 2.11 | 31.5 | 22 | 9.5 | | 0.5 | | | | 1 | 5 | 54 | 21 | 19 |
| CJ285 | 中壤土 | 21.7 | 2.05 | | | | | | | | | 31 | 23 | 29 | 17 | |
| CJ290 | 黏土 | 23.7 | 2.05 | 47.2 | 27.3 | 19.4 | 70 | 12 | | | | | | 18 | 29 | 53 |
| WC90 | 黏土 | 9(风干) | 1.87 | 44 | 24.4 | 19.6 | | | | | | 1 | 1 | 59 | 15 | 24 |
| LQ128 | 壤土 | 14.5 | 2.31 | 35 | 21.3 | 13.7 | 37 | 12.4 | | | | | 1 | 35 | 17 | 47 |
| LQ150 | 壤土 | 16.7 | 2.27 | 33.7 | 22.7 | 11 | 34 | 1.8 | | | | 1 | 3 | 45 | 13 | 38 |
| DR140 | 粉质黏土 | 24.8 | 2.04 | 41 | 26.5 | 14.5 | 13 | 1.2 | | | | | 4 | 73 | 12 | 11 |
| DR205 | 粉质黏土 | 14.7 | 2.07 | | | | 13 | 1 | 2 | 1 | 2 | 8 | 16 | 52 | 9 | 10 |
| GQ225 | 中砂 | 20.4 | 1.95 | | | | | | 7 | 31 | 47 | 14 | 8 | | | |
| QJ123 | 黏土 | 23.7 | 2.08 | 51.7 | 24.8 | 26.9 | | | | | | | | 93 | 1 | 6 |
| QJ190 | 黏土 | 19.4 | 2.1 | 46.9 | 30 | 16.9 | | | 1 | | 0 | 1 | 6 | 38 | 25 | 29 |
| QJ245 | 钙质黏土 | 25 | 1.96 | 22.6 | 14.5 | 8.1 | | | 3 | | 1 | 1 | 24 | 17 | 33 | 21 |
| QF110 | 黏土 | 26.5 | 1.94 | 43.7 | 27.1 | 16.6 | 112 | 3.1 | 1 | | | 2 | 2 | 35 | 18 | 40 |
| QF145 | 黏土 | 25.9 | 1.99 | 45.6 | 28.8 | 16.8 | 106 | 4.5 | | | | 1 | 0 | 35 | 20 | 44 |
| QF170 | 黏土 | 16.2 | 2.16 | 32.1 | 18.7 | 13.4 | 77 | 4.2 | 3 | 1 | 6 | 8 | 5 | 12 | 5 | 60 |
| QF150 | 黏土 | 17.4 | 2.08 | 35.1 | 19 | 16.1 | 87 | 3.8 | 6 | 11 | 4 | 2 | 3 | 43 | 12 | 19 |
| GY100 | 粉质黏土 | 21.9 | 2.05 | 36.3 | 23.7 | 12.6 | 60 | 10.8 | | | | | | 50 | 9 | 41 |

人工冻土瞬时单轴无侧限抗压强度(单位:MPa)　　　　　　表 2-2

| 土　层 | 土　名 | 温度(℃) | | | |
|---|---|---|---|---|---|
| | | −5 | −10 | −15 | −20 |
| CJ180 | 黏质粉土 | 1.17 | 3.68 | 5.00 | |
| CJ213 | 细砂 | 5.24 | 6.3 | 7.11 | 8.56 |
| CJ248 | 黏质粉砂 | 5.25 | 6.5 | | 7.75 |
| CJ256 | 黏土 | 1.55 | 2.84 | 3.65 | 4.74 |
| CJ260 | 粉质黏土 | 2.3 | 3.52 | 4.46 | 5.72 |
| CJ270 | 黏土 | 1.52 | 2.42 | 3.39 | 4.39 |
| CJ285 | 中壤土 | | 4.99 | 6.05 | |
| CJ290 | 黏土 | 1.32 | 2.14 | 3.14 | 4.56 |
| CS266 | 黏土 | 1.00 | 1.85 | 2.98 | 3.56 |
| CS304 | 黏土 | 1.27 | 2.07 | 3.21 | 3.68 |
| CS305 | 黏土 | 1.19 | 2.25 | 3.16 | 4.03 |
| CS360 | 粉质黏土 | 2.11 | 3.23 | 4.06 | 4.59 |
| CS368 | 粉质黏土 | 2.69 | 3.70 | 4.92 | 6.11 |
| GY100 | 粉质黏土 | 2.62 | 3.82 | 4.88 | |
| DR140 | 粉质黏土 | 1.62 | 3.69 | 5.29 | 5.89 |
| DR205 | 粉质黏土 | 4.79 | 6.82 | 7.86 | 8.75 |
| ZJ178 | 黏土 | | 2.13 | 2.97 | |
| ZJ235 | 黏土 | | 2.22 | 2.66 | |
| ZJ290 | 黏土 | | 2.13 | 2.79 | |
| QF110 | 黏土 | 1.39 | 2.30 | | |
| QF145 | 黏土 | 1.44 | 2.19 | | |
| QF150 | 粉质黏土 | 2.18 | 2.85 | | |
| QF170 | 黏土 | 1.20 | 2.28 | | |
| WW90 | 粉质壤土 | 4.12 | 6.30 | 8.00 | |

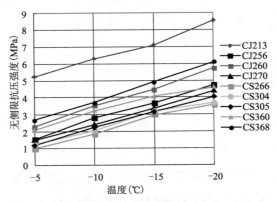

图 2-1　冻土的瞬时单轴无侧限抗压强度与负温的关系

$$\sigma_u = a_1 \mid T \mid + b_1 \qquad (2\text{-}1)$$

式中：$a_1$——试验确定的温度系数，MPa/℃；

$b_1$——试验确定的常数，MPa；

$T$——温差，℃。

表 2-3 为人工冻土瞬时无侧限抗压强度公式(2-1)参数值，从表 2-3 中可见，在试验温度范围内，在恒应变速率控制下($\dot{\varepsilon}_1 = 0.8\%/\mathrm{min}$)所得冻结黏土的温度系数 $a_1$ 一般在 0.2MPa/℃左右，冻结粉质黏土 CJ260 和 CS368 温度系数略大一些。

恒应变速率($\dot{\varepsilon}_1 = 0.8\%/\mathrm{min}$)下部分冻土公式(2-1)的参数值 表 2-3

| 土 层 | $a_1$ | $b_1$ | $R^2$ | 土 层 | $a_1$ | $b_1$ | $R^2$ |
|---|---|---|---|---|---|---|---|
| CJ213 | 0.215 | 4.13 | 0.9967 | CJ256 | 0.212 | 0.58 | 0.9885 |
| CJ260 | 0.25 | 1.23 | 0.9924 | CJ270 | 0.189 | 0.57 | 0.9927 |
| CJ290 | 0.204 | 0.24 | 0.9913 | CJ266 | 0.175 | 0.2 | 0.9957 |
| CS304 | 0.19 | 0.24 | 0.9972 | CS305 | 0.192 | 0.24 | 0.9989 |
| CS360 | 0.2 | 1.1 | 0.9967 | CS368 | 0.233 | 1.45 | 0.9978 |

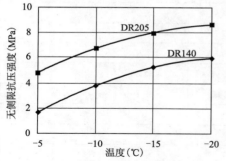

图 2-2　人工冻土瞬时单轴无侧限抗压强度与负温的曲线关系

少数人工冻土瞬时单轴无侧限抗压强度与负温的关系呈曲线形态(见图 2-2)。

$$\sigma_u = a_2 (\mid T \mid + b_2)^d \qquad (2\text{-}2)$$

式中：$a_2$——试验确定的温度系数，MPa/℃$^d$；

$b_2$——试验常数，℃；

$d$——无量纲参数，一般小于 1。

恒应变速率($\dot{\varepsilon}_1 = 0.8\%/\mathrm{min}$)下 DR140、DR205 冻土无侧限单轴抗压强度公式(2-2)的参数值见表 2-4。

恒应变速率($\dot{\varepsilon}_1 = 0.8\%/\mathrm{min}$)下部分冻土公式(2-2)的参数值 表 2-4

| 土 层 | $a_2$ | $b_2$ | $d$ | $R^2$ |
|---|---|---|---|---|
| DR140 | 1.11 | −3 | 0.59 | 0.9927 |
| DR205 | 3.3 | −2 | 0.34 | 0.9879 |

**2. 不同试验方法下人工冻土瞬时无侧限抗压强度之间的关系**

由于各国人工冻土力学试验研究起步不同，条件也相异，ISGF 工作组在多次征求各国代表意见的基础上推荐出国际统一的试验方法大纲。我国根据实际，也采纳这一大纲的建议，并将人工冻土瞬时无侧限抗压强度试验方法由(30±5)s 破坏控制式加载改为恒应变速率控制式。为了使过去所得这方面的数据仍可作为参考,对两种试验方法下所得瞬时无侧限抗压强度之间的关系,应进行试验比较。在此仅考查两种加载方式分别对圆柱体试样和立方体试样的冻土无侧限抗压强度的影响,但不做变重度的试验,而在不同负温下对不同地区的不同类型土样进行无侧限抗压强度试验。由于试验规模大、土样较多,这里仅将有代表性的山东省黄河北煤田 QJ 人工冻土做了这方面的比较试验。图 2-3 和图 2-4 是 QJ190 人工冻土分别在恒应变速率下圆柱体试样和(30±5)s 破坏控制式加载方式下立方体试样瞬时无侧限抗压应力—应变曲线。表 2-5 为 QJ190 人工冻土在这两种不同试验方法下得到的瞬时无侧限抗压强度对比值。从表中可见,恒应变速率下,圆柱体试样瞬时无侧限抗压强度 $\sigma_u$ 小于等于(30±5)s 破坏控制加载方式下立方体试样瞬时无侧限抗压强度 $\sigma_{uc}$ 的一半,即

$$\sigma_u \leqslant \sigma_{uc}/2 \qquad\qquad (2-3)$$

式中：$\sigma_u$——恒应变速率下圆柱体试样瞬时无侧限抗压强度,MPa;

　　　$\sigma_{uc}$——立方体试样瞬时无侧限抗压强度,MPa。

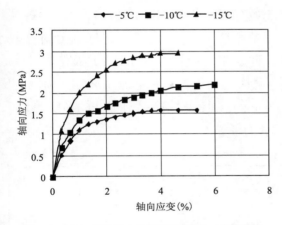

图 2-3　QJ190 冻结黏土无侧限抗压应力—应变曲线
（圆柱体试样恒应变速率）

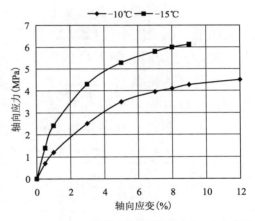

图 2-4　QJ190 冻结黏土无侧限抗压应力—应变曲线
［立方体试样(30±5)s 破坏控制加载方式］

**恒应变速率下圆柱体试样与(30＋5)s 破坏控制加载方式下立方体试样瞬时抗压强度对比表**　表 2-5

| 土　层 | 土　名 | 形　状　比 | −10℃ | −15℃ |
|---|---|---|---|---|
| QJ123 | 黏土 | 圆/方 | 2.19/5.29 | 3.03/6.62 |
| QJ190 | 黏土 | 圆/方 | 2.2/4.54 | 2.95/5.95 |
| QJ245 | 粉质黏土 | 圆/方 | 2.54/7.63 | 3.52/9.12 |
| QJ271 | 黏土岩 | 圆/方 | 7.76/17.49 | 8.98/18.28 |

　　永夏矿区 CS 人工冻土的对比试验也得到了类似的结果。过去冻结壁设计中都用(30±5)s 破坏控制加载方式下立方体试样所获强度,现若采用恒应变速率($\dot{\varepsilon}=$

0.8%/min)控制方式下圆柱体瞬时抗压强度来做冻结壁设计时，必须考虑到公式(2-3)的这一关系，而且两者的瞬时无侧限抗压试验应力—应变曲线形式也不同。

3. 瞬时抗压强度与黏土的基本物性参数的关系

由于冻土是由冰、土矿物颗粒、未冻水、空气组成，作为承载的主体——土矿物颗粒级配与其强度有直接关系。人工冻土尤其是深冻结井事故多发的冻结黏土瞬时无侧限抗压强度与土中颗粒级配、界限含水率和自由膨胀率等黏土的基本物性参数有密切的关系。

对照表 2-1 黏土的基本物性参数来看表 2-6 中人工冻土瞬时无侧限抗压强度，可以发现那些黏粒（粒径≤0.005mm）含量多在 50% 以上，且黏粒和粉粒（粒径介于 0.05~0.005mm）总量在 90% 以上（见表 2-7 和图 2-5）、塑性指数大于 20、自由膨胀率大于 90% 的冻结黏土，其瞬时无侧限抗压强度最低，如表 2-7 和图 2-5 所示。而黏粒含量一般在 35% 左右、塑性指数介于 9~18、自由膨胀率约为 30%~55% 的那些人工冻结黏土，为次低瞬时无侧限抗压强度人工冻土，如表 2-8 和图 2-6 所示。另一类人工冻结黏性土其湿密度大、含水率中等、黏粒含量较少、颗粒级配良好、自由膨胀率低，其瞬时无侧限抗压强度中等，如 LQ128 冻土。冻结砂类土，其强度最高。仔细分析这些关系发现，上述瞬时无侧限抗压强度最低的一种人工冻土（称之为 I-1 类人工冻土），属于典型高含黏粒冻土。而那些次低强度冻土（称之为 I-2 类人工冻土），属于典型的中等黏粒含量冻土。在同一负温下，I-2 类冻土的瞬时无侧限抗压强度是 I-1 类的 1.6~2.5 倍。恒应变速率控制式的情况也有类似关系。

人工冻土瞬时单轴抗压强度[(30±5)s 破坏控制加载方式]（单位：MPa）　　表 2-6

| 土 层 | 土 名 | −5℃ | −10℃ | 土 层 | 土 名 | −5℃ | −10℃ |
|---|---|---|---|---|---|---|---|
| JJ180 | 黏土 | 2.72 | 4.34 | JJ214 | 黏土 | 2.41 | 4.13 |
| JJ240 | 粗砂 | 4.07 | 6.23 | JJ245 | 砂质黏土 | 3.24 | 6.1 |
| GH170 | 粉质黏土 | 3.8 | 7.06 | LQ128 | 壤土 | 6.79 | 8.69 |
| LQ150 | 壤土 | 5.72 | 7.71 | CS178 | 细砂 | 10.45 | 12.9 |
| CS309 | 黏土 | 3.11 | 4.6 | CS258 | 细砂 | 9.48 | 10.56 |
| CS312 | 黏土 | 4.62 | 6.62 | CS357 | 砂质黏土 | 4.44 | 6.23 |
| YS35 | 壤土 | 3.77 | 7.06 | YS41 | 粉砂 | 6.48 | 11.54 |
| JN108 | 黏土 | 2.89 | 4.62 | JN150 | 黏土 | 4.24 | 5.98 |
| JN154 | 黏土 | 2.4 | 3.72 | JN171 | 黏土 | 2.42 | 3.18 |
| JN175 | 黏土 | 3.91 | 5.28 | NL55 | 淤泥质黏土 | 2.78 | 4.54 |
| JN170 | 中砂 | 8.56 | 9.81 | SH18 | 淤泥质黏土 | 2.20 | 3.80 |

**(30±5)s破坏控制加载方式下冻土瞬时抗压强度及土工参数对照表**　　表2-7

| 土　层 | | JN108 | JN150 | JN171 | XQ226 | PJ260 | CS304 | LD175 |
|---|---|---|---|---|---|---|---|---|
| 含水率(%) | | 23.7 | 21.6 | 32.7 | 21.2 | 28.9 | 20.9 | 23.5 |
| 湿密度(g/cm³) | | 2.05 | 2.04 | 1.9 | 2.05 | 2.05 | 2.17 | 1.85 |
| 液限(%) | | 53.6 | 59.7 | 69.6 | 65.9 | 77.7 | 59 | 73.5 |
| 塑限(%) | | 20.2 | 30.1 | 35.8 | 36.2 | 38.8 | 31 | 38.9 |
| 塑性指数 | | 33.4 | 29.6 | 33.8 | 29.7 | 38.9 | 28 | 34.6 |
| 自由膨胀率(%) | | 104 | 113 | 106 | 99 | 121 | 99 | 111 |
| 抗压强度<br>(MPa) | −5℃ | 2.89 | 2.4 | 2.42 | 2.22 | 2.22 | 3.11 | 1.64 |
| | −10℃ | 4.62 | 3.72 | 3.18 | 3.8 | 3.87 | 4.6 | 2.17 |

注：采用的(30±5)s破坏控制加载方式在立方体试样上进行，其强度是恒应变速率下($\dot{\varepsilon}$=0.8%/min)圆柱体试样瞬时无侧限抗压强度的2倍左右。

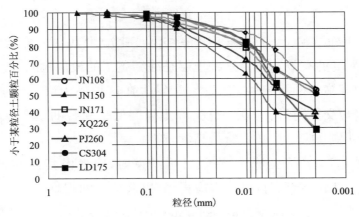

图2-5　几种低强度冻结黏土颗粒分布

**(30±5)s破坏控制加载方式下冻土瞬时抗压强度及土工参数对照表**　　表2-8

| 土　层 | | WC110 | GH170 | JN154 | JN176 | JJ237 | CS357 | LQ150 |
|---|---|---|---|---|---|---|---|---|
| 含水率(%) | | 9.8 | 21.4 | 20 | 28 | 14.2 | 13.6 | 16.7 |
| 湿密度(g/cm³) | | 2.16 | 2 | 2.07 | 1.87 | 2.34 | 2.29 | 2.27 |
| 液限(%) | | 26 | 33.7 | 31.5 | 38.5 | 28.3 | 29 | 33.7 |
| 塑限(%) | | 16 | 21.3 | 8.2 | 20.4 | 14.2 | 16.2 | 22.7 |
| 塑性指数 | | 10 | 12.4 | 23.3 | 18.1 | 14.1 | 12.8 | 11 |
| 自由膨胀率(%) | | 45 | 48 | 59 | 63 | 41 | 53 | 34 |
| 抗压强度<br>(MPa) | −5℃ | 5.25 | 3.8 | 4.24 | 3.91 | 3.96 | 4.44 | 5.72 |
| | −10℃ | 7.94 | 7.06 | 5.98 | 5.28 | 6.71 | 6.23 | 7.71 |

注：采用的(30±5)s破坏控制加载方式在立方体试样上进行，其强度是恒应变速率下($\dot{\varepsilon}$=0.8%/min)圆柱体试样瞬时无侧限抗压强度的2倍左右。

这种不同类型冻土在瞬时无侧限抗压强度上的差异，主要原因是在相同体积条件下，黏粒和粉粒含量多的冻结黏土比这些细颗粒含量少的冻结黏土，在土颗粒比表面积上要大许多，从而其中薄膜含水率也相对多一些。在同样负温下,因为薄膜水在负温下较难成冰,冻土中薄膜水多的,未冻水含量也相对高,从而使这些细粒含量多的冻结黏土强度低。

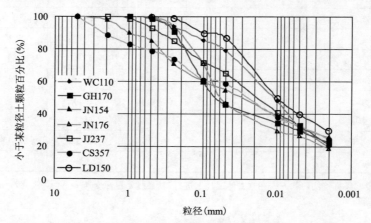

图 2-6   几种次低强度冻结黏土颗粒分布

对于这类 I-1 冻结黏土,通过降低其冻结温度来减少其中未冻水含量(使其变成冰)才是提高其强度的有效途径。这种土层是冻结施工的最危险的关键层位。总结我国冻结法凿井中冻结管断裂事故,有 78% 是发生在这种黏土层中或这类黏土层与砂层(包括风化基岩)交界附近。其中,这类冻土强度低是断管的主要原因之一。因而,在这一类冻结土层中施工时,必须给予高度重视。

对于次低强度 I-2 类人工冻土,在设计冻结壁时,应考虑其强度属于较低的人工冻土。在这类冻土层中施工时,措施也应得当,以避免大的困难。

对于级配良好、自由膨胀率低的冻土,如 LQ128 这一类(称之为 I-3 类冻土),由于这类冻土瞬时无侧限抗压强度较高,且稳定性较好。在这种冻结土层中施工时,只要措施得当,不会有太大的困难。

对于冻结砂类土,统称为 II 类人工冻土。这类人工冻土有较高的瞬时无侧限抗压强度,属于稳定性好的人工冻土类。在这种冻土层中施工时,采用适当措施,一般不会出现危险。

由上可见,I-1 类人工冻土是冻结设计和施工危险的关键地层,在这一类冻土层中施工时,应予以高度重视。对于 I-2 类冻土,也应采取适当措施。

冻结黏土的瞬时无侧限抗压强度的不同与黏土的基本物性参数的关联关系,以及依此的分类,不但有理论意义,而且在工程应用中有实际意义。根据上述分析,只需在施工中取土进行常规土工分析或肉眼观察和手捏,就可及时判断其属于哪一类冻土,从而可及时调整施工措施,进行安全施工。这种人工冻结黏土瞬时无侧限抗压强度同其基本物性参数关联关系的揭示,为指导控制风险最大的冻结黏土层里冻结凿井安全施工奠定了理论基础。

### 三、冻土的弹性模量和泊松比

冻土的弹性模量和泊松比与土的类型、颗粒级配（黏粒、砂、石等的含量）、含水率（包括界限含水率）、负温温度、加载方式等密切相关。多数冻结砂的应力—应变曲线在小荷载下呈现一定的弹性变形阶段；负温温度较低时冻结黏土的应力—应变曲线在小荷载下呈现一定的弹性变形阶段（见图 2-3、图 2-4）。在较大荷载后，无论是冻结砂还是温度较低时的冻结黏土的应力—应变曲线，都是非直线关系。人工冻土的弹性模量是根据其应力—应变关系曲线上"弹性"极限前近似线段的平均斜率值得出。多数人工冻土的这种弹性模量（$E_{fs}$）随负温的降低而呈近似线性增加。

$$E_{fs} = a_0 \mid T \mid + b_0 \qquad\qquad (2\text{-}4)$$

式中：$a_0$——试验参数，MPa/℃，冻结黏土的 $a_0$ 值介于 $10 \sim 16$MPa/℃ 之间，冻结砂的 $a_0$ 值介于 $15 \sim 48$MPa/℃ 之间，$a_0$ 值还取决于加载速率等因素；

$b_0$——试验常数，一般取值范围为 $20 \sim 120$MPa，其值与冻土类型密切相关，颗粒越细则越小；

$T$——温差，℃。

冻土的泊松比 $\mu$ 一般介于 $0.15 \sim 0.40$ 之间，它随温度降低而变小，并与土的类型密切相关。同样负温下，冻土的泊松比的关系为冻结淤泥＞冻结纯黏土＞冻结粉质黏土＞冻结砂质黏土＞冻结粉砂＞冻结细纱＞冻结粗砂。其基本取值是负温偏高，冻土颗粒偏细则 $\mu$ 取大值，反之亦然。在 $-5 \sim -30$℃ 范围内，多数冻结黏性土 $\mu$ 介于 $0.20 \sim 0.40$ 之间，而冻结砂类的 $\mu$ 一般介于 $0.15 \sim 0.35$ 之间。

### 四、瞬时三轴剪切力学特性

#### 1. 高压三轴剪切仪的研制及主要参数

20 世纪 80 年代初，我国还没有真正意义上的冻土三轴剪切强度试验装置。当时国家煤炭供应十分紧张，急需开采华东深厚冲积层下的煤炭，冻结法是竖井开采这些地下煤炭资源中建井的关键工法之一，而充分认识深部地层的人工冻土物理力学性质，尤其是三轴剪切强度、三轴蠕变特性及变形机理，对冻结井设计至关重要。在原煤炭工业部大力资助下，作者所领导的课题组与材料试验机厂联合研制高压冻土三轴剪切仪，最终开发研制一套低温（$25 \sim -35 \pm 0.2$）℃、高围压 $\sigma_2 = \sigma_3 \leqslant (12 \pm 0.01)$MPa、可测试样体积变化、既有轴向应变速率控制式加载方式又有轴向应力速率控制式加载方式，并可恒定（轴向、侧向）应力的三轴剪切仪。新的三轴剪切仪可测体变，可做三轴静水压力固结并可恒应力,主要用来进行冻土固结试验、三轴剪切试验、三轴剪切蠕变试验、无侧限条件下的抗压试验、单轴压缩蠕变试验等,以满足深部冻土需要高围压、蠕变试验恒应力稳定、三轴剪切恒应变速率加载、试验过程冻土试样体变测量和冻土三轴强度试验研究等的需要,以获得有效应力条件下的冻土三轴剪切强度并求出相应的参数(应力—应变曲线和蠕变曲线),进而建立相应的数学模型并求出对应的参数,同时测得冻土试样的体变数据等。

经过 2 年左右的研制,三轴剪切仪研发成功,全套设备由主机、液压源、电控箱、低温恒温槽、低温压力室和数据采集处理等六部分组成(见图 2-7)。本套三轴试验设备主要技术指标如下:

| | |
|---|---|
| 最大围压 | 12MPa(极限 15MPa) |
| 轴向荷载 | 200kN |
| 试样尺寸(直径×高度) | $\phi 61.8 \times 150mm$, $\phi 101 \times 200mm$ |
| 试样允许最大轴向变形 | 80mm |
| 试样允许最大径向变形 | 20mm |
| 试样允许最大径向变形 | 200000mm$^3$ |
| 低温压力室温度调节范围 | (0～－35±0.2)℃ |
| 加载控制方式 | 负荷控制 |
| | 位移控制 |
| | 应力控制 |
| 轴向变形速率范围 | 0.02～40mm/min |
| 加载斜坡发生器最长时间 | 9.999×106s(115d),分辨率 2～16 |

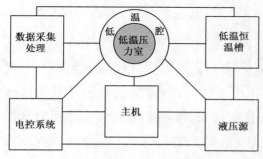

图 2-7　全套三轴试验设备组成部分

主要特征如下:

(1)低温压力室和冻土试样上下端压力帽都带有排气排水孔和通道,从而弥补了其他同类产品没有排气排水孔而不能进行冻土试样固结和有效应力等测试的不足,这是作者在研制该试验仪之前根据以往三轴剪切试验数据提出的要求。

(2)具有先进的两套不同的试样体变同时量测系统:三个径向引伸仪和低温压力室进出液体比较系统(见图 2-8)。可在固结试验、三轴剪切试验、三轴剪切蠕变试验和零围压但满液体情况下无侧限压缩试验时,对冻土试样体变进行两种量测而同时获得两套数据,进而可互相校对,并可求出主固结点、弹性模量、泊松比等数据。

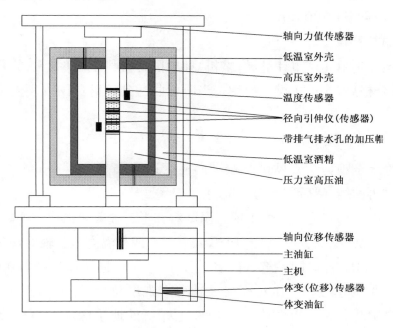

图 2-8　可测体变的低温高压三轴剪切仪主机系统

（3）本套设备有自制冷系统,试验人员无需在低温下工作。低温恒温槽制冷通过低温腔内冷媒把低温压力室高压油冷却降温（见图 2-7）,冷媒不与围压油相混,从而没有压力,也就是围压和制冷各为两个独立的系统。

（4）试验系统采用最新电液伺服系统来施加和控制轴压与围压,且围压达 12MPa（可满足表土深达 800m 的冻土力学性能试验的基本要求）。利用电液伺服系统和斜坡发生器,对加载过程实行位移控制或负荷控制,这两种加载方式中轴向应变/轴向应力速率连续可调,并可互相转换。

（5）轴向应力恒定系统使该试验仪可进行较精确的三（单）轴蠕变试验。其基本原理是把轴向力值 $F$、试样体积初值 $V_0$ 和体积变化量 $\Delta V$、试样高度 $h_0$ 和试样高度变化量 $\Delta h$ 联系起来,根据试样面积变化（取横截面平均变化值——实际中因试样变形往往是不均匀的,从而是有误差的）来调节轴向力值 $F$。

$$F = \sigma\left(\frac{V_0 - \Delta V}{h_s - \Delta h}\right) \tag{2-5}$$

其中:$F$——保持蠕变轴向恒应力的轴向力值,N;

　　　$\sigma$——蠕变轴向恒应力,Pa;

$V_0$——试样体积初值，m³；

$\Delta V$——体积变化量，m³；

$h_s$——试样高度初值，m；

$\Delta h$——试样高度变化量，m。

整机系统分别由北京市计量局（整机）和中国计量科学院（测力、位移和体变传感器）测试验收合格后，才正式投入使用。当时验收达到该行业国内领先水平以及世界先进水平。

**2. 瞬时三轴剪切变形特性**

（人工）冻土三轴剪切强度试验按轴向应变速率 $\dot\varepsilon_1=0.1\%/\mathrm{min}$ 进行剪切加载。对试样先冻结再固结，然后进行剪切试验。

试验温度以$-10℃$为主。为了探讨温度对冻土三轴剪切强度特征的影响规律，对代表性冻土将增加$-5℃$、$-15℃$、$-20℃$和$-25℃$四种温度。三轴剪切试验的多数围压在 $\sigma_3=\sigma_2\leqslant6\mathrm{MPa}$，且对同一组试样多数分 3～4 种不同围压进行剪切试验，以求获得强度规律。但为了考察围压对冻土三轴剪切强度特征的影响，围压分更多级，尤其是增加一些高围压级。其中有一级应取土样所处地层深度按下列煤矿常用计算公式计算的侧压值（实质是 $k_0\gamma H$），而其他围压的大小和级差则根据该侧压值大小而定。

$$\sigma_3 = 0.013H \tag{2-6}$$

其中：$\sigma_3$——土样所处深度的侧压值，MPa；

0.013——按重液理论所取土层侧压力系数，MPa/m；

$H$——计算土层所处深度，m。

冻土试样都先冻结后在所取围压下固结 4～6h，然后进行排水、排气剪切。ZJ290 冻结黏土剪切试验前，在不同围压下到达主固结点时的体积变化量绘在图 2-9 中。另外，同时对个别冻土只做剪切试验前的固结，而剪切试验中不排水、不排气，以便对比。

在围压 $\sigma_3=\sigma_2\leqslant6\mathrm{MPa}$ 时，冻土的三轴强度特征可用莫尔强度准则来描述。表 2-9 是$-10℃$部分人工冻土瞬时三轴剪切强度参数。表 2-10 是几种代表性冻结黏土在不同负温下瞬时三轴剪切强度参数。

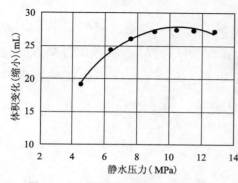

图 2-9　ZJ290 试样不同静水压力下达到主固结点时的体积变化（$-10℃$）

－10℃下部分人工冻土瞬时三轴剪切强度参数　　　　　　表 2-9

| 土　层 | 名　　称 | $c_0$ | $\varphi$ | 土　层 | 名　　称 | $c_0$ | $\varphi$ |
|---|---|---|---|---|---|---|---|
| WC90 | 黏土 | 1.68 | 10.7° | JJ180 | 黏土 | 1.07 | 2.6° |
| JJ214 | 黏土 | 0.89 | 4.0° | JJ245 | 砂质黏土 | 0.98 | 10.4° |
| GF170 | 粉质黏土 | 1.37 | 10.1° | CJ256 | 黏土 | 1.04 | 8.2° |
| CJ260 | 砂质黏土 | 0.85 | 13.1° | CJ290 | 黏土 | 1.13 | 5.4° |
| CS285 | 细砂 | 0.78 | 19.1° | CS266 | 黏土 | 0.85 | 5.1° |
| CS360 | 粉质黏土 | 1.33 | 6.2° | QF145 | 黏土 | 0.9 | 7.8° |
| QF150 | 粉质黏土 | 0.8 | 12.1° | GY100 | 粉质黏土 | 1.65 | 6.4° |
| JN150 | 黏土 | 0.9 | 5.7° | JN157 | 粗砂 | 1.36 | 16.8° |
| JN170 | 中砂 | 1.44 | 19.5° | JN176 | 黏土 | 1.1 | 2.7° |

冻结黏土在不同负温下瞬时三轴剪切强度参数　　　　　　表 2-10

| 土　层 名　称 | CS309 | CS312 | CS357 | PJ258 | LD175 | XQ226 | | |
|---|---|---|---|---|---|---|---|---|
| | 黏　土 | 重黏土 | 重黏土 | 黏土 | 黏土 | 黏　土 | | |
| 含水率(%) | 22 | 17.3 | 13.8 | 28.9 | 23.5 | 15 | 21 | 26 |
| －5℃　$c_0$ | 0.6 | 0.9 | 0.8 | 0.6 | 0.54 | | 0.57 | |
| －5℃　$\varphi$ | 3.5° | 3.1° | 2.6° | 2.1° | 1.4° | | 2.0° | |
| －10℃　$c_0$ | 1.2 | 1.1 | 1.2 | 1.1 | 1.05 | 1.14 | 1.01 | 0.85 |
| －10℃　$\varphi$ | 4.4° | 7.0° | 6.4° | 3.5° | 3.1° | 10.2° | 8.2° | 8.5° |
| －15℃　$c_0$ | 1.6 | 1.8 | 1.8 | 1.8 | 1.55 | 1.72 | 1.46 | 1.37 |
| －15℃　$\varphi$ | 4.4° | 6.9° | 6.2° | 3.3° | 3.1° | 10.0° | | 8.1° |
| －20℃　$c_0$ | 2.2 | | | 2.3 | 1.97 | 2.26 | 2.02 | 1.64 |
| －20℃　$\varphi$ | 4.5° | | | 3.3° | 3.0° | 9.6° | 8.1° | 8.5° |
| －25℃　$c_0$ | | | | 3 | 2.43 | 2.57 | 2.42 | 1.95 |
| －25℃　$\varphi$ | | | | 3.4° | 3.2° | 9.8° | 8.5° | 8.3° |

　　为了考察人工冻结黏土在不同负温下、不同围压下尤其是高围压下的力学特性，对 ZJ290 冻结黏土共进行了 44 组瞬时三轴剪切强度试验，其中包括一组该冻结黏土在－10℃下剪切试验过程中不排气不排水的数据，以便对比。

　　表 2-11 是该冻结黏土的三轴剪切试验全部数据。图 2-10～图 2-14 是在－5～－25℃时不同围压下 ZJ290 冻结黏土相应的三轴剪切应力—应变曲线，对应的若干试样在剪切过程中的体积变化也绘在其中（－5℃没有绘出）。图 2-15 是相应的剪应力—围压关系曲线，其中带符号"•"虚线的是－10℃该冻土的不排气、不排水三轴剪切试验数据。

表 2-11

**ZJ290 冻结黏土不同负温、不同围压下剪应力 $q$（单位：MPa）**

| $\sigma_3$ | $-5℃$ | $-10℃$ | $-15℃$ | $-20℃$ | $-25℃$ | $-10℃$ |
|---|---|---|---|---|---|---|
| 0.6 | | | 3.5 | 4.5 | | |
| 0.91 | | 2.5 | | | | |
| 1.26 | 1.45 | | | | | |
| 1.69 | | | | | 5.9 | |
| 2.17 | | 2.7 | | | | 2.7 |
| 2.36 | | | 3.9 | | | |
| 2.57 | | | | 5.2 | | |
| 2.89 | | | | | | 2.72 |
| 3.2 | 1.8 | | | | | |
| 3.5 | | | | | 6.5 | |
| 4.2 | | | 4.4 | | | |
| 4.59 | | 3.3 | | | | |
| 4.95 | 2.15 | | | | | |
| 5.8 | | | | 5.8 | | |
| 5.82 | | | 5.2 | | | |
| 6.07 | | | | | | 2.75 |
| 6.25 | | 3.9 | | | | |
| 6.48 | 2.45 | | | | | |
| 7.1 | | | 5.4 | | | |
| 7.47 | | 4.3 | | | | |
| 7.68 | | | | 6.65 | | |
| 7.72 | | | | | 7.9 | |
| 8.13 | 2.75 | | | | | |
| 8.42 | | | 5.8 | | | |
| 8.9 | 3 | | | | | |
| 8.98 | | 4.42 | | | | |
| 9.18 | | | | 7.4 | | |
| 9.57 | | | | | | 2.65 |
| 9.88 | | | 6.2 | | | |
| 9.9 | | | | | 8.4 | |
| 10.28 | 3.05 | | | | | |
| 10.38 | | 4.7 | | | | |
| 10.92 | | | | 7.6 | | |
| 11.04 | | | 6.35 | | | |
| 11.4 | | | | | 8.4 | |
| 11.47 | 3 | 4.6 | | | | |
| 12.28 | | | 6.2 | | | |
| 12.55 | 2.7 | | | | | |
| 12.83 | | 4.4 | | | | |
| 13.1 | | | | 7.48 | | |
| 13.25 | | | | | 8.54 | |

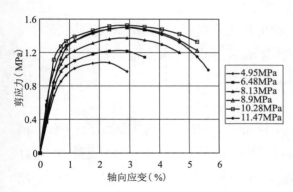

图 2-10　ZJ290 冻结黏土－5℃下三轴剪切应力—
正应变曲线

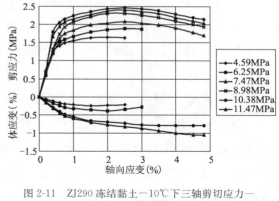

图 2-11　ZJ290 冻结黏土－10℃下三轴剪切应力—
正应变（体变）曲线

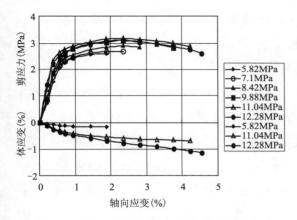

图 2-12　ZJ290 冻结黏土－15℃下三轴剪切应力—
正应变（体变）曲线

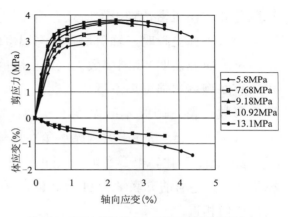

图 2-13　ZJ290 冻结黏土－20℃下三轴剪切应力—
正应变（体变）曲线

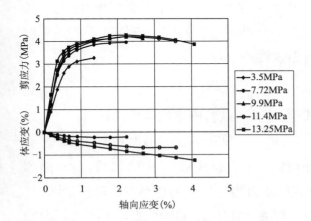

图 2-14　ZJ290 冻结黏土－25℃下三轴剪切应力—
正应变（体变）曲线

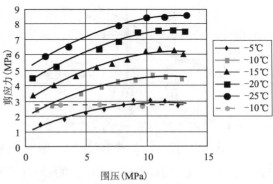

图 2-15　ZJ290 冻结黏土不同负温
下剪应力—围压关系曲线

**3.冻土瞬时三轴剪切强度特性**

人工冻土的另一重要力学特性是瞬时三轴剪切力学特性,与瞬时无侧限抗压力学特性类似,它们与冻土的类型(包括颗粒组成、含水率、界限含水率等)、温度及受力状态有关。

1)人工冻土静水压力下固结特性

图 2-9 给出了−10℃时 ZJ290 冻结黏土不同静水压力下达到主固结点时冻土试样体变化量同固结静水压力之间的关系。从图中可见,在−10℃时当静水压力≤10.38MPa,ZJ290 冻结黏土体积缩小量随静水压力增加而增大,但增大的幅度不断减小;当静水压力>10.38MPa 后,冻结黏土体积缩小量随静水压力增加而趋于平缓(略微减少)。这种现象可能是−10℃时这类冻结黏土在高静水压力下,其中高应力区冰融化和体积压密达到极限所致。而体缩量的略微减少有可能是测量误差所致。

2)人工冻土瞬时三轴剪切强度与温度的关系

试验研究表明,我国多数人工冻土瞬时三轴剪切强度 $\tau$ 在围压 $\sigma_2=\sigma_3\leqslant6$MPa 时,可用直线型莫尔强度理论近似表达。表 2-9 是−10℃下部分人工冻土瞬时三轴剪切强度参数。表 2-10 是不同温度下几种人工冻结黏土的瞬时三轴剪切强度参数。从表 2-10 可见,冻结黏性土的内摩擦角在更低温度下(除−5℃之外)受温度影响不太明显,也即温度变化,内摩擦角 $\varphi$ 变化很小。因而在−10～−25℃范围内可以认为 $\varphi(T)\approx\varphi$。这与前苏联学者 Н. А. Цытович 所得结果不同,但与 H. L. Jessberger 建议的取值相近。

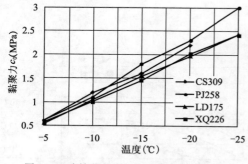
图 2-16　冻结黏土黏聚力 $c_0$ 与温度 $T$ 的关系

把表 2-10 中人工冻结黏性土的黏聚力 $c_0$ 与温度 $T$ 的关系绘在 $c_0$-$T$ 坐标中,由表 2-10 和图 2-16 可见,黏聚力 $c_0$ 与负温 $T$ 的绝对值近似线性关系,即

$$c_0(T)=n_1+n_2\,|\,T\,| \qquad (2-7)$$

式中:$n_1$——试验确定的常数,MPa;

$n_2$——试验确定的温度系数,MPa/℃。

表 2-12 列出了 4 种典型人工黏性土黏聚力 $c_0(T)$公式(2-7)中的参数,这与前苏联学者 Н. А. Цытович(1973)的 $c_0(T)$公式中黏聚力与负温的开平方成正比不同,且他认为内摩擦角是随负温变化的。Mi(1991)有关兰州冻结细砂的试验结果表明内摩擦角和黏聚力都随负温而变,即 $c_0=0.71\,|\,T\,|^{0.77}$,$\varphi=31.8+0.347\,|\,T\,|$。中国科学院兰州冰川冻土研究所和煤炭部特殊凿井公司对淮南冻结中砂的试验,也得到了类似结

果:$c_0 = 4.6|T|^{0.355}$,$\varphi = 24.4 + 0.5|T|$。所有这些都是对冻砂的试验研究结果。虽然 H. L. Jessberger 建议可忽略冻结黏土内摩擦角随负温的变化,但没有得出黏聚力同负温的关系。显然,土壤类型不同,其内摩擦角和黏聚力两者同负温的关系是不同的。

**典型人工冻结黏性土黏聚力 $c_0(T)$ 的参数值** 表 2-12

| 土　层 | CS309 | PJ258 | LD175 | XQ226 | | |
|---|---|---|---|---|---|---|
| 含水率(%) | 22 | 28.9 | 23.5 | 15 | 21.2 | 28 |
| $n_1$(MPa) | 0.6 | 0 | 0.04 | 0.28 | 0.1 | 0.07 |
| $n_2$(MPa/℃) | 0.107 | 0.12 | 0.1 | 0.093 | 0.093 | 0.082 |
| 温度范围 | −5～−20℃ | −5～−25℃ | −5～−25℃ | −5～−25℃ | | |
| $R^2$ | 0.993 6 | 0.994 1 | 0.995 8 | 0.989 7 | 0.991 7 | 0.994 8 |

将上面式(2-7)代入直线型莫尔强度公式,并注意 $\varphi(T) \approx \varphi$,得出(人工)冻结黏性土瞬时三轴剪切莫尔强度准则($\sigma_2 = \sigma_3 \leqslant 6\text{MPa}$):

$$\tau = n_1 + n_2|T| + \sigma\tan\varphi \tag{2-8}$$

式(2-8)揭示了人工冻结黏土的三轴抗剪强度随负温降低而近似线性增加,这主要是其黏聚力增加的结果。

3)人工冻土瞬时三轴剪切强度与含水率的关系

表 2-12 中还列出了 XQ226 冻结黏土 3 种不同含水率下三轴抗剪强度参数值,将它们展现在图 2-17 中。冻结黏土的黏聚力随含水率的增加而降低,其内摩擦角也有随含水率的增加而降低。

4)人工冻土瞬时三轴剪切强度与土颗粒级配的关系

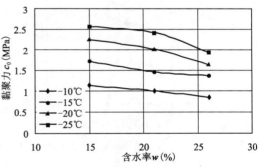

图 2-17 不同温度下 XQ226 冻结黏土黏聚力与含水率的关系

由表 2-9 和表 2-10 可见,人工冻结黏土内摩擦角多数介于 3°～8° 之间,一般在 2°～10° 范围内;冻结砂质黏土、壤土及黏质粉砂其内摩擦角在 11° 左右;人工冻结砂类的内摩擦角介于 15°～25° 之间。由此可见,人工冻土颗粒越粗,其内摩擦角 $\varphi$ 也越大,反之亦然。

5)围压对冻土瞬时三轴剪切变形(包括体变)特性的影响

图 2-10～图 2-14 是 −5℃、−10℃、−15℃、−20℃ 和 −25℃ 下 ZJ290 冻结黏土在瞬时三轴剪切($\dot{\varepsilon}_1 = 0.1\%/\text{min}$)试验的剪应力—正应变(体变)曲线。从剪应力—轴向

应变曲线可见,每一围压下都有一个线性剪应力—轴向应变阶段。其后,在低围压下其剪应力—轴向应变曲线类似双曲线型。随着围压增加,剪应力—轴向应变曲线逐渐在强度极限后出现软化现象,这可能与其内局部应力集中处冰出现融化有关。

图 2-10~图 2-14 给出了若干围压下剪切试验的剪应力—正应变(体变)曲线。在围压较小时,这种冻结黏土在剪切过程中产生体积缩小,然后体积略有些回涨但小于起始体积缩小量(见图 2-11)。从图中可发现,体积回涨开始处在达到强度极限时。在中高围压时,这种冻结黏土剪切过程中产生体积缩小。高围压时冻土内冰的融化比低围压时冰融化要多,高围压又造成了土颗粒之间的错动而体积缩小。这时冻土压缩主要是冰转化为水时体积缩小和冻土本身压密的双重结果。

这里试验所得体变增大量要小于 P. V. Lade 等对冻结粉砂的试验结果和 T. H. W. backer 等对冻砂的试验结果,这可能与冻土类型不一、试验前有无固结以及剪切速率相异等原因有关。

6)围压对冻土瞬时三轴剪切强度特性的影响(人工冻土力学关键概念)

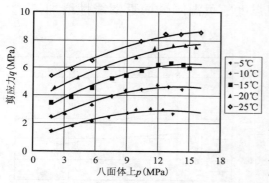

图 2-18　ZJ290 冻结黏土不同负温下 $p$-$q$ 强度曲线

表 2-12 和图 2-18 给出了在 $\sigma_3 = 0 \sim 13.25$MPa 之间 ZJ290 冻结黏土在 $-5℃$、$-10℃$、$-15℃$、$-20℃$ 和 $-25℃$ 五种试验温度、排气排水条件下试验所得瞬时 $\sigma_3$、$q$ 值。可见 $q$ 随围压 $\sigma_3$ 增加而增大,但 $\sigma_3$ 到达某一值后 $q$ 达最大值后不再增大而开始减小,也即人工冻结黏土也存在 Chamberlain 等人说的"冰融点围压"。由图 2-15 可见,对应于最大值 $q_{max}$ 的 $\sigma_3$ 值随负温而变,负温越低这一值越大。将这些数据绘于 $p$-$q$ 坐标平面,如图 2-18 所示,其中 $p = (\sigma_1 + 2\sigma_3)/3$,$q = \sigma_1 - \sigma_3$。

由于试验机条件所限,本试验仅限于 $\sigma_3 \leqslant 13.25$MPa 的情况。

从图 2-18 中可见,在 $p$ 值不太大时,随着 $p$ 值增加,$q$ 也近似线性增加。在这种情况下,可用直线型莫尔—库仑准则(公式)描述这一强度特征。但随着 $p$ 值进一步增加,$q$ 值增加的量变小,直至达到某一最大值 $q_p$,对应的有一个 $p_p$ 值。当 $p$ 进一步增大时,$q$ 出现下降的趋势。虽然因这台低温高压剪切仪围压有限而下降段不长,但无论是何种温度,这种下降的趋势还是非常明显的。从图中可见,温度愈高($-5℃$)剪应力强度下降的趋势越明显。显然,在 $p$ 值到一定值后,莫尔—库仑准则已不再适用。从图中可以看到,不同负温下的剪应力强度与 $p$ 的关系曲线彼此相似,从而可用一个准则方程乘以温度函数来表达不同负温下的强度特征。将五种负温下 $q_p$ 值及对应的 $p_p$ 值分别绘于 $p_p$、$q_p$-$T$ 坐标上,如图 2-19 所示。根据两数据进行回归,得出二者与负温之间的数学表达式分别为($R^2=0.997\,8$,$R^2=0.996\,9$):

$$q_p = a_3 \mid T \mid^{\alpha_1} + b_3 \qquad\qquad (2\text{-}9)$$

$$p_p = a_4 \mid T \mid^{\alpha_2} + b_4 \qquad\qquad (2\text{-}10)$$

式中:$q_p$——$p$-$q$ 平面中的最大偏应力,MPa;

$p_p$——$p$-$q$ 平面中最大偏应力对应的平均主应力,MPa;

$T$——试验温度(℃),$T=-5\sim-25$℃;

$a_3$,$a_4$——试验确定的温度影响系数,对于 ZJ290 冻结黏土,$a_3=0.625$MPa/℃$^{\alpha_1}$,$a_4=0.66$MPa/℃$^{\alpha_2}$;

$\alpha_1$,$\alpha_2$——试验无量纲参数,对于 ZJ290 冻结黏土,$\alpha_1=0.772$,$\alpha_2=0.812$;

$b_3$,$b_4$——试验参数(MPa),对于 ZJ290 冻结黏土,$b_3=0.5$MPa,$b_4=7.8$MPa。

由图 2-19 可以看出,两者随负温变化有近似相同的规律,这与马巍等人对兰州冻砂、沈忠言等人对淮北冻结固结黏土的试验结果存在明显差异。前者在高温区(-2~-7℃)对兰州冻砂进行了围压 3~20MPa 的三轴剪切试验,后者在-5℃、-10℃ 和-15℃ 对淮北冻结固结黏土进行了围压 1~10MPa 的三轴剪切试验,两者的剪切加载都采用恒轴向应变速率 6.7%/min 进行。图 2-20 为兰州冻砂的瞬时三轴剪切强度试验结果,不同负温下(-2℃、-3.5℃、-5℃ 和-7℃)随着 $p$ 值增加,剪应力峰值过后都开始下降并不断加速,即有冰融化发生。从图中可以看到,剪应力峰值过后随着 $p$ 值不断升高而加速这种冰的融化(无论试验在何种温度下)。高压 $p$ 值下冰融化到最后就会导致不同温度下(已不受负温控制)的这种剪应力曲线应该全部趋向接近,而不是图 2-20 中的这种剪应力曲线最后相互远离。图 2-20 这种剪应力曲线最后远离说明负温和"冰融"作用都很大,这与实际情况不符[估计是不排气(水)或者试验存在某种错误]。

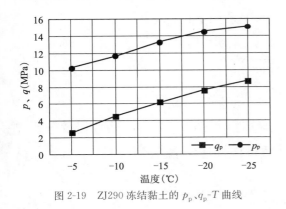

图 2-19 ZJ290 冻结黏土的 $p_p$、$q_p$-$T$ 曲线

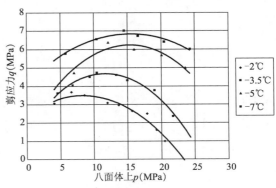

图 2-20 兰州冻砂的 $p$-$q$ 曲线

沈忠言等人对冻结黏土进行了不同负温、不同围压下的三轴剪切试验研究表明，在同一负温下，其试验冻结黏土在 1～10MPa 围压下的三轴强度试验结果呈现不同寻常的特点：峰值偏应力（或三轴抗剪强度）在不同围压下基本不变，莫尔圆包络线几乎呈水平线，即内摩擦角近似 0°，三轴剪切强度可取作定值，也即三轴抗剪强度与围压无关。这与我们在−10℃下、不排气条件下试验所得的 ZJ290 冻结黏土三轴剪切强度数据相近（图 2-15 中虚线所示）。这种"不同寻常的特点"实际上是不固结不排水三轴试验（UU）的结果，所得三轴强度不是有效应力下的剪切强度数据。因此，我们在地层冻结设计中必须区分这些三轴剪切强度结果的试验条件，尤其是与现场不一致的力学条件，否则，就会出现重大失误，甚至导致冻结法应用失败。

图 2-15 中这条−10℃下虚线的这种冻结黏土在不排气条件下的三轴强度曲线，与同一负温下排气（有效应力）三轴强度曲线有明显差异，前者为一条近似水平线，显然没能反映冻土有效应力下的强度，这也说明说明土力学中的有效应力原理同样适应人工冻土力学领域。过去我国冻土三轴剪切试验中往往忽略了这一关键条件，而得到的是不固结、不排气的强度参数，这是冻土力学界、地层冻结法应用者们应予以重视的。

由图 2-15 和图 2-18 及以上讨论可见，莫尔强度准则式（2-8）只在有限围压以内（一般≤6MPa）可用来描述冻结黏土的三轴剪切强度特征。对 ZJ290 冻结黏土，把式（2-7）的 $c_0(T)$ 值绘在图 2-21 中，从图中发现 $c_0$ 与温度 $T$ 的绝对值之间呈近似线性关系，可得出公式（2-7）中的各参数：$n_1 = 0.075$MPa，$n_2 = 0.0914$MPa/℃（$R^2 = 0.9989$）。

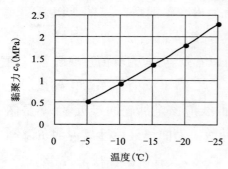

图 2-21　ZJ290 冻结黏土 $c_0$-$T$ 关系

在三轴剪切条件下，$c_0'$ 为 $p$-$q$ 平面上的截距值，与 $c_0$、$\varphi$ 的关系如下：

$$c_0' = \frac{6\cos\varphi}{3 - \sin\varphi} c_0 \qquad (2\text{-}11)$$

式中：$\varphi$——该冻结黏土的内摩擦角，$\varphi \approx 8°07'$。

而在围压超过一定值后，$q$ 与 $p$ 的关系呈非线性（见图 2-18）。试验数据及分析显示，这种线性与非线性特征可用下列数学表达式近似描述（$\sigma_3 \leqslant 13$MPa）：

$$q = \frac{6\cos\varphi}{3 - \sin\varphi} c_0 + \frac{6\sin\varphi}{3 - \sin\varphi} p \qquad (p \leqslant k^2) \qquad (2\text{-}12)$$

$$q = \frac{6\cos\varphi}{3-\sin\varphi}c_0 + \frac{6\sin\varphi}{3-\sin\varphi}p\left(1-\frac{kp^{\frac{1}{2}}+p}{2p_p}\right) \qquad (p \geqslant k^2) \qquad (2\text{-}13)$$

式中：$p_p$——见表达式(2-9)；

      $k^2$——确定式(2-12)和式(2-13)光滑相切处的控制参量，本试验中 $k^2 \approx \frac{16}{9}p_p -$

        $(7\sim8)\text{MPa}$。

这就是试验所得的 ZJ290 冻结黏土 $\tau = 0$（瞬时）时刻的三轴剪切强度准则，式
(2-13)右边第二项实际上是抛物线方程。

## 第三节 与时间相关的(人工)冻土力学特性试验研究

这里进一步研究冻结凿井中事故多发的人工冻结黏土蠕变力学特性，尤其是国内
外试验研究数据很少的变形同温度的关系，进一步完善并找出 C. C. Вялов 等人蠕变
数学模型中的人工冻结黏土蠕变受温度变量影响的规律，建立较完整的工程中急需且
可用的人工冻结黏土蠕变数学模型。

### 一、冻土蠕变试验

(人工)冻土最显著的特点是其蠕变特征。对冻土进行蠕变试验研究，对了解冻土
的力学特征非常重要。如第一章所述，国内外专家学者在这方面做了大量的有针对性
的试验研究工作，已基本建立了永冻土的蠕变数学模型并成功地应用于工程实践，在
人工冻土蠕变试验研究方面，也做了许多有成效的工作，近 30 年来取得了巨大进展。
除了负温对人工冻土蠕变影响的规律试验研究很少外，已建立了一些有意义的数学模
型，使冻结凿井的深度在第四系地层中越来越大。这里在 C. C. Вялов 等人和其他学
者蠕变公式的基础上，除了考察我国人工冻土，尤其是事故多发的人工冻结黏土的蠕
变特征外，重点是考察负温对冻结黏土蠕变变形特征的影响规律，以进一步完善 C. C.
Вялов 等人的理论和公式，从而获得较完整的工程中急需且可用的人工冻结黏土的蠕
变数学模型。

本研究中选取冻结凿井中事故多发的有代表性的冻土（主要是冻结黏土）进行单
轴或三轴蠕变试验。根据其瞬时单轴抗压强度或瞬时三轴剪切强度值，按加载系数
$k = 0.2, 0.4, 0.6, 0.7, 0.8$ 和 $0.9$ 等六种，取蠕变应力分别为 $k\sigma_u$ 或 $k\tau$ 对冻土进行蠕
变试验。

所有试验按国际地层冻结协会和我们编制的人工冻土试验操作规程进行。密封

的试样先在－40℃下速冻,再在所设定试验温度下养护24h,然后再进行试验。图2-22是CS266冻结黏土－10℃的单轴压应力下蠕变曲线族。对三轴剪切应力下蠕变试验,在所设定试验温度下养护24h后,还须在所选围压下固结4～6h,再进行蠕变试验。其三轴剪切应力下蠕变试验的围压按式(2-6)计算,也即取其所在深度的地层侧压力。

这里仅列出一种典型冻结黏土在不同负温下的三轴剪切蠕变试验曲线。图2-23～图2-27分别是PJ258冻结黏土在－5℃、－10℃、－15℃、－20℃和－25℃时的三轴剪切应力下蠕变曲线族,其土工参数见表2-1,不同负温下的瞬时无侧限抗压强度见表2-2,不同负温下的瞬时三轴剪切强度见表2-10。这是一种瞬时无侧限抗压强度和瞬时三轴剪切强度最低、内摩擦角最小的典型冻结黏土。在图2-23～图2-27的PJ258人工冻结黏土蠕变曲线中,恒定围压全为$\sigma_2 = \sigma_3 = 3.354\text{MPa}$,图中标出的全为蠕变恒定剪应力值。

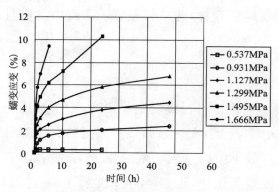

图2-22 CS266冻结黏土－10℃的单轴压应力下蠕变曲线族

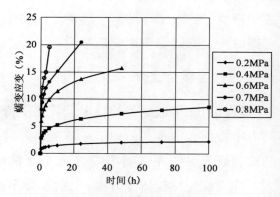

图2-23 PJ258冻结黏土在－5℃时的三轴剪切应力下蠕变曲线族

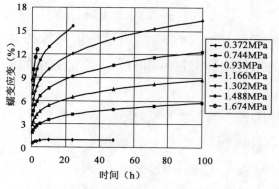

图2-24 PJ258冻结黏土在－10℃时的三轴剪切应力下蠕变曲线族

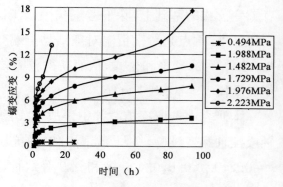

图2-25 PJ258冻结黏土在－15℃时的三轴剪切应力下蠕变曲线族

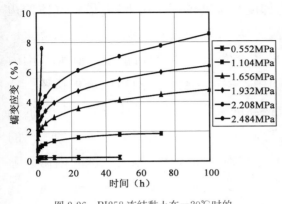

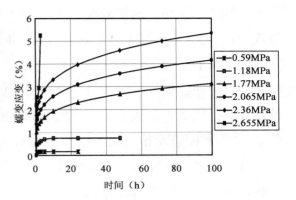

图 2-26　PJ258 冻结黏土在−20℃时的
三轴剪切应力下蠕变曲线族

图 2-27　PJ258 冻结黏土在−25℃时的
三轴剪切应力下蠕变曲线族

## 二、人工冻土蠕变的物理意义和特性

根据图 2-23～图 2-27 冻土蠕变试验的一组典型曲线,大体可归结为如图 2-28 所示人工冻土的蠕变曲线类型。对于冻土衰减型蠕变,这里不作研究,因为对工程和理论上较有意义的是人工冻土非衰减型蠕变。如图 2-28 所示,冻土的非衰减型蠕变曲线一般有三个阶段:

第 I 阶段为蠕变减速阶段:冻土压密并出现局部应力集中处冰的融化开始阶段。

第 II 阶段为蠕变恒应变速率阶段:局部应力集中处冰融化成未冻水,向低应力区迁移结冰,在迁移过程中,变形不断增加。随着冰融化速度与在低应力区未冻水结冰的速度处于相对动平衡临界状态时,蠕变以常速不断发生。

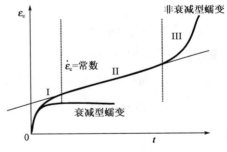

图 2-28　冻土典型蠕变曲线

第 III 阶段为蠕变加速进入非稳定阶段:第 II 阶段这种未冻水的积累大于重新结冰量,土颗粒可能因此产生错动,进而会促进蠕变加速,即渐增的蠕变速率流动,直至冻土破坏。

研究冻土蠕变第 I、II 阶段对工程应用极有意义,是研究的重点之一。

如前所述,由于人工冻土是由土颗粒(骨架)、冰(可变胶结体)、未冻水和气体构成,其应变特性主要是由土颗粒—冰—未冰水—气体所决定的,也即由骨架—可变胶结体—不稳定活化液体—活动催化体所决定的。在一定温度和应力条件下,这四者处于平衡状态中。若应力超过某一定值,由于人工冻土中一些颗粒间接触受挤压而出现应力集中,这种颗粒间挤压(应力集中)会产生升温而使其间的可变胶结体冰融化一些。这部分融化的水补充那些以薄膜水形式存在的未冻水,从而打破了原有的冰—未冻水—气体的平衡。这部分融化的水在应力梯度与温度梯度作用下，并借助气体的边缘效应，由高应力和高温区向低应力和低温区迁移，在那里重新冻结，使冰—未冻水—气体达到新的平衡。伴随这一过程，冻土中的冰会发生错动，并可能发展到大范围内的错动。伴随土颗粒的重新组合及定向，其力图占据最小势能相对应的最近位置。这种在外载作用下人工冻土内应力集中的高温区冰的融化、融化水—未冻水—气体的迁移、矿物颗粒间重新排列就位以及融化水在低应力、低温区的重新冻结——"愈合"的速度若慢于冰融化和新错位土颗粒数量增加——"损伤"的速度，则人工冻土内微裂隙不断扩展——"结构弱化"；反之称为"结构强化"。人工冻土的蠕变过程，就是在外载作用下，其冰—未冻水—气体—土颗粒在平衡与不平衡间相互转化、相互作用的动平衡过程，也可以说是"损伤"与"愈合"相互转化、同时并存，"结构弱化"和"结构强化"相互转化、相互并存的过程。这就是人工冻土蠕变的物理内涵。

若在人工冻土内"结构强化"（"愈合"）占优势，则人工冻土的蠕变呈衰减特性；反之，如果在人工冻土内"结构弱化"（"损伤"）占优势，则人工冻土的蠕变不断发展，并以破坏而告终，即其蠕变呈非衰减型。

### 三、人工冻结黏土的本构关系

除了图 2-28 所示冻土蠕变部分外，冻结黏土变形还有少量瞬时应变（见图 2-29），也即人工冻结黏土总的变形可分为两个部分：一部分是和时间无关的瞬时应变（包括弹性应变 $\varepsilon_e$ 和塑性应变 $\varepsilon_p$）；另一部分是与时间有关的蠕变应变 $\varepsilon_c$。因而，可以认为（人工）冻土在外载作用下，其应变由这三个分量构成（C. C. Вялов 等人），即

$$\varepsilon = \varepsilon_e + \varepsilon_p + \varepsilon_c \tag{2-14}$$

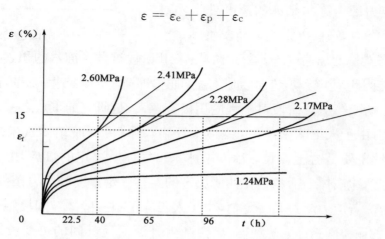

图 2-29　JJ214 冻结黏土在 −10℃ 时的无侧限压缩蠕变（含瞬时应变）曲线族

在冻土蠕变过程中,应力主轴和应变主轴相重合且保持不变时,式(2-14)也适应于复杂应力状态情况,即

$$\sqrt{S_2} = \sqrt{S_{2e}} + \sqrt{S_{2p}} + \sqrt{S_{2c}} \qquad (2\text{-}14')$$

式中: $S_2$——应变偏量第二不变量;

$S_{2e}$、$S_{2p}$ 和 $S_{2c}$——分别为弹性、塑性和蠕变时的应变偏量第二不变量。

因冻土的瞬时应变(包括弹性应变 $\varepsilon_e$ 和塑性应变 $\varepsilon_p$)与蠕变相比很小,则式(2-14)和式(2-14′)可表达为:

$$F(S_2) = F_0(S_2) + F_t(S_2) \qquad (2\text{-}15)$$

式中: $F(S_2)$——总应变[单轴压缩时 $F(\varepsilon_1)$,三轴剪切时 $2\sqrt{S_2}$ ];

$F_0(S_2)$——与时间无关的线应变或剪切应变;

$F_t(S_2)$——与时间有关的线应变或剪应变。

(人工)冻土的应变不但同应力状态有关,而且还与温度 $T$ 和时间 $t$ 有关,同时还受平均法向应力 $\sigma_m$($I_1/3$,$I_1$ 为应力张量第一不变量)的影响(С. С. Вялов 等人),即

$$F_t(S_2) = f_t(J_2, I_1, T, t) \qquad (2\text{-}16)$$

结合式(2-16),则式(2-15)变为:

$$F(S) = f_0(J_2, I_1, T) + f_t(J_2, I_1, T, t) \qquad (2\text{-}17)$$

式中: $f_0$——与时间无关的应变量;

$f_t$——与时间有关的应变量;

$J_2$——应力偏量第二不变量;

$I_1$——应力张量第一不变量。

$$I_1 = \sigma_1 + \sigma_2 + \sigma_3$$

$$J_2 = \frac{1}{6}\left[(\sigma_1 - \sigma_2)^2 + (\sigma_2 - \sigma_3)^2 + (\sigma_3 - \sigma_1)^2\right]$$

$$S_2 = \frac{1}{6}\left[(\varepsilon_1 - \varepsilon_2)^2 + (\varepsilon_2 - \varepsilon_3)^2 + (\varepsilon_3 - \varepsilon_1)^2\right]$$

温度变量(稳态和准稳态温度场)和应力偏量第二不变量对冻土应变的影响在其变形的全过程是不变的,也即具有同样的模型。由于人工冻结黏土内摩擦角较小,一般仅为 $2° \sim 8°$,且在较低负温下受温度影响不明显,则可不考虑人工冻结黏土内摩擦角变化对其蠕变变形的影响。而对于内摩擦角较大的冻结砂(见第三节冻砂三轴剪切试验数据),这种假设是不太合理的。同时,按 С. С. Вялов 等人的假设,在蠕变应变中

忽略平均法向应力 $I_1/3$ 的影响。在 4 种不同的平均法向应力 $I_1/3$ 下,我们专门对 XQ226 冻结黏土进行了蠕变试验。不同 $I_1/3$ 的剪应力—剪应变关系曲线非常类似 (见图 2-30),而不同剪应变下的剪应力与 $I_1/3$ 的关系近似呈线性(见图 2-31)。 XQ226 冻结黏土这些蠕变试验数据验证了 C. C. Вялов 等人的假设,在人工冻结黏土 蠕变计算中忽略平均法向应力 $I_1/3$ 的影响是基本正确的。

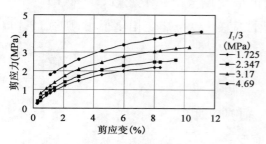

图 2-30　XQ226 冻结黏土不同 $I_1/3$ 的
剪应力—剪应变关系

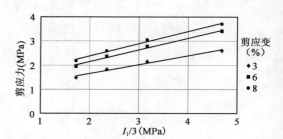

图 2-31　XQ226 冻结黏土不同剪应变时
剪应力与 $I_1/3$ 的关系

　　根据在同一种人工冻结黏土应力—应变曲线我们可以得知:①其等温线彼此基本 相似(图2-32、图2-33),这一点也可从前面的蠕变曲线看出;②直接在蠕变曲线上截取 的等时曲线彼此基本相似(见图2-34);③在变温蠕变曲线上截取的等剪应力强度曲线 近似彼此相似(见图2-35),6 种冻结黏土的相应蠕变同负温的关系曲线如图2-36 所 示,其中设定其他参数为单位 1;④平均法向应力曲线彼此相似且平均法向应力变化 时,该曲线变化极小;⑤可在蠕变应变中忽略平均法向应力 $I_1/3$ 的影响,也即不考虑 人工冻结黏土内摩擦角 $\varphi$ 对其蠕变的影响,则式(2-17)在数学上是变量可分离的函 数,也即式(2-17)右边项彼此独立影响左边的应变,可视为独立变量:

$$F(S_2) = g_0(J_2)x_0(T)j_0(I_1,\varphi) + g_t(J_2)x_t(T)k_t(t) \tag{2-18}$$

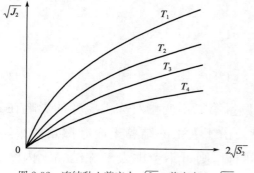

图 2-32　冻结黏土剪应力 $\sqrt{J_2}$—剪应变 2 $\sqrt{S_2}$
等温曲线($T_1 < T_2 < T_3 < T_4 < 0$)

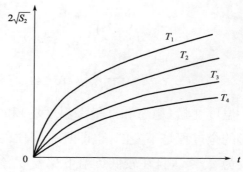

图 2-33　冻结黏土等温蠕变曲线(剪应力 $\sqrt{J_2}$
恒定,$T_1 < T_2 < T_3 < T_4 < 0$)

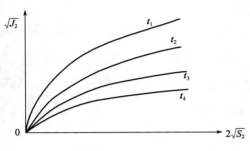

图 2-34　冻结黏土蠕变等时曲线($t_1<t_2<t_3<t_4$)

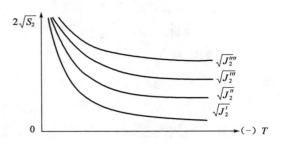

图 2-35　冻结黏土剪应变 $2\sqrt{S_2}$ —负温 $T$ 等剪应力
曲线（$\sqrt{J_2'}<\sqrt{J_2''}<\sqrt{J_2'''}<\sqrt{J_2''''}$ )

根据上述事实,结合瞬时应力—应变、蠕变试验数据,进行数据拟合分析得:

$$g_0(J_2) = g_t(J_2) = J_2^{B/2} \tag{2-19}$$

$$x_0(T) \approx x_t(T) = \frac{A'}{(1+|T|)^K} \tag{2-20}$$

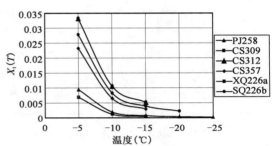

图 2-36　冻结黏土蠕变变形同负温的关系曲线

$$j_0(I_1,\varphi) = \left[ \frac{c_0'}{c_0' + \dfrac{I_1}{3}\tan\varphi'} \right]^D \tag{2-21}$$

$$K_t(t) = t^C \tag{2-22}$$

式中：　$A'$——试验确定的参数,瞬时应变部分 $A'=A_1$,蠕变应变部分 $A'=A_2$;
$B,K,D,C$——试验确定的参数;

$$c_0' = \frac{2\sqrt{3}\cos\varphi}{3-\sin\varphi}(n_1 + n_2 \mid T \mid)$$

$$\tan\varphi' = \frac{2\sqrt{3}\sin\varphi}{3-\sin\varphi}$$

其余符号含义同前。

将上述式(2-20)、式(2-21)和式(2-22)代入式(2-18),在瞬时应变中考虑内摩擦角为常数,而在蠕变阶段忽略内摩擦角及平均法向应力 $I_1/3$ 的影响,得出人工冻结黏土的本构关系如下:

$$2\sqrt{S_2} = \frac{J_2^{B/2}}{(1+|T|)^K}\left[ A_1\left( 1 + \frac{\dfrac{I_1}{3}\tan\varphi'}{c_0'} \right)^{-D} + A_2 t^C \right] \tag{2-23}$$

式中,各参数详见式(2-13)、式(2-17)与式(2-22)。

进一步分析发现,试验中的冻结黏土 $D \approx 0.9$。表 2-13 是我国几种典型深厚人工冻结黏土的本构关系式(2-23)的参数值,它们是在轴对称三轴剪切加载条件下获得的。上式最大的特点是在 C. C. Вялов 等人的基础上,将变量温度 $T$ 和时间 $t$ 分离开后找到了各自的表达式的相应参数(稳态和准稳态温度场中),从而获得了较完整的人工冻结黏土本构模型,不但有理论意义,且对于工程应用非常有价值。

**人工冻结黏土本构关系参数表**　　　　　　表 2-13

| 土层 | 含水率(%) | $A_1[℃^K(MPa)^{-B}]$ | $A_2[℃^K(MPa)^{-B}h^{-C}]$ | $K$ | $B$ | $C$ | $\varphi(°)$ | 温度范围 | $R^2$ |
|---|---|---|---|---|---|---|---|---|---|
| PJ258 | 28.9 | 0.69 | 19.33 | 2.6 | 1.88 | 0.21 | 3.4 | $-5 \sim -25℃$ | 0.995 8 |
| CS309 | 21.0 | 0.44 | 8.30 | 1.9 | 1.58 | 0.31 | 4.5 | $-5 \sim -15℃$ | 0.998 0 |
| CS312 | 17.3 | 0.45 | 3.31 | 1.9 | 3.06 | 0.39 | 6.9 | $-5 \sim -15℃$ | 0.997 7 |
| CS357 | 13.8 | 0.51 | 5.28 | 2.1 | 3.06 | 0.29 | 8.2 | $-5 \sim -15℃$ | 0.989 5 |
| XQ226$_a$ | 21.0 | — | 7.99 | 2.8 | 1.42 | 0.29 | 8.2 | $-5 \sim -15℃$ | 0.990 2 |
| XQ226$_b$ | 30.0 | 0.67 | 12.94 | 2.0 | 2.58 | 0.37 | 8.4 | $-5 \sim -20℃$ | 0.995 5 |

在体积不变条件下取泊松比 $\mu = 0.5$,即

$$\sqrt{J_2} = (\sigma_1 - \sigma_3)/\sqrt{3} = \tau_1 \tag{2-24}$$

$$2\sqrt{S_2} = \sqrt{3}\varepsilon_1 = \gamma_1 \tag{2-25}$$

以上两式中参数单位详见式(2-13)与式(2-17)。

由于人工冻结黏土应变是以蠕变为主,通过冻土"损伤"的累积,蠕变应变作为其表面显现而增大。在深部(400m 以下)相对于瞬时弹性及塑性应变而言,蠕变更为关键。如果忽略式(2-23)中与时间无关部分的应变,得到冻结黏土的(三轴剪切)蠕变数学模型:

$$\gamma_c = \frac{A_0}{(1+|T|)^K}\tau_c^B t^C \tag{2-26}$$

式中:$\gamma_c$——冻结黏土的蠕变剪应变强度;

$\tau_c$——冻结黏土的蠕变剪应力强度。

无侧限压缩蠕变数学模型:

$$\varepsilon_c = \frac{A}{(1+|T|)^K}\sigma_c^B t^C \tag{2-27}$$

式中:$\varepsilon_c$——冻土的蠕变应变;

$\sigma_c$——冻土的蠕变应力。

若干典型冻土蠕变数学模型式(2-26)和式(2-27)的参数见表 2-14 和表 2-15。由表 2-13、表 2-14 和表 2-15 不同负温下蠕变参数可知,人工冻土的 $B$ 值介于 1.2~

4.0之间,而 $C$ 值在 $0.2 \sim 0.5$ 范围内。单轴和三轴应力状态蠕变试验结果试验表明,$B$、$C$ 和 $K$ 值受应力状态影响不太大,如表 2-15 所列 XQ226 在含水率分别为 21.2% 和 28.0% 时单轴压缩蠕变和三轴剪切蠕变所得 $B$、$C$ 和 $K$ 值变化不大。表 2-15 还表明,同一冻结黏土不同的含水率对 $B$ 和 $C$ 值都有影响。常数 $A_0$ 和 $A$ 一般介于 $1 \sim 20$ 之间。

**$-10℃$ 下若干代表性人工冻结黏土蠕变参数**　　　　表 2-14

| 土 层 | 名 称 | 应 力 状 态 | $A[℃^K(MPa)^{-B}h^{-C}]$ | $B$ | $C$ | $R^2$ |
|---|---|---|---|---|---|---|
| QJ245 | 钙质粉土 | 单轴 | $4.72 \times 10^{-3}$ | 1.66 | 0.19 | 0.997 3 |
| JJ214 | 黏土 | 单轴 | $1.38 \times 10^{-2}$ | 1.85 | 0.32 | 0.998 0 |
| CJ260 | 粉质黏土 | 单轴 | $2.37 \times 10^{-3}$ | 1.98 | 0.36 | 0.995 8 |
| LQ150 | 壤土 | 单轴 | $2.07 \times 10^{-3}$ | 1.94 | 0.41 | 0.998 1 |
| DR205 | 粉质壤土 | 单轴 | $9.19 \times 10^{-4}$ | 1.18 | 0.39 | 0.997 7 |
| ZJ290 | 黏土 | 单轴 | $7.26 \times 10^{-3}$ | 1.74 | 0.49 | 0.998 8 |
| JN150 | 黏土 | 三轴 $\sigma_3 = 2MPa$ | $1.25 \times 10^{-3}$ | 1.88 | 0.29 | 0.997 0 |
| JN159 | 黏土 | 三轴 $\sigma_3 = 2MPa$ | $1.18 \times 10^{-3}$ | 1.87 | 0.31 | 0.992 3 |

注:若为三轴蠕变参数,则表中 $A$ 为 $A_0$。

**XQ226 冻结黏土不同应力状态下蠕变参数**　　　　表 2-15

| 含水率(%) | $A[℃^K(MPa)^{-B}h^{-C}]$ | $K$ | $B$ | $C$ | 应力状态 | 温度范围 | $R^2$ |
|---|---|---|---|---|---|---|---|
| 21.0 | 11.92 | 2.8 | 1.47 | 0.27 | 单轴 | $-5 \sim -15℃$ | 0.988 7 |
|  | 7.99 | 2.8 | 1.42 | 0.29 | 三轴 | $-5 \sim -15℃$ | 0.991 7 |
| 28.0 | $6.06 \times 10^{-2}$ | | 1.55 | 0.37 | 单轴 | $-10℃$ | 0.998 4 |
|  | $4.1 \times 10^{-2}$ | | 1.49 | 0.38 | 三轴 | $-10℃$ | 0.997 8 |

### 四、冻土的蠕变强度特征

由于人工冻土含冰及未冻水,其最显著的特点之一是具有流变性质,其强度将随时间的延长而改变(降低)。图 2-29 为一典型人工冻土 JJ214 蠕变曲线($-10℃$),从中可见,在不同的蠕变恒定应力作用下,冻土材料在不同的时刻失稳或破坏。这一恒定应力就称为该冻土在这一失稳或破坏时间的蠕变强度。显然,不同的受力时间有不同的蠕变强度(见图 2-29)。

由图 2-29 可以发现,人工冻结黏土的破坏应变 $\varepsilon_f$ 随时间的变化不大,也即对某一种冻结黏土在某一温度下,破坏应变 $\varepsilon_f$ 可近似取常数。达到破坏应变的时间 $t_f$ 主要由所加应力量级决定。因而,可由蠕变曲线来确定人工冻土强度与时间的关系。基于式(2-26)和式(2-27),可求出人工冻结黏土强度与时间的关系:

$$S_t = \left[ \frac{A_t(1 + |T|)^K}{t^C} \right]^{1/B} \tag{2-28}$$

式中：$S_t$——与时间有关的人工冻土强度，MPa；

$A_t$——与破坏应变及应力状态有关的参数（MPa），若 $A_t$ 为三轴应力状态下的值，则 $S_t$ 为 $\tau_t$，若 $A_t$ 为无侧限应力状态下的值，则 $S_t$ 为 $\sigma_{ut}$；

其他符号含义同前。

表 2-16 为代表性人工冻土蠕变强度公式（2-26）的参数值。图 2-35 和图 2-36 说明了人工冻结黏土 JJ214 和 PJ258 的强度（分别为无侧限抗压强度和三轴剪切强度）与时间的关系。从图中可见，在受载最初几小时内，人工冻结黏土强度迅速衰减，经 6～10h 后进入缓慢衰减阶段，由式（2-28）及图 2-37 和图 2-38[虚线为式（2-26）计算值]可以看出，多数人工冻结黏土的长期强度为瞬时强度的 1/3～1/2。在受载最初 10h 以内，人工冻结黏土强度降低 1/5～1/4，这是应引起工程界高度重视的。试验数据和计算数据之间非常吻合，说明上述假设是比较符合人工冻结黏土的。

**不同负温下几种典型冻结黏土蠕变强度公式（2-26）的参数**　　　　　　表 2-16

| 土 层 | $A_t(10^{-2})$ | $K$ | $B$ | $C$ | $\sigma_3$(MPa) | 温度范围(℃) | $R^2$ | 备　注 |
|---|---|---|---|---|---|---|---|---|
| PJ258 | 3.584 | 2.6 | 1.88 | 0.21 | 3 | −5～−25 | 0.987 3 | |
| CS309 | 20.87 | 1.9 | 1.67 | 0.31 | 4 | −5～−15 | 0.997 9 | |
| XQ226a | 4.34 | 2.8 | 2.22 | 0.29 | 3 | −5～−15 | 0.998 2 | $w=21.2\%$ |
| XQ226b | 24.1 | 2 | 2.58 | 0.37 | 3 | −5～−20 | 0.992 5 | $w=30.0\%$ |

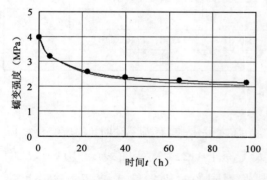

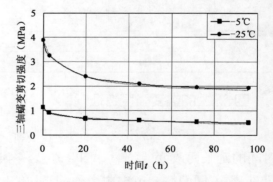

图 2-37　−10℃下 JJ214 冻结黏土无侧限压缩蠕变强度衰减（实线为试验点连线，虚线为计算值）

图 2-38　PJ258 冻结黏土三轴蠕变强度衰减曲线（实线为试验点连线，虚线为计算值）

# 第三章 土壤冻胀融沉特性及对策

## 第一节 概 述

纯水在自然状况下冻结成冰时,从液相变成固相,因为密度不同,其对应水的体积要增大约 9.05%(4℃时纯自由水的密度最大且接近 1,而 0℃时冰的密度是 0.917);反之,固相冰融化成液相水时,其对应冰的体积要缩小约 8.3%。同样,在地层冻结时其内的液相水冻结成固相冰,其对应的体积也要增大;冻结土内的固相冰融化成液相水时,其对应的体积也要缩小。也就是地层冻结会产生一定的体积增加——地层冻胀现象,冻结地层融化时会产生体积缩小——地层融沉现象。在应用地层冻结法时,如果只有地层原位水冻结成冰所产生的冻胀叫"原位冻胀"。这种原位冻胀主要就是土壤孔隙水冻结时其体积增加(如果全部水分转化成冰,其对应体积增加约 9.05%),一般情况下这种冻胀量非常有限,尤其冻结过程中可以排水的情况下更是这样(如砂层)。但是,有些土层在冻结时因为多种原因会产生水分不断向冻结锋面上的迁移现象,使水分在冻结锋面上不断积聚冻结成冰,形成大的冰镜体而体积不断增大——分凝冻胀(本书中叫"水分迁移冻胀")。这种水分迁移冻胀因为可以形成较大的冰镜体而产生显著的冻胀现象(除了原位水转化成冰其体积增加约 9.05%外,该处的体积还要增加新迁移来的水体积及其冻结成冰的体积之和),而该处在冻结工程结束融化后对应产生很大的局部融沉。由此,对其关联的地下建(构)筑物产生不良影响甚至会产生破坏作用。尤其在市政工程的地层冻结应用中,因为关联的地下建(构)筑物很多,这种不良影响甚至会对这些地下建(构)筑物产生破坏作用。显然,水分迁移冻胀才是应用地层冻结法时最要关注的。可见,正确认识土壤的冻胀、融沉机理,尤其是水分迁移冻胀和其融沉机理,了解产生这种水分迁移冻胀和融沉土的类型,采取有针对性的措施控制这类冻胀融沉方法,是应用地层冻结法成功的关键。如果控制了水分迁移冻胀,对应的融沉就基本可以控制了。本章着重对那些产生水分迁移冻胀的土壤进行试验研究,在此基础上提出相应的冻胀和融沉控制措施。

# 第二节　土壤冻胀机理

近 30 年来，季节性变化所产生的土壤冻胀和融沉特性，已有许多研究成果；人工冻结产生的土壤冻胀和融沉特性研究也已起步。由于二者冻结速度、温度梯度和时间不同，虽然可以互相借鉴，但有显著的不同点。本章在季节性土壤冻胀和融沉特性研究的基础上，主要阐述对人工地层冻结工法所产生的地层冻胀和融沉特性进行常规试验研究（$1g$，其中 $g$ 为重力加速度）和作者利用离心试验技术的试验研究（$ng$，其中 $n$ 是大于 1 的倍数）的结果，并针对冻敏性土的冻胀融沉特点采取若干措施，以控制其冻胀和融沉量。

无论是人工冻结产生的人工冻土，还是寒区的季节冻土或永久冻土，都是由于土中水分结冰变化而形成的。土壤冻胀和融沉是很复杂的物理力学过程。土中水分迁移并在一定位置上成冰是造成土体冻胀的主要原因，而这些冰融化时体积缩小则是产生融沉的主要原因。因为融沉和冻胀是关联的且受制于水分迁移量的大小，这里着重阐明冻胀问题。在冻结过程中，随着土体温度下降，土体温度达到土中水结晶点时土中的水便结晶成冰。土中孔隙水和外界水源补给水结晶而形成多晶体、透镜体、冰夹层等各种冰侵入体，引起土体体积增大，在土层中产生冻胀力，导致地表不均匀上升，这就是冻胀现象。当土体膨胀受约束或不许可时，将对建（构）筑物产生冻胀力。随着人工地层冻结技术在岩土工程中的应用，由土体中水冻结成冰而形成的冻胀现象对建（构）筑物的影响已引起工程界的高度重视。为了保证工程顺利建设以及现有建（构）筑物的安全，就必须了解和认识冻胀、融沉机理，以及由此引起的冻结过程中冻土与工程建筑物相互作用，并采取相应的措施，从而确保与冻土体相关联的建筑物的稳定性。由于城市地下工程多在高楼林立、地下管线密布、地面交通繁忙等环境因素复杂情况下展开，因此，土壤冻胀融沉问题显得更为突出。如果不弄清冻胀规律并采取措施，将会导致地表隆起而造成建筑物的开裂，并影响相关联的管线的安全。同时，寒区冻胀的主要表现是土层表面不均匀升高。如果建筑物基础埋在冻胀土中，将受其影响。如果冻胀造成建筑物隆起或不均匀隆起超过安全上限，将导致建筑物失稳或破坏。因此，建立可靠的试验研究方法，研究分析典型粉质亚黏土冻胀规律及其影响因素，并将试验研究数据和工程实践相结合对比验证，对应用地层冻结工法是非常重要的。

关于土壤的冻胀问题研究，早在 19 世纪初就被一些学者所注意，但是真正与冻结工程联系起来研究，还是 20 世纪 30 年代以后前苏联在远东多年冻土地区修建第一条铁路时开始的。工程中暴露出许多冻害问题迫使人们把研究的重点集中在冻融现象与建筑物基础之间的相互作用上。在 20 世纪的前半个多世纪里,前苏联投入过大量的人力与物力,在冻土研究方面一直处在世界先进行列。20 世纪 50 年代后,随着世界各国对冻土区的开发不断扩大,冻土研究工作在世界范围内得到迅速发展。

20 世纪 60 年代,美国 W. M. Haas 先生开始了现场冻胀的观测工作,随后以 R. D. Miller 教授、E. L. Chanberlain 教授和 O. B. Andersland 教授等为代表的美国专家于 70 年代开始发表了一系列有关土壤冻胀机理的文章,使工程界对这个问题的机理有了初步的统一认识。同时,以 J. M. Konrad 和 N. R. Morgenstern 教授为代表的加拿大学者也开始了对此领域的研究。随着冻结法向市政工程和地铁建设领域的推广,以及寒区开发所产生的大量建筑物受冻胀和融沉影响而破坏,人们开始了室内试验和现场观测相结合来研究土壤冻胀的基本规律。以中科院兰州冰川沙漠研究所为首的我国冻土研究者从 20 世纪 60 年代开始进行季节性土壤冻胀研究,这些研究者们分别在全国冻土地区建立了冻土观测站,开展现场冻胀观测和试验;70 年代冻胀研究处于室内外相结合的阶段,对影响冻胀的因素进行了观测和分析;80 年代起开始对土壤冻胀机理进行试验研究,主要是针对水利工程和寒区工程尤其是针对青藏铁路等重大工程防冻害措施的研究。

作者 1992 年在前国际土力学和基础工程协会主席英国剑桥大学 Andrew Schofield 教授指导下,利用该校 200g-t 离心模型试验机对地下输油(气)管道受季节性气候循环变化地层冻胀、融沉而导致隆起、沉降现象进行了模拟试验;1995 年在清华大学濮家骝教授指导下利用国家自然科学基金资助,在清华大学 TH50g-t 土工离心模型试验机上对地基基础受冻结、融化影响而冻胀融沉进行了模型模拟试验。这些试验的成果开创了土工离心机地层冻胀—融沉循环模型模拟试验研究的新途径。利用清华土工模型模拟试验对上海地铁过江隧道联络通道土壤冻胀融沉试验数据进行对比,揭示了冻敏性土壤冻结前注浆和不注浆冻胀融沉的极大差别,对地层冻结法应用具有非常重大实践意义。

1. 冻胀机理研究

如上所述,土壤的冻胀机理研究一直是冻土领域的重点研究课题之一。土壤的冻结过程不仅使土本身性质发生显著的变化(黏聚力增大许多倍,从而使抵抗外力的能力也增大许多倍),同时由于水分向冻结锋面迁移及其冻结膨胀的结果,冻土体积也大大增加。冻土水分迁移过程十分复杂,且受多种因素影响。

在冻结温度场的作用下,冻结过程中土体性质的变化主要是由土中水分迁移及其相变化引起的。分布于土骨架孔隙中的水,可能含有多种溶质,且与土粒表面有物理和化学的作用,因此其性质与自由水有显著的区别。前苏联学者 H. A. 崔托维奇指出,土中的水与纯净水结冰因有土颗粒的存在而有差异。土颗粒表面带有电荷,当水与土颗粒接触时,就会在静电引力的作用下发生极化作用,使靠近土颗粒表面的水分子失去自由活动能力而整齐、紧密地排列起来。一般按其物理化学性质和作用大小,分为结合水、毛细水和重力水。

距土颗粒表面越近,静电引力越大,对水分子的吸引力越大,从而在土颗粒表面形成一层密度很大的水膜,称之为吸附水或结合水。离土颗粒表面稍远,静电引力强度减小,水分子自由活动能力增大,这部分叫薄膜水或弱结合水。再远则水分子主要受重力作用控制,形成所谓毛细水。更远的水只受重力作用,称之为重力水(自由水)。

这几种水因其所受土粒约束力作用的大小不同而冰点温度相差较大。由于结合水层作用力强,密度较大(相对密度为 1.2～1.4),冰点温度最低,要使其完全结冰最低温度要达到－186℃,但其相对含量也最少。薄膜水的相对密度略大于1,冰点温度低于 0℃,一般在－20～30℃时才全部结冰。而自由水相对密度为1,能传递静水压力,在一个大气压力下其冰点温度为 0℃。

由于土中水的冰点温度不同,无论是人工冻土、季节性冻土,还是永久性冻土,其中都有未冻水存在。在外载作用下,其内土颗粒骨架、固相水——冰、空气和未冻水这四部分相互作用。冰在高应力区融化成未冻水而向低应力区迁移,未冻水在低应力区冻结成冰,从而形成了冰和水的转化。因此,一般来说冻土是由土颗粒骨架、固相水——冰、空气和未冻水这四部分组成的复合材料,具有结构的不均匀性。

冻土的形成过程中存在水的迁移。土壤冻结时水分向冻结面迁移的现象,称为水分迁移。由于土颗粒间彼此的距离很小,并且冻土中含有一定量的未冻水,所以相邻土粒的薄膜水形成公共水化膜。在冻结过程中,低温区增长着的冰晶不断地从临近的水化膜中吸取水分,造成其水化膜变薄,而相邻的厚膜中的水分子又不断地向薄膜补充,这样依次传递就形成了冻结时水向冻结锋面迁移的现象。由于分子引力等的作用,变薄了的水膜也要不断地从自由水中吸取水分,因此冻土中水分含量增大。原有水变成冰时体积增大 9.05%,而迁移来的水变成冰时体积进一步增大。当土体体积膨胀足以引起土颗粒间的相对位移时,就形成土壤的冻胀现象。

土中水分迁移与土的颗粒组成、外载和水分补给条件等有密切关系。在细粒土中,特别是粉质亚黏土和粉质亚砂土中的水分迁移最强烈,冻胀最大。黏土虽然颗粒很细,但其颗粒间作用力较大,水分迁移量较小,其冻胀性稍次于粉质亚黏土和粉质亚砂土。砂、砾石由于颗粒较粗,冻结时一般水分逆向冻结锋面迁移。还有,外界水分补给也是影响水分迁移和冻胀的主要因素。

徐学祖等对冻胀机理进行了深入的研究,通过室内试验得到了冻土中由温度梯度引起的水分迁移的驱动力三要素:温度($T$)、未冻水含量($w_u$),和土水势($X$)之间的经验关系:

$$w_u = a_f T^{-b_f} = w_0 T_f b_f T^{-b_f} \tag{3-1}$$

$$X = c_f w^{-d_f} = X_{wf} w_f w^{-d_f} \tag{3-2}$$

式中: $w_0$——土的初始含水率;

$T_f$——含水率 $w_0$ 时的冻结温度;

$X_{wf}$——断裂点的土水势;

$w_f$——断裂点的含水率;

$a_f$、$b_f$、$c_f$、$d_f$——与土质有关的系数。

根据这些方程,可通过测定冻结过程中的温度梯度确定土水势。

在水分迁移理论分析方面,国内外学者做了大量的工作。最早应为 Ⅲ. Тукнберг(1885)提出的毛细管作用力的理论假说,该理论认为,水在毛细管力的作用下,沿着土体中的裂隙和冻土中的孔隙所形成的毛细管向冻结面迁移。相隔三十年之后,А. Ф. Лебелев(1919)以及后来的 G. Beskow(1925)等人提出了细颗粒土中的薄膜水迁移理论,该理论认为,薄膜水迁移理论对于细粒土来说,不论是冻土还是融土都是适用的。而在此期间,Bouyocos(1923)和 Taber(1929)等人提出的结晶力理论,实质上是对土冻结过程中薄膜水迁移理论的一种补充。30 年代,G. Beskow(1935)曾提出吸附—薄膜水理论,后来,P. Hoekestra(1966)等人的试验支持了这种理论,这一理论假说把吸附力和薄膜水迁移理论结合起来,认为水从水分子较活跃、水化膜较厚处向着水分子较稳定、水化膜较薄处移动。此外,还有其他学者在不同时期提出的不同理论假说,如渗透压(1948)、电渗力(1956)、冻结带中自发孔隙充填(1973)以及冰压力梯度(1975)等。

在众多的理论中,吸附—薄膜理论更接近实际,并为大多数学者所接受,该理论认为,介于冰和土颗粒间的未冻水膜的厚度为温度的函数,在一定温度下保持一定的厚度。如果靠近冰透镜体生长点的水膜被吸入冻结,就会使处于平衡状态的未冻水—冰—土颗粒系统失去平衡。因此,附近温度较高且未冻水膜较厚的水分就流向温度较低的未冻水膜变薄处,以达到新的平衡。

2. 土壤的冻胀变形(冻胀力)研究

土壤的冻胀变形和冻胀力是土体中水冻结成冰而体积膨胀的特征。土冻结时水结晶成冰,体积增大,在填充了冻土土体内的孔隙体积后,推动土颗粒移动,从而产生冻胀变形。当冻胀变形受约束或不许变形时,冻土就会对约束物产生推力——冻胀力。冻胀力的大小受到土的性质、土层的压缩性、作用于土上的外压力和约束结构物的刚度等因素的影响。

土是一种多孔隙非均质体。在天然条件下,土层在平面和深度上的非均质性导致了土体冻胀的非均匀性。同时,土的黏粒含量、颗粒成分和吸附阳离子成分不同,土体本身冻胀性也不相同。图 3-1 是三种典型土(细砂、分散性黏土、粉质亚黏土)冻结试验得到的冻胀特征曲线。

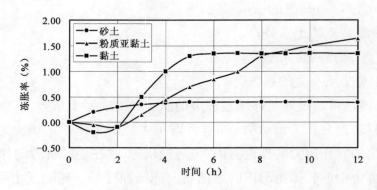

图 3-1  典型土的冻胀特征曲线

由图 3-1 可见,饱水砂土各向冻结时,开始体积迅速增大但数量不大,然后趋于平稳;分散性黏土冻结时初期试样有一些收缩,随后发生土的冻胀,冻胀现象持续相当长的时间;粉质黏土冻胀初期如黏土一样有一些收缩,而后发生极强烈的冻胀(冻胀率可达 10%以上),与时间成正比,然后随温度降低趋于稳定。粉质亚黏土因其透水性较好冻胀性最强。

Kimitoshi 等通过试验验证了 TaKashi 提出的冻胀率与地层荷载和冻结速度的经验公式(3-3)。

$$\dot{\varepsilon}_p = \dot{\varepsilon}_0 + \frac{P_0}{P}\left[1+\sqrt{\frac{U_0}{U}}\right] \tag{3-3}$$

式中:$\dot{\varepsilon}_p$——土层冻胀率;

$U$——土层冻结速度;

$P$——外界荷载。

当用人工冻结法作为临时支护,在深度较浅且已建满房屋或其他建筑物的市区开凿隧道时,土层可能的冻胀量和以后的融沉量大小对确保周围建筑物安全很重要。由于土层位移的影响因素较多,一般根据过去的经验和工程技术条件来判断。1978 年和 1980 年举行的国际冻结会上关于隧道冻胀方面的报告表明,土的工程地质性质如粒度、塑性、密度、含水率等和冻结温度以及冻结液温度,是影响隧道冻胀的主要因素,R. H. Jones 根据这些资料,认为可以通过工程类比对冻胀量进行预测。

### 3. 土壤冻胀的研究方法及主要研究内容

在土的冻胀研究方面,初期是以现场实测为主。为了在永久冻土区修建建筑物,如我国东北,首先要建立冻土观测站,了解当地在人为开发活动影响下冻土层的强度变化和冷生过程的表现——冻胀的强度和不均匀性等,以利于对工程的指导。

随着寒区工程建设的发展以及人工地层冻结技术的广泛应用,土壤冻胀试验室研究得到迅速发展。对土壤冻融变化特性研究,主要集中在土中水的迁移和冻结过程,同时对冻胀机理也进行了一些研究,以便于对土壤冻胀进行有效的控制,但过去主要是研究土壤冻胀与单个因素之间的关系。

此外,以相似理论为基础的物理模拟模型试验也开始进入冻胀研究领域。中国矿业大学利用大型立井模拟试验台研究了冻结过程中土的冻胀对冻结管的作用。20 世纪 80 年代以来,岩土离心模拟试验技术迅速发展,并进入冻土研究领域。离心试验研究工作主要集中在对寒区工程模拟的适应性、地下管线受冻胀的影响和地层冻胀/融沉等问题,以及对地下管线受冻胀/融沉的变位问题的研究,并解释了一些现场观测数据。

上述研究成果对推动冻土力学的发展,尤其是土壤冻胀机理及其特性的了解对促进寒区工程的开发建设发挥了重要作用,它们代表了冻土冻胀领域内的研究水平。但综观国内外冻胀的研究历史及其目的,结合当前的实际需要,在这一领域的研究还有待于进一步加强,具体表现在以下几方面:

(1)现有研究成果主要针对寒区的土与结构物之间的相互作用以及土体内水分在周期性的冷热作用下的变化,而对人工冻土的冻胀过程研究较少,尤其是冻融对土壤工程性质的影响,试验研究还不够。加之土壤冻融是一个长过程的课题,实测也是费时耗资的艰苦工作,因而至今数据非常有限,也难以满足工程之需。

(2)目前土壤冻胀的研究一方面是基于寒区工程实测基础上的统计分析,但由于地质条件的差异和地表监测点选取时的不统一性,其结果具有局限性。另一方面是在土壤冻胀机理分析时,侧重于单变量对冻胀的影响。实际上,由于土的多样性及工程的实际情况,需要综合考虑各因素影响。

(3)进行土壤冻胀室内试验研究与人工冻结现场实测数据之间的结合分析,建立两者之间的关联关系,以解决冻结工法应用时现场冻胀问题。

除了开采深部地方的煤炭资源在含水地层广泛采用地层冻结法外,其他地下工程施工中在遇含水软弱地层时也经常应用地层冻结法。相对于其他岩土工程方法,冻结法对恶劣含水地层条件有很强的适应性,土层冻结后具有强度高、隔水效果好、安全可靠的性能,从而成为软土加固的理想方法之一。但在市政工程中,由于各种管线和建筑物密集,在应用冻结法时这些设施对地层的冻胀和融沉限制极其严格,若不充分认识土壤的冻胀和融沉的工程特征,在应用人工冻结法时可能造成重大损失。另外,在北方寒区进行基础设施建设,如道路、桥梁、管线和房屋等,都不同程度地受地层季节性冻胀和融沉影响,有些影响程度大到使这些设施不能正常使用乃至破坏。

我国应用冻结法凿井的井壁在投产若干年后,有一部分井壁发生破裂,严重影响矿井正常生产。另外,在冻结凿井中,由于现浇外层混凝土井壁所融化的冻结壁表层重新冻结时产生冻胀,对井壁产生冻胀推力,在设计永久井壁时一般选这种冻胀力和原始地压的合力作为外载,而这种冻胀力大小的取值,还没有一个充分有力的依据。

综上所述,对冻敏性土(具有水分迁移冻胀)进行冻胀规律及其工程性质的试验研究,不仅具有理论意义,而且有非常大的工程实践意义。因而本文将主要针对上述几个领域的冻胀问题,在室内试验和工程实测数据基础上重点研究粉质黏土冻胀的发展规律以及土壤冻融对土工性质的影响。同时利用离心模型试验技术对粉质黏土冻融进行试验,以求获得对工程直接应用的数据和方法。

目前国内对工程所需的有关冻胀参数尚缺乏系统的研究,本文立足于工程实际需要,以小物理模型和离心模型试验研究为主,对粉质亚黏土进行冻胀规律的试验研究,以求获得冻胀规律和有工程应用价值的数据。本文确定选择典型的冻敏性粉质黏土为研究对象,主要研究内容如下:

(1)研究方法:根据国际地层冻结协会推荐的人工冻土分类和试验指南以及煤炭行业标准人工冻土力学性能试验的要求,结合工程实际的需要,改制人工冻土冻胀试验研究所用的试验设备和确定相应的试验研究程序,进行室内材料试验和理论分析,然后运用离心模型试验和现场实测数据进行分析。

(2)试验研究内容:通过研究典型粉质亚黏土在不同冻结温度、干密度、极限含水率(即饱和含水率)和外界荷载下对土壤冻胀的影响,分析冻胀过程中水分迁移和冻融后土工参数的变化,以及在不同条件下土体的最大冻胀量。通过这些试验,得到一个冻融循环后土工参数的变化和冻结过程中冻胀的发展规律及其影响因素,并对冻胀机理予以分析。

(3)人工冻土冻胀的离心试验和工程实例分析:通过离心模拟试验和工程实测分析,进一步验证试验室土冻胀的发展规律和各因素对冻胀的作用。

(4)根据研究成果提出水分迁移冻胀和融沉控制措施。

# 第三节　1g 土壤冻胀的试验研究

## 一、土壤冻胀 /融沉试验设备系统

影响冻敏土冻胀/融沉特性及冻融对土工程性质的试验研究设备,除了一般普通试验条件外,其特殊之处是变温系统(提供冷/热量)和保温系统要求较高。能将冻融试样置于一个试验系统中的试验设备很少,故需在低温设备的基础上进行改制。TYJ-200 型冻土三轴应力试验机是煤科院北京建井所与长春试验机厂共同协商,根据冻土三轴新型试验机的基本要求研制开发的自冷却式新型冻土三轴试验机,可进行$-35\sim0℃$低温环境的冻土试验,能实现围压 $\sigma_3 \leqslant 12MPa$ 内的排气固结试验。

1.冷源装置

冷源由低温压力室提供,其结构示意图见图 3-2。低温压力室由压力室筒体上下封盖、低温槽绝热装置、小车、柱塞及其密封件等组成。压力室筒体和上下封盖及压帽组成一个压力容器,使试样在其中受到三向压力,压力室外套有低温槽,以恒温槽循环出来的低温制冷剂(工业无水酒精)通过低温槽将压力室内液压油降温至所需温度。低温槽外和上盖均采用聚氨酯乙烯泡沫塑料隔热保温。上盖和下座均用酚醛层压玻璃布材料制成,以保证压力室内温度的稳定。压力室整体固定在小车上,小车可沿轨道移动,便于装卸试样。

2.水源补给装置

水源补给装置是用于模拟开敞系统的水源供给,其结构如图 3-3 所示。它是一个内部空心且能承载的圆柱筒,外径为 60mm,内径为 44mm,高为 50mm,上端密封,下端为均布的 $\phi3mm$ 淋水孔,圆柱形两侧各有 $\phi9mm$ 的导管,一个接进水管,一个接出水管。当水管接通时,水便均匀地渗到土样表面。

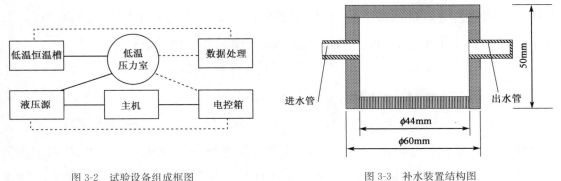

图 3-2　试验设备组成框图　　　　　　图 3-3　补水装置结构图

### 3. 试验系统装置

该试验装置是为了模拟变温条件下开敞系统土壤的冻胀规律,因而该系统包括制冷系统、保温系统、供水系统和加载系统,见图3-4。制冷系统主要提供冷量或热量,改变试样的温度环境。保温系统是为了保证试样环境系统免受外界环境的干扰。供水系统提供补给水。加载系统是为了模拟不同地表深度下冻结时土体承受的外界荷载。试验时,在制冷板降温至试验温度时,将带有塑料环刀(保温系统)的试样放置在冷源上,然后把补水装置压入塑料环刀内,使其接触到试样,最后在加水装置上施加荷载,并设置好测量系统,开始进行试验。冻融试验装置系统示意图见图3-5。

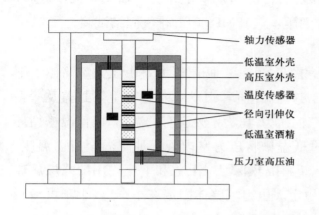

图3-4 三轴剪切仪的压力室改造用来进行冻胀试验

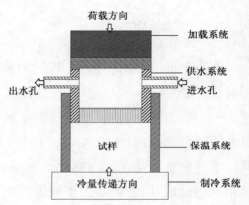

图3-5 冻融试验装置系统示意图

## 二、1g 土壤冻胀的试验研究结果

在土壤冻结施工过程中,温度场和水分场的相互作用将导致水分迁移和水分的重分布,其主要表现为土的冻结应变与冻结应力。在一定的温度场、水分和土质等条件下,黏土冻结过程中伴随冻胀现象,一些工程实测中有相关的报道。本节拟通过试验,对典型粉质亚黏土进行冻结试验,以便了解温度、水分、压力对土壤冻胀的影响,以及冻胀后土壤水分和孔隙率(比)等的变化情况,进而对冻胀机理进行分析。

### 1. 模型土的物理力学性质

试验土样既要满足试验要求,又要有工程代表性。

如前面所述,砂砾等比表面积较小,对水的吸附能力较弱,冻结时冻胀率很小。而粉质亚黏土的颗粒较小,比表面积大,而且颗粒级配导致其在冻结过程中有利于水分迁移,因而冻胀量较大。同时,冻结施工冻胀现象也主要发生于含水黏土层中。故选取两种强度低、含水率较大的粉质亚黏土作为试验土样。

根据土工试验规程进行试验,土的基本物理指标见表3-1,两种粉质亚黏土的颗粒级配曲线见图3-6。

**粉质亚黏土基本物理指标** 表 3-1

| 土 名 | 含水率 $w(\%)$ | 孔隙比 $e$ | 饱和度 $S_r$ | 液限 $w_l(\%)$ | 塑限 $w_p(\%)$ | 膨胀率 $F_s(\%)$ |
|---|---|---|---|---|---|---|
| 粉质亚黏土1 | 21.7 | 0.578 | 101.7 | 51.2 | 24.7 | 21.5 |
| 粉质亚黏土2 | 24.8 | 0.676 | 99.05 | 59.7 | 30.3 | 23.4 |

**2. 试验方案**

根据确定的研究内容,结合工程实际需要,拟定在三种不同温度梯度(变冷板温度,恒定暖板温度)的开敞系统中(即有外界补给水源),进行无荷与不同荷载(模拟地表、浅层、中部)下的冻胀规律试验研究。为了综合考虑温度、水分、压力对冻胀的影响,同时优化试验效果,采用正交试验法来优化试验方案。

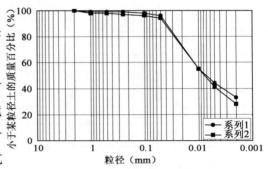

图 3-6 试样颗粒级配曲线

正交试验法是利用正交表来安排试验。正交表是根据均衡分布的思想,运用组合数学理论构造的,其基本性质为正交性、代表性和综合可比性。由于正交表固有的特点,在因素和水平较多时,可通过部分试验较全面地反应实际情况,并可对试验结果进行计算和分析,从而达到预期的试验目的。在试验中,把要考察的指标称为试验指标,影响试验指标的条件称为因素。因素所处的状态,称为该因素的水平。结合本试验要求,确定为四因素三水平的多因素试验。四因素为试验温度、荷载、干密度及含水率。结合工程实际和试验条件需要,各因素的三个水平见表3-2。根据四因素和三水平选择正交表,试验方案如表3-3所示。

**正交试验各因素水平** 表 3-2

| 因 素 | 温度(℃) | 荷载(MPa) | 干密度(kN/m³) | 含水率(%) |
|---|---|---|---|---|
| 1 | −5 | 0.16 | $1.47 \times 10^4$ | 18.0 |
| 2 | −10 | 0.27 | $1.57 \times 10^4$ | 22.0 |
| 3 | −15 | 0.37 | $1.67 \times 10^4$ | 28.4 |

**3. 试验过程**

试验前按不同含水率(18%、22%、28.4%)及各自的干密度计算试样所需的土重及水量,取出所需试验土样和水,将土样与水分充分混合,并将其分批放入内径60mm、高45mm的圆筒形塑料环刀里制备尺寸 $\phi60mm \times 30mm$ 的试样,每种试样制作三块,然后置于养护室内养护。

正交试验方案表 表3-3

| 试 验 编 号 | 试验温度(℃) | 荷载(MPa) | 含水率(%) | 干密度(kN/m³) |
|---|---|---|---|---|
| DY-1 | −5 | 0.16 | 18.0 | $1.47 \times 10^4$ |
| DY-2 | −5 | 0.27 | 22.0 | $1.571 \times 0^4$ |
| DY-3 | −5 | 0.37 | 28.4 | $1.67 \times 10^4$ |
| DY-4 | −10 | 0.16 | 22.0 | $1.67 \times 10^4$ |
| DY-5 | −10 | 0.27 | 28.4 | $1.471 \times 0^4$ |
| DY-6 | −10 | 0.37 | 18.0 | $1.571 \times 0^4$ |
| DY-7 | −15 | 0.16 | 28.4 | $1.571 \times 0^4$ |
| DY-8 | −15 | 0.27 | 18.0 | $1.671 \times 0^4$ |
| DY-9 | −15 | 0.37 | 22.0 | $1.471 \times 0^4$ |

以低温恒温室作冷源,上加载轴作传递温度的单向冷/热源(−35~0℃),进行开敞系统下的土壤冻胀试验。冷源上搁置的土样用塑料环刀包住以利恒温。试样上下端放置滤纸,以便试样能够均匀地吸收水分。在试样顶部设有补充水源系统和加载系统。

试验时冷源降温至所需要的温度(−5℃、−10℃、−15℃其中之一)并进行恒定,安置好补充水源装置和加载系统,然后进行土壤冻胀试验,直至冻胀量的变化趋于稳定为止。

根据正交试验方案进行试验,由试验数据可获得粉质亚黏土的冻胀率、土壤土工参数的变化以及冻胀曲线图。全部冻胀曲线如图3-7所示。

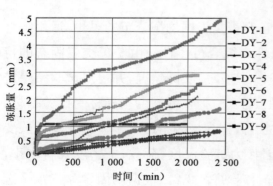

图3-7 DY-1~DY-9 冻胀曲线

在开敞系统下,土壤在冻结过程中其冻胀量随冻结锋面不断发展、冻结范围不断扩大而增加。经过一定时间后,冻胀发展趋于稳定。以试件在1h内的变形增量小于原试件高度的0.05%为止,取此时的冻胀量为最大冻胀量。冻胀率的计算公式如下:

$$\eta_f = \frac{\Delta H}{H_0} \times 100\%$$ (3-4)

式中：$\eta_f$——冻胀率；

　　$\Delta H$——0～$t$ 时间内试样的轴向冻胀量，mm；

　　$H_0$——试验前试样高度，mm。

根据上述公式计算各个试验条件下试验的冻土冻胀率，见表3-4。

**试 样 的 冻 胀 率**　　　　　　　　　表 3-4

| 试 样 编 号 | 冻胀率(%) | 试 样 编 号 | 冻胀率(%) |
|---|---|---|---|
| DY-1 | 2.82 | DY-6 | 5.78 |
| DY-2 | 2.70 | DY-7 | 17.26 |
| DY-3 | 7.07 | DY-8 | 9.50 |
| DY-4 | 3.65 | DY-9 | 9.69 |
| DY-5 | 8.82 | DY-10 | 8.57 |

由表3-4可知，土壤的冻胀率远大于土体含水率冻结引起的冻胀率。因为试验土壤的最大含水率为28.4%，按水冻结后其体积增大9%计算，土体的冻胀率也不足2.7%，但表内的试验数据都大于2.7%，而且试验土壤的平均冻胀率为7%左右，所以土壤在冻结过程中存在水分迁移。当土体冻结温度为－5℃，DY-1、DY-2和DY-3的平均冻胀率为4.20%；当土体冻结温度为－10℃，DY-4、DY-5和DY-6的平均冻胀率为6.08%；当土体冻结温度为－15℃，DY-7、DY-8和DY-9的平均冻胀率为11.76%。在一定冻结温度范围内，土体冻结温度对土体冻胀率影响较大。同时分析土体的含水率对土体冻胀的影响表明，含水率对土体的冻胀影响也较大。综上可知，土体冻结过程中存在水分迁移，冻结温度和土壤含水率对水分迁移影响较大。

**4. 土壤的冻结过程**

从冻胀率表3-4可知，各试样均出现了明显的冻胀。为了更直观地了解冻胀过程，在试验前进行了一组无荷载、冷板温度为－10℃、极限饱和含水率的冻胀试验，其冻胀曲线如图3-8所示。结合冻胀曲线附图可知，土壤冻胀过程基本可分为三个阶段：①快速冻结阶段：时间约为2h，因冻结速度快，同时饱水土中原有的孔隙已被水充满，所以聚集在冻结锋面处的水分冻结成冰时，将排开土颗粒而形成零星的小冰透镜体，出现冰分凝现象，冻胀率开始增大；②过渡稳定阶段：时间约为14h，此时段内，冻结温度场逐渐变缓，冻结速率开始减小，土柱中开始进行

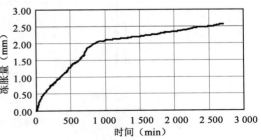

图 3-8　－10℃无荷冻胀曲线图

着以吸取外界水源中水为主要形式的冻结过程,这时冰分凝比较充分,冻结锋面附近形成的冰透镜的厚度及连续程度加大,冻胀率几乎匀速增长;③稳定阶段:冻结锋面基本稳定,试样中继续进行着从外界水源吸水的水分迁移运动,最后冰透镜体在逐渐生长,冻胀曲线趋于平缓。

5. 冻结过程中的水分迁移

试验研究表明,在潮湿的粉质亚黏土及含有较多细颗粒土体冻结过程中,土中含水体积膨胀仍然是次要的,因为试验得到的体积增加远比上述部分大得多,迁移水结晶引起的体积膨胀就是其体积的 1.090 5 倍。可见,土体冻胀量急剧增大的主要原因是土体冻结锋面前缘吸收了外界迁移来的水分而冻结形成冰聚合体。

图 3-9 为试样 DY-3 在冻胀趋于稳定时所测得的含水率剖面图。由图可见,试样经过一段时间冻结后,其含水率剖面可分为两部分:已冻部分和未冻部分。已冻部分试验后的含水率高于试验前的平均含水率。经分析,在土冻结过程中,已冻土中只有部分水变成冰,其余的水仍保持未冻状态,冻土中的未冻水与负温保持动态平衡关系。由于冻土中未冻水的势能要比未冻土中水的势能小得多,这就产生了未冻土中水向冻结锋面迁移的现象,由此产生了吸水或脱水过程;同时未冻结区内水分在水分场作用向冻结区内迁移,引起土体内含水率增大。从试验前后的土工参数表 3-5 可知,冻结过程中存在水分迁移现象。在冻结过程中,冻结温度是影响冻融过程的一个主要因素。由表 3-5 可知,在相同的含水率下,冻融后土的含水率和孔隙率随冻结温度降低而增加。当土体处于饱和含水状态下(土体天然含水率为 21.7%),冻结温度从 -5℃降到 -15℃时,土体含水率从 22.6% 增加到 28%,土体含水率变化显著,同时土体的孔隙率变化量也相应增加。当土体处于未饱和状态时,冻结温度对土体含水率和孔隙率的影响更大,但是不同的冻结温度对含水率的影响基本相同,如在含水率为 18% 时,土体含水率变化都约为 7%。土体处于过饱和状态时,温度对含水率的变化影响较土体在饱和含水率时小,这是因为冻结温度越低,冻结温度场的梯度越大,冻土内水分迁移量越显著,对冻敏土性质的影响就越大。由此可知,冻结过程中冻结温度对土工参数的变化有着较大程度的影响,冻结温度改变了土中水的含量和土体结构。

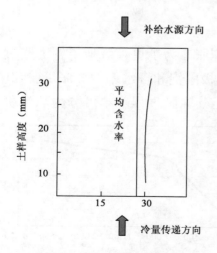

图 3-9　DY-3 试样含水率剖面图

**试验前后的土工参数**　　　　　　　　　　　　　　表 3-5

| 试 样 编 号 | 试验前含水率(%) | 孔隙率(%) | | 试验后含水率 | |
|---|---|---|---|---|---|
| | | 试验前 | 试验后 | 试样上 | 试样下 |
| DY-1 | 18.0 | 40.90 | 42.23 | 24.9 | 22.9 |
| DY-2 | 22.0 | 38.00 | 38.12 | 22.9 | 22.8 |
| DY-3 | 28.4 | 42.33 | 42.37 | 28.7 | 28.4 |
| DY-4 | 21.8 | 41.38 | 42.73 | 23.5 | 22.0 |
| DY-5 | 28.4 | 44.26 | 45.18 | 33.8 | 30.0 |
| DY-6 | 18.0 | 39.65 | 40.23 | 25.1 | 22.3 |
| DY-7 | 28.4 | 43.37 | 43.39 | 31.2 | 29.4 |
| DY-8 | 18.0 | 34.34 | 35.94 | 25.0 | 23.8 |
| DY-9 | 22.0 | 41.00 | 42.76 | 28.0 | 24.7 |

　　土中含水率和土体承受的外界荷载在冻融过程中对冻融土也有影响。在小于土的饱和含水率时,土中原始水分含量越大,对冻土的孔隙率和结构影响越大。由表 3-5可知,尽管在同一冻结温度下,含水率低的土体中水分变化量大,但结合土体的孔隙率大小和饱和状态考虑,含水率大的土体对土的结构影响较大,如在 -10℃ 时,冻前含水率分别为 18% 和 28.4% 的土体冻融后含水率为 25.1% 和 33.8%,并且冻融后两者的孔隙率都变大。如把土体含水率换算成土体的孔隙率,可发现孔隙率一定时,含水率大的土体在冻融后其孔隙率超过原孔隙率,这是因为土中水分在冻结过程中体积增大,填满土颗粒间隙并推动土颗粒的迁移,同时土中水分含量越大,冻结过程中水分迁移的有效时间也越长,迁移水分增多,进一步增加这种推动作用。荷载对冻融土含水率变化有抑制作用,在同样温度和含水率条件下,荷载越大,孔隙率变化越小。故可以说,荷载的作用也减少了冻土中水分向冻结锋面的迁移量。

　　综上可知,冻融后粉质亚黏土的孔隙率和含水率增大;在同一冻结温度条件下,土体水分含量愈小,承受的荷载越低,孔隙率变化越大;土体中含水率和孔隙率的变化导致了土体结构的变化。

　　试验结果表 3-5证实了在冻融过程中存在水分迁移,同时冻结过程中水变成冰体积增加,在粉质亚黏土颗粒之间产生推力,引起土颗粒的位移,从而使冻土的孔隙率增大。由于粉质亚黏土的颗粒尺寸小,比表面积大,土颗粒与液相表面的作用强烈。随着孔隙体积的增大,自由水含量增加,水的流动性增强,渗透性提高。冻土融化时,冰变成水而体积减小造成土颗粒的又一次位移,存在的大孔隙不能恢复到冻前的小孔隙,致使土壤变得疏松,孔隙度增大,导水系数增加。导水系数的变化直接影响着固结过程中超孔隙水压力的产生和消散,加速已融土的变形进程。所以,冻融过程中土体的孔隙率和含水率的变化会导致土体渗透性、压缩性以及承载力的变化。

Konrad 和 Morgenstern(1980)对细粉粒土的冻结过程做了详细的描述:当将恒定温度加在试样表面时(其中一端为正温 $T_w$,另外一端为低于结冰点的温度 $T_c$),试样内将出现不稳定的热流,冻结界面在土壤中开始前进。当温度低于 0℃ 时,土颗粒表面存在与冰平衡的吸附水膜的未冻水,土壤的温度越低,未冻水膜的热力势就越小。因此,任何温度梯度相应在冻土内形成水力梯度,水分通过连续的未冻水膜从未冻土中向冻结界面后方的冻土中迁移,当积累足够的水分时,便形成了冰透镜体。在试验冻结过程中,由 DY-3 图可知,负温区的未冻水含量的变化破坏了试样系统内的水分状态平衡,水分将从水分补给端向土体冻结端迁移。由于土壤固体颗粒表面对水分的作用,冻土中存在未冻水,而且未冻水总是从远离土颗粒表面开始冻结,冻土中固体颗粒表面和孔隙冰结晶表面之间的未冻水,可以看作由自身构成并供自身运动的通道。当试样的边界温度固定不变时,随着冻结时间的延长和冻土厚度的增大,试样内的冻结锋面将趋于稳定的位置,与此同时温度场将趋于稳定,试样内的水分状态也将趋于不稳定平衡状态,冰透镜体也不可能继续增大,土体冻胀最后趋于稳定。

6. 冻胀的影响因素

为了综合考虑各因素对冻胀率的影响,对正交试验结果采用极差法进行分析,可以非常直观地确定各因素的影响程度。正交试验级差分析见表 3-6,由表可知,在一定冻结温度和含水率范围内,冻结温度愈低,含水率愈大,粉质亚黏土的冻胀量愈大,温度和含水率的变化对冻胀量的影响愈显著。

正交试验级差分析表                                              表 3-6

| 水　平 | 冻胀率(%) | | | |
|---|---|---|---|---|
|  | 冻结温度 | 荷　　载 | 含　水　率 | 干　密　度 |
| 1 | 4.20 | 7.91 | 6.03 | 7.11 |
| 2 | 6.08 | 7.01 | 5.35 | 8.58 |
| 3 | 12.15 | 7.51 | 11.05 | 6.74 |
| 级差 | 7.95 | 0.90 | 5.70 | 1.84 |

1)土壤粒径对冻胀的影响

土壤粒径与土的矿物成分有关,反映出黏土表面力场的差异性,这种表面效应指标是土颗粒的比表面积。颗粒由大变小,其比表面积由小变大,与水的相互作用力逐渐增大,从而影响着土冻结过程中的水分迁移能力,并导致土壤冻胀变形特征各不相同。由土样颗粒级配曲线可知,粉质亚黏土 1 中,粒径为 0.05～0.005mm 的占 53%,小于 0.005mm 的土粒占 41%;粉质亚黏土 2 中,粒径为 0.05～0.005mm 占 52%,小于 0.005mm 的土粒占 44%;可以发现,试样土主要是由粒径 0.05～0.005mm 和粒径小于 0.005mm 的土粒组成,冻胀主要受它们影响。当粒径大于 0.05mm 时,水分由于水压作用逆向冻结锋面迁移,土样冻胀较小,主要是由孔隙水冻结引起的;当粒径为0.05～0.005mm且其含量超过5%时,冻结期间水分向冻结锋面迁移剧烈,并形成厚度不等的冰透镜体,冻胀主要由外来水补给引起的;而粒径小于0.005mm的土粒含量较多的土壤,其冻结期间水分迁移减少,这是因为粉质亚黏土细颗粒使土中水分处于各种力场束缚的水化膜中,抑制了土中水分的迁移。由表3-6的级差分析表可知,一定粒径的颗粒对冻胀有促进作用,干重度为$1.57 \times 10^4 kN/m^3$的黏土比其他两种对冻胀的作用更大。

2)冻结温度对冻胀的影响

由图3-7可知,粉质亚黏土的冻胀量随温度的降低而增大。温度对冻胀的影响主要表现在两个方面:土壤中未冻水的含量的多少和水分迁移量的大小。土壤冻结过程,实际就是土中水的相变过程。当土体温度低于土体起始冻结温度时,土中水相变结晶,体积增大,逐渐填充土颗粒间的间隙,直至造成土颗粒迁移,引起冻胀。在任一特定的负温条件下,冻土中总保持着对应的含水率。冻土中的未冻水含量随负温的降低而不断减少。因此,温度愈低,冻土中的未冻水含量就越小。

表3-6的试验结果表明,在冻结过程中,温度场是影响水分迁移量的重要因素之一。

温度场的温度梯度愈大,冻结速率愈大,冻结锋面处的原始水分冻结加快,其原来的物质平衡和能量平衡被破坏,造成冻结锋面处水势能偏低,吸引未冻土中的水分向冻结面迁移。当温度场梯度大到一定程度时,迁移到冻结锋面的水分数量难以维持相变所需要的含水率,为了维持相变界面的物质和能量平衡,冻结锋面就要加快推进,以达到新的平衡。冻结锋面推移较快,同时冻结时间延长,从而土的累加冻胀量增大。

3)含水率对冻胀的影响

土样中的含水率也是引起土体冻胀的主要因素之一,但并非所有含水的土样冻结时都会产生冻胀,只有土中的水分超过一定界限值之后才会产生冻胀,通常将这个界限含水率称之为起始冻胀含水率,它与塑限含水率有密切的关系。

当干密度为$1.47～1.67kN/m^3$时,它们之间的关系可用线性方程表示:

$$w_0 = \alpha_d w_p \tag{3-5}$$

式中:$w_0$——冻胀起始含水率;

$w_p$——塑限含水率;

$\alpha_d$——试验系数,取0.70～0.80。

本试验的两种粉质亚黏土,其$w_p$分别为24.7%、30.3%,故其起始含水率分别为

17.29%、21.21%，所以对应于两种不同的粉质亚黏土，取其不同的起始含水率18%、22%。通过试验证实，所有试样都出现了冻胀现象。

试验数据表明，初始含水率对冻胀量的直接影响较大。初始含水率主要是影响土中水的相变作用，延缓冻结锋面的推进能力，从而使冻结过程延长。在相同的常规冻结速率等条件下，初始含水率大者冻结锋面发展慢，为水分迁移提供的有效时间和空间增多，迁移水分的积累量增加，从而冻胀表现剧烈。

4）荷载对冻胀的影响

由粉质亚黏土冻胀曲线图可知，外界荷载对土体冻胀有抑制作用。由级差分析表3-6可知，随荷载增加，土壤的冻胀率降低，其原因在于，荷载对土壤冻胀的影响主要是增大了土颗粒间的接触应力，降低了土体中水的结晶点，使得冻土中未冻水含量增加。另外，荷载的作用会减少未冻土中水分向冻结锋面的迁移量，当含水率和冻结温度相似时，土体的冻胀率随着土体所受的荷载增加而减小，直至冻胀停止。

7. 冻胀计算公式

因为土的多样性以及土、水、温度、载荷等的相互作用，冻土冻胀量的计算较复杂。但对含水饱和黏土，由前面的试验分析可知，饱和粉质亚黏土土体体积变化主要由原位水和迁移水分造成的，因而可通过孔隙率的变化来计算冻土在冻结过程中的冻胀量，其计算公式如下：

$$\Delta H = \frac{e_{\text{fi}} - e_{\text{i}}}{1 + e_{\text{i}}} \times \delta_{\text{d}} \times 1.0905 \tag{3-6}$$

式中：$\Delta H$——冻胀量，mm；

$e_{\text{i}}$、$e_{\text{fi}}$——冻结前后的孔隙比；

$\delta_{\text{d}}$——观测点到冻土墙中心点的距离，mm。

8. 冻胀机理分析

冻胀是由于土中水冻结结晶造成的体积膨胀，可分为原位冻胀和分凝冻胀两类。原位冻胀是指冻结过程中孔隙水或已冻土中未冻水的原位冻结，体积增大为9.05%。分凝冻胀是指由于水的迁移使水分聚集在冻结锋面并冻结，分凝成冰透镜体，造成体积增大109.05%。事实上，冻胀的实质就是土中水分迁移的宏观体现。土体冻胀过程基本是按如下阶段进行的。

1）土中液相水冻结形成晶体

水的结晶与任何液体结晶一样，只有在液体中存在着结晶中心时才能进行。结晶中心存在于被冷却液体中的各种机械夹杂物或者分子起伏表面，是在温度比液体结晶温度更低的时候才能形成。过冷程度与物质的性质有关。一般说，经过精心处理的蒸馏水或纯净度较高的水,其过冷温度可达−30℃。

　　由于土颗粒和水的相互作用,土中水的物理性质有一定差异。根据目前土质和工程地质学,将土壤内水分为气态水、结合水、毛细水、重力水等。受土颗粒表面强烈吸附的结合水很难组成冰晶晶格架,而活动性较大的毛细水—重力水分子往往易于组成冰晶晶格。此外,土颗粒也是促进水结晶的结晶核。随着水体积减小,水的冷却程度增大,结晶中心形成的几率也相应减小。

　　土体结晶中心形成后就开始冻结,形成胚胎和冰芽,周围处于负温的水便向它靠近,使冰晶逐渐生长。一般情况下,大孔隙里的冰晶生长温度在−0.1～−0.3℃之间;细小孔隙的黏性土中,水分子受到各种力场的作用,冰晶生长的温度可达−0.5℃,以至达到−2～−8℃,冻土中水的三个相变温度区段见表3-7。所以,在粗颗粒土中,冻结面与0℃等温线紧紧相随,而在细颗粒中,冻结面却要滞后于0℃等温线。

水的相变温度区(单位:℃)　　　　　　　　　　　　　　　　　　　　　表3-7

| 土　类 | 大量相变区 | 过渡相变区 | 实际冻结区 |
|---|---|---|---|
| 砂 | 0～−0.2 | −0.2～−0.5 | 低于−0.5 |
| 粉砂黏土 | 0～−2.0 | −2.0～−5.0 | 低于−5.0 |
| 非盐化侏罗纪黏土 | 0～−7.0 | −7.0～−30.0 | 低于−30 |

　　2)冰晶体增长与冰透镜体的形成

　　当温度降至土体冻结温度以下时,一个十分平缓的结晶等温线已在土中形成。土体中冰晶产生后,土中水在迁移力的作用下移向冰晶体而逐渐结冰,形成冰晶体。冻结期间,当通过冻结器进入土中的冷能与孔隙水结冰而放出的潜热以及未冻土中传来的热能相平衡时,冻结锋面便相对地稳定在某个位置,靠着土颗粒及冰晶的吸附力把附近的水分子吸附到自身表面,构成一层水膜,新的冰晶又从这里产生,这样,在冻结锋面上的冰晶体就不断地增长。土颗粒为了恢复水膜中吸附力和压力的平衡,就要从临近处即非冻结土体中的土颗粒束缚水膜处把水分子拉过来,以补充迁移走的水量,这就产生了向冻结锋面迁移的水分子流,以保持冰晶体增长成透镜体时能够得到源源不断的水分补给。在冰晶增长引起的土颗粒间距扩展与土粒位移过程中,外界水流侵入且结晶,产生冰劈作用会使冻土体分成层理,形成厚度不等的冰透镜体。当冰晶分凝作用远比土颗粒的薄膜水向冻结锋面迁移作用大时,有效水分补给区的土体含水率会减小,冻结前缘的土体会产生收缩。由于冻结锋面上得不到水分补给而破坏了其热平衡状态,随着土体温度继续下降,冻结线就会前移。在到达土体中含水率较多、水分补给充分的地区,又出现新的热平衡状态,冻结线又缓缓地停止移动,冰晶分凝作用又活跃起来,形成新的冰透镜体。这样,冻结锋面时而快、时而慢地向着土体深部推进,冻结过程便形成冻土中透镜体成层分布的规律。

3）冻胀变形及冻胀压力的产生

当孔隙水发生结晶并在冻结锋面附近形成冰透镜体和冰夹层时，土体的冻胀就由此而产生，这是土中初始水分及迁移来的水分结晶作用的结果。事实上，冻结过程中在冻结锋面上形成的冰透镜体不能单独构成土体的最大冻胀量，还应该包括已冻结土体内未冻水结晶形成的分凝冰体所产生的冻胀增量。

在冰透镜体形成期间，由于土体冻胀位移，冻胀压力随之产生。一些学者认为，冻胀压力产生的原因并不完全是土中固有水分结晶体积的增大，而是土颗粒表面的薄膜水作用。一旦冻结锋面移动越过冰透镜体后，由于冰体生长减少或停止，那么冻胀压力也处于减小或停止增加，故冰透镜体的生长位置对冻胀压力的影响具有重要意义。

9. 土壤冻胀和融沉 1g 试验研究结论

本节对土壤冻结过程中的冻胀规律进行了大量的试验，分析了冻结过程中水分迁移规律；结合冻胀曲线和冻融前后土工参数的变化解释了冻结温度、土的含水率、荷载对土壤冻胀的影响；通过试验分析得到了冻胀量的经验计算公式，同时结合土力学等知识，对土壤冻胀的机理进行了探讨。上述工作可得到如下结论：

（1）在开敞系统中，粉质亚黏土的冻胀量远大于土壤中含水率相变引起的变化量，试验结果证明了粉质黏土冻结过程中存在水分迁移，而且水分迁移是造成土壤冻胀的直接原因。结合试验设计方案分析可知，冻结温度和土壤中含水率对冻胀的影响最大。

（2）冻融前后土壤含水率和孔隙率试验结果表进一步证实了冻结过程中的水分迁移。冻融前后土体的土壤含水率和孔隙率的变化导致了土壤渗透性和压缩性的变化。该试验数据首次揭示了冻融对土工参数的影响，为冻融后土体工程性质的变化提供了试验数据。

（3）通过冻胀试验数据和理论分析，探讨了土体粒径、土中含水率、外界荷载和冻结温度对冻胀进程和冻胀量的影响，揭示了各因素对土壤冻胀的影响机理。

（4）根据冻胀曲线图可知，冻胀的形成过程可分为快速冻结阶段、过渡阶段和稳定阶段，冻胀量一般主要发生在过渡阶段，因而在施工过程中可合理安排各施工顺序，进而降低冻胀对建（构）筑物的影响。

（5）根据试验所得到的大量冻胀曲线图可知，粉质亚黏土在冻结过程中冻胀率平均为 7%～9%。在冻结工程设计时，设计者可以结合具体冻结资料并参考相关冻胀曲线图进行土体冻胀的预测。

（6）结合土力学和冰晶形成机理等知识，系统地描述了冻胀形成过程和发展机理，并从理论上揭示了冻胀产生的原因。

# 第四节　地层冻胀和融沉离心模型试验（$ng$）

本实验研究分两部分，一个是作者在清华大学濮家骝教授指导下利用国家自然科学基金，在清华大学土工离心试验机上开发研制我国第一套土壤冻胀融沉离心模拟试验装置，并成功地进行了地基基础冻胀/融沉试验；另一个是作者在前国际土力学和基础工程协会（International Society for Soil Mechanics and Foundation Engineering, ISSMFE）主席 Andrew N Schofield 教授指导下，利用剑桥大学和美国陆军部寒区研究和工程实验室（Cold Regions Research and Engineering Laboratory）合作项目（1993），在英国剑桥大学研制开发的寒区离心模拟试验装置上进行的世界上第一个"输油气管道在土壤中冻胀融沉离心模拟试验"。这些研究成果得到了离心模型模拟实验（model modelling）数据的验证。其中，土壤冻胀模型的模拟试验和若干不同条件下的冻土地基离心模拟试验数据与工程实测进行对比，发现试验数据和实测数据是基本接近的。

## 一、离心模型试验的原理

离心模拟试验是利用离心机产生的离心力场，提高模型土体的体积力，形成人工重力。在土工模型试验中，除了满足几何相似外，为了满足应力和应变的相似定律，一般采用原型的材料，按原型的密度制作。设模型的几何尺寸比原型缩小 $n$ 倍，原型的重度 $\gamma_p = \rho g$，$\rho$ 为土壤密度，$g$ 为重力加速度。模型的重度 $\gamma_m = \rho(g+i) = \rho a$，$i$ 为离心加速度，$a$ 为总加速度，$h_p$ 和 $h_m$ 分别为原形和模型计算处的埋深（见图 3-10）。

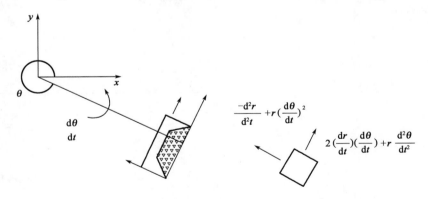

图 3-10　离心试验机模型模拟原理

按照模型与原型应力相一致的条件，即 $\sigma_p = \sigma_m$，可得：

$$\rho g h_p = \rho a h_m \tag{3-7}$$

可推出：

$$a = \frac{h_p}{h_m} g = ng \qquad (3\text{-}8)$$

本试验也就是利用离心机产生 $n$ 倍重力加速度，达到模型与原型的重力完全相等，以保持其力学特性的相似。

由上述可知，离心模型试验的基本原理是将缩小为 $1/n$ 的物理模型置于 $n$ 倍的离心重力场中，物理模型自重力将通过离心机旋转所产生的离心力来达到原型的自重力水平，从而通过室内试验再现原型。在离心模型试验中，模型与原型的相似关系可由控制物理现象的微分方程或量纲分析推导出来。由表 3-8 离心模拟试验中模型与原型的相似准则可知，离心模型与原型除了土颗粒粒径不相似外，其他参数都相似，因而离心模型比普通模型在与原型的相似程度上要好得多。

**离心模拟试验中模型与原型的相似准则** 表 3-8

| 物 理 量 | 原型比例 1：1<br>重力：$g$ | 普通模型比例 1：$n$<br>重力：$g$ | 离心模型比例 1：$n$<br>重力：$ng$ |
|---|---|---|---|
| 孔隙比 $e$ | $e$ | $e$ 相似 | $e$ 相似 |
| 摩擦角 | $\phi$ | $\phi$ 相似 | $\phi$ 相似 |
| 泊松比 | $\mu$ | $\mu$ 相似 | $\mu$ 相似 |
| 孔隙压力 | $u$ | $u$ 相似 | $u$ 相似 |
| 土应力应变等参数 $P_\sigma$ | $\dfrac{P_\sigma}{\rho g l}$ | $\dfrac{P_\sigma}{\rho g \dfrac{l}{n}}$ 不相似 | $\dfrac{P_\sigma}{\rho n g \dfrac{l}{n}}$ 相似 |
| 特征蠕变应力 $\sigma_c$ | $\dfrac{\sigma_c}{\rho g l}$ | $\dfrac{\sigma_c}{\rho g \dfrac{l}{n}}$ 不相似 | $\dfrac{\sigma_c}{\rho g \dfrac{l}{n}}$ 相似 |
| 绝对温度 $T_\theta$ | $\dfrac{T_\theta}{L_0}$ | $\dfrac{T_\theta}{L_0}$ 相似 | $\dfrac{T_\theta}{L_0}$ 相似 |
| 重力场影响 | $\dfrac{g t^2}{l}$ | $\dfrac{g t^2}{l/n}$ 不相似 | $\dfrac{n g \dfrac{t^2}{n^2}}{l/n}$ |
| 土颗粒直径 $d_g$ | $\dfrac{d_g}{d}$ | $\dfrac{d_g}{d/n}$ 不相似 | $\dfrac{d_g}{d/n}$ 不相似 |
| 水体积变化 | $\dfrac{u}{K_w a_w T_0}$ | $\dfrac{u}{K_w a_w T_0}$ 相似 | $\dfrac{u}{K_w a_w T_0}$ 相似 |

其中，$\rho$ 为土壤密度，$L_0$ 为控制土机理的特征温度，$K_w$ 为水体积模量，$a_w$ 为水体积膨胀系数

Ovensen 根据土工离心模型试验的需要,将土的基本变量的无量纲乘积、模型率、比例因素等列成表 3-9。拟定该表的前提如下:

(1)加速度放大 $n$ 倍;

(2)模型长度为原型的 $1/n$;

(3)模型材料采用原型材料。

离心模型试验中变量相似准则、模型率和比例因素 表 3-9

| 变量 | 符号 | 无量纲乘积 | 模型率 | 比例因素 |
|------|------|-----------|--------|----------|
| 加速度 | $a$ | | $N_a$ | $n$ |
| 模型长度 | $l$ | | $N_l$ | $1/n$ |
| 土密度 | $\rho$ | | $N$ | $1$ |
| 颗粒尺寸 | $d$ | $\dfrac{d}{l}$ | $N_\rho$ | $1$ |
| 孔隙比 | $e$ | $e$ | $N_d$ | $1$ |
| 饱和度 | $S_r$ | $S_r$ | $N_c$ | $1$ |
| 表面张力 | $\sigma_t$ | $\dfrac{\sigma_t}{\rho a d l}$ | $N_{\rho l} = N_\rho$ | $1$ |
| 毛细管高度 | $h_c$ | $\dfrac{h_c \rho_1 a d}{\sigma_t}$ | $N_{\sigma t} = N_\rho N_a N_d N_l$ | $1/n$ |
| 黏滞性 | $\eta$ | $\dfrac{\eta}{\rho_1 d \sqrt{al}}$ | $N_c = N_\rho^{-1} N_a^{-1} N_d^{-1}$ | $1$ |
| 渗透性 | $K$ | $\dfrac{K\eta}{d^2 \rho_1 a}$ | $N_\eta = N_\rho N_d N_a^{1/2} N_l^{1/2}$ | $n$ |
| 颗粒强度 | $\sigma_c$ | $\dfrac{\sigma_c}{\rho a l}$ | $N_\delta$ | $1$ |
| 黏聚力 | $c$ | $\dfrac{\sigma}{\rho a l}$ | $N_\sigma = N_\rho N_a N_l$ | $1$ |
| 弹性模量 | $E$ | $\dfrac{E}{\rho a l}$ | $N_E = N_\rho N_a N_l$ | $1$ |
| 时间(惯性) | $t_1$ | $t \sqrt{\dfrac{a}{l}}$ | $N_t = N_l^{1/2} N_a^{1/2}$ | $1/n$ |
| 时间(蠕变) | $t_3$ | | $N_t$ | $1$ |

## 二、离心试验机及冻融配套装置

### 1. 离心试验机及常规试验装置

TH50g-t 土工离心机系由清华大学水利水电工程系力学教研室于 1993 年建成,

其设备由中国直升机设计研究所制造。离心机主要由挂斗、转臂、支座、联轴器、减速器、传动轴、调速电动机及其控制器等组成,离心机试验装置图如图3-11所示。

a)试验台

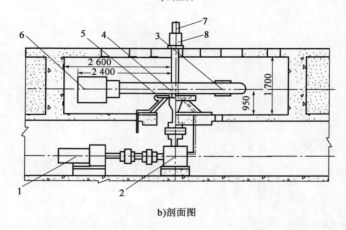

b)剖面图

图3-11　离心机试验装置图

1-电动机;2-减速齿轮箱;3-平衡重;4-转臂;5-圆形供水管;6-挂斗;7-电滑环;8-液压滑环

1)挂斗

挂斗是放置土工模型试样及测试仪器的吊篮,由平台、拉板、整流罩等组成。平台是用来安放模型箱的,由梁、隔板和面板等组成,它在承受 50g-t 负载情况下的最大变形挠度不大于 1mm。

2)转臂

TH50g-t 土工离心机的转臂采用了不对称式转臂,主要由拉梁、横梁、配重块和轴等构件组成。转臂是离心机的重要部件之一,不仅要传递强大的驱动矩,而且要承受巨大的离心力,所以它的主要构件——拉梁、横梁、配重块和轴等均采用高强度的合金钢材料制成,保证其具有足够的强度和刚度。

3）电动机及其控制器

TH50g-t 离心机采用由 JZT91-4 电磁调速电动机和 JDIB-90 控制器组成的交流无级调速驱动装置，这是一套具有测速负反馈的自动调节系统，能在宽广的转速范围内进行无级调速。其主要特性如下：

标称功率：55kW　　　　　　　　额定功矩：397.9N·m

调速范围：440～1320r/min　　　转速变化率：2%

调速性能：无级调速

4）规格性能

最大使用负载（模型箱＋土工模型＋仪器等）：200kg

最大使用加速度：250g

最大有效负荷：50g-t

（对应于：100g 时 500kg 或 250g 时 200kg 两最大值）

供水系统能力（到转臂）：200L/min

调速范围：30～250g

调速精度：2%

有效半径（负载重心到旋转中心）：2 250mm

挂斗净空尺寸（切向×径向×垂直向）：750mm×500mm×600mm

减速器的减速比：3.094 6

2.数据采集系统

由于土工离心模拟试验环境的特殊性，只能使用各种传感器来测量位移、压力和温度等。传感器处于高速旋转的离心机上，而数据处理部分则是在静止的控制室中，两者之间用导电滑环连接。图 3-12a）是离心机数据采集系统组成，其中前置处理单元内有微处理器，称之为下位机，控制室内的计算机称为上位机。由于数据采集系统处于离心机这一复杂的环境中，因此需要一些复杂和特殊的要求。首先数据采集系统的下位机部分需要承受很高的重力场；其次传输数量大，根据试验要求，模拟输入的通道设计为 32 路。另外传感器的数据要从离心机上通过滑环传到控制室中的上位机，而离心机环境中各种电磁干扰严重，数据采集系统必须具备良好的屏蔽效果和抗干扰能力。数据采集系统原理框图如图 3-12b）所示，可以看出，离心机数据采集系统分为七个部分。第一部分为传感器，最多可达到 32 路；第二部分为前置放大滤波，由于传感器信号一般比较弱，故而不能直接通过多路开关，必须进行前置放大和滤波后再进入多路开关，这样做还可以通过调节各自的前置放大器来达到每一通道放大倍数的连续可调的功能;第三部分为并行采样保持部分,32个通道对应的32个保持器的控制信号是同一个,由下位机CPU发出,这样发出一个保持信号可以将32个通道实时值同时保持住,再由A/D转换逐个采样,这样就达到采集数据同时性的要求;第四部分为32A/D转换;第五部分为下位机CPU及其系统,它一方面负责对数据采集进行控制,另一方面通过滑环将采集到的数据传输到上位机并接受上位机指令;第六部分为滑环,将高速旋转的离心机上的数据传到控制室;第七部分是上位机及其外设,负责人机界面、数据处理以及存储。除此以外,下位机还配备D/O转换,以对环境的模型进行控制。

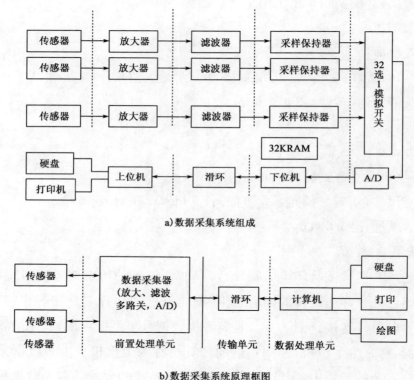

a) 数据采集系统组成

b) 数据采集系统原理框图

图 3-12　数据采集系统示意图

　　传感器包括位移传感器和温度传感器。根据试验需要,采用位移传感器和玻璃研究所研制的桥式铂电阻温度传感器。试验开始前,必须先对其率定,确认它们的对应关系和重复性,同时给出标定曲线以供试验使用。率定工作在离心机外进行,采用万用表量测输出值。温度传感器的温度环境由半导体制冷/热板控制。图 3-13 和图 3-14为温度传感器和位移传感器率定结果,表 3-10 为各传感器的率定参数。

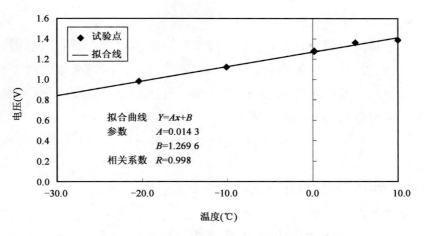

图 3-13　T-1 温度传感器率定图

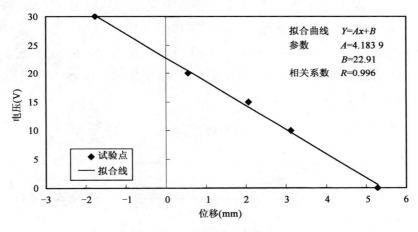

图 3-14　D-1 位移传感器率定图

传感器率定参数表 表 3-10

| 编　　号 | A | B | R |
|---|---|---|---|
| T-1 | 0.014 3 | 1.26 | 0.998 |
| T-2 | 0.014 6 | 1.30 | 0.998 |
| T-3 | 0.015 8 | 1.39 | 0.994 |
| T-4 | 0.016 1 | 1.30 | 0.996 |
| T-5 | 0.024 4 | 1.76 | 0.999 |
| T-6 | 0.014 9 | 1.25 | 0.998 |
| T-7 | 0.015 6 | 1.38 | 0.997 |
| T-8 | 0.015 4 | 1.20 | 0.991 |
| T-9 | 0.025 5 | 1.78 | 0.998 |
| T-10 | 0.015 9 | 1.36 | 0.998 |
| D-1 | −4.183 9 | 22.91 | 0.996 |
| D-2 | −8.128 7 | 33.02 | 0.998 |

### 3.冻土地基离心模型试验装置

进行冻土地基离心模型试验,除了要具备离心机、直流电源系统、测温元件和位移传感器等设备、仪器、数采控制系统和模型箱等主要设备外,还必须给模型提供温度变化环境。为模型创造变温环境主要有三种方式:直接给模型供制冷剂(液氮)/(热风)、在模型附近利用旋流器(Vortex)给模型供冷/热、半导体(Peltier)制冷/热板给模型供冷/热。此外,模型要有保温措施,与常规离心试验相比,也就是要增加冷/热变温源和相关的保温材料。

1)半导体产生冷/热的 Peltier 效应原理及冻融系统

由于在模型附近利用旋流器(Vortex)给模型供冷/热,清华大学岩土离心机上气压不够、供气量小。又由于德国鲁尔大学直接给模型供制冷剂(液氮)是一次性的,不方便且费用也高。因此,在清华大学土工离心机上采用与剑桥大学类似的在模型附近利用旋流器(Vortex)给模型内冻结管供冷/热和半导体(Peltier)制冷/热板给模型表面供冷/热模式来实现冷热循环条件。在模拟地层冻融循环时,决定采用半导体(Peltier)组成热交换板给模型供冷/热的方式,其原理是通过半导体产生冷/热的 Peltier 效应来变温(见图 3-15)。

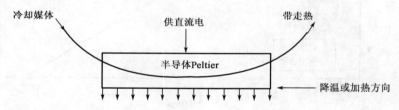

图 3-15 半导体产生冷/热的 Peltier 效应原理

冷/热变温源采用半导体(Peltier)制冷/热,它与模型箱、冻土地基等相对关系如图 3-16 所示,是由 6 个半导体(Peltier)组成热交换板,通过直流电能转换成冷/热能向土壤模型表面传送冷/热能,使土壤模型从表面向内产生降/升温效果,模拟大气温度变化对地层的影响方式,从而实现模拟土壤冻结/融化(冻胀/融沉)现象的目的。

2)保温箱体和保温材料

寒区工程问题离心模拟试验的模型箱一般分内外两个,其目的是解决保温问题。外箱材料一般为钢材(常温条件下的模型箱),而内箱材料一般为保温材料。因此,模型箱(外)的选择除了像常温模型箱要求一样外,还需考虑到保温材料、半导体(Peltier)组成的热交换板等构件的安放问题。根据所模拟冻土地基的几何尺寸和保温材料厚度等要求,选用岩土离心机试验室现有的模型箱,其几何尺寸如图 3-17 所示。模型箱钢板厚 10mm,有效内尺寸为 580mm×580mm×390mm(高)。

内模型箱采用 12mm 厚的有机玻璃箱，主要起保温作用，其有效内尺寸为 410mm×360mm×360mm(高)。内模型箱在各对接处都用密封胶黏结，并用螺钉加固。此外，在内模型箱底部有一饱水用的孔，作为模型饱水时的通道。

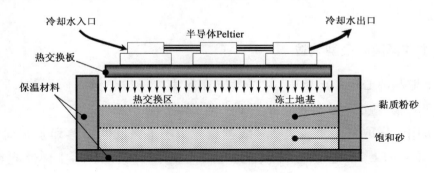

图 3-16　冻土地基模型试验示意图

有机玻璃内模型箱与钢外模型箱之间留有一定的间隙，目的是填满聚四氟乙烯泡沫保温材料(小颗粒)。在间隙中须用木撑把有机玻璃内模型箱固定好，以防在离心力场中有机玻璃内模型箱被土压撑变形而漏水，进而导致模型变形。

3)半导体产生冷/热的 Peltier 效应装置

冷/热变温源采用半导体(Peltier)制冷/热来实现。这种热交换板由 6 块半导体冷板组成，每 3 块[每一块由 24 对半导体器件(Peltier)组成]为一组，分成两组(QH50gt 离心机上有两路 220V 供电电源)。每组 3 块半导体冷板由 220V 交流电经整流后的直流电源供电。冷却水也分两路分别供给每一组的 3 块半导体冷板，对其冷却而把热量带走后，洒在离心机地下室的周边墙上(很难循环使用)。6 块半导体冷板的排列见图 3-18。每块半导体冷板都用螺栓连在 8mm 厚的铝合金板上，使制冷面与铝合金板紧密结合在一起，达到最佳传热效果。此外，铝合金板向模型那面进行了发黑，

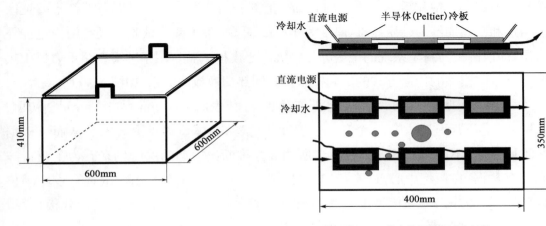

图 3-17　外模型箱的几何外尺寸　　　　　图 3-18　热交换板的组成和结构

以利热量向模型表面有效传递。为了给模型(冻土地基)加载,并进行位移和温度测试,在铝合金板上钻有若干孔供加载杆、位移和温度传感器设置用。

热交换板总的制冷能力为 6(块)×24(个/块)×25(A/个)×0.06(转换系数,V)=216W≈186kcal/h。

### 三、冻土地基离心模型试验

在冻土地基离心模型试验中,除了考察在超重力场中热源向模型的传递方式外,还应对地基冻胀/融沉和温度场的关系进行模拟试验研究。

试验所用土样取自上海地铁 2 号线黄浦江下隧道区间联络道和泵站周围的砂质黏土(−29.4～−31.7m 处)。土的颗粒级配曲线见图 3-19。其中,土样性能参数如下:$w=38.3\%$,$\gamma=1.87kg/cm^3$,$w_1=42.49\%$,$w_p=29.20\%$,$I_p=13.29$。

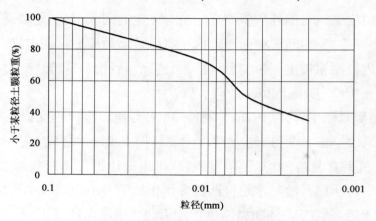

图 3-19　土颗粒级配曲线

土壤模型装在有机玻璃内模型箱里,有效内尺寸为 410mm×360mm×360mm(高)。土壤模型下部分是饱和粗砂,厚度为 148mm;上部分为上海地铁 2 号线黄浦江下隧道区间联络道和泵站周围的砂质黏土,厚度为 105mm,原始含水率。试验中没有给模型加外给水源,即该试验为封闭系统的土壤冻胀融沉离心模拟试验。用于考察在超重力场中热交换板热量向模型的传递方式的试验模型及其同热交换板的关系,如图 3-20 所示。

为了了解模型中的温度情况,分别在模型表面、表面下 15mm 和 30mm 水平(40g 的试验)不同位置埋设 4 个、3 个和 3 个温度传感器,具体位置见图 3-21。从而可根据这些不同深度、不同地点的温度传感器所测数据推断出模型的温度场来。为了获得冻胀和融沉数据,在模型中心点(有荷)和离模型中心点 90mm 处(无荷)表面分设两个位移传感器,见图 3-21。在模型中心表面放置一直径 30mm、厚 5mm 的铜加载板(模拟基础),嵌入模型表面下 5mm,即与模型表面持平。

到目前为止,土壤冻胀融沉的离心模拟试验资料很少,所得数据的正确性难以确定。为了研究土壤冻胀融沉离心模型模拟(Modelling of models)试验数据的可靠性,要分别进行温度、冻胀融沉位移和有/无荷条件下冻胀融沉位移的模型模拟试验或重复试验,来考证在离心力场中温度传递和冻胀融沉比例因素的正确性,同时再与现场所测数据比较。

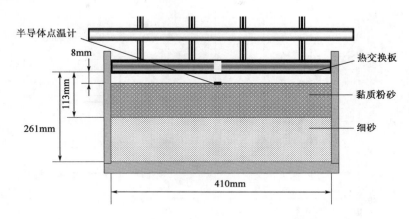

图 3-20　试验模型及其同热交换板的关系(示意)

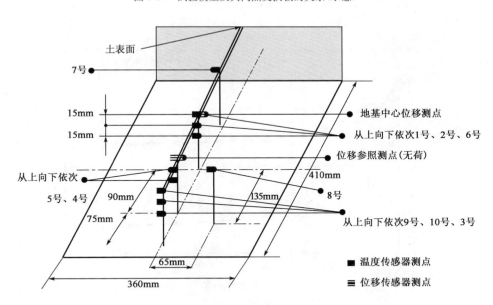

图 3-21　温度和位移传感器埋设位置

　　模型的成型是先将粗砂填入内模型箱里,经适当压密后加水进行水的饱和,大约饱和 12h 后再加上部的上海地铁 2 号线黄浦江下隧道区间联络道和泵站周围的砂质黏土,并适当压密。进行冻胀融沉离心模拟试验前,先在所要试验的重力加速度下固结 2h 左右。下面分别介绍各组试验情况。

1)土壤温度的模型模拟试验

分别在 40g 和 30g 条件下进行了温度传递模型模拟试验。温度传感器分别设在土壤表面下 15mm(40g)和 20mm(30g)——对应于原型都为 600mm 深处。热交换板与土表面的距离分别为 5mm(40g)和 6mm(30g)。所得试验数据按表 3-10 比例因素转换成原型后如图 3-22 和图 3-23 所示。

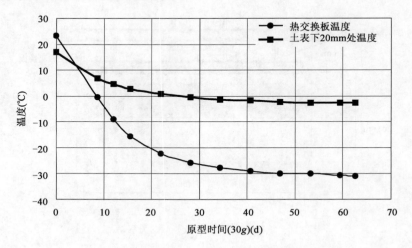

图 3-22 40g 离心模型热传递试验温度曲线

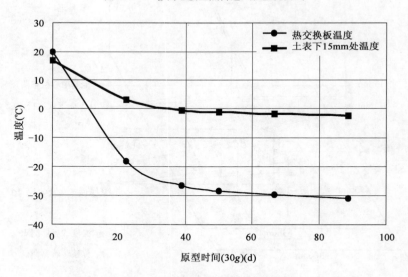

图 3-23 30g 离心模型热传递试验温度曲线

2)冻胀融沉位移的模型重复试验

在 40g 条件下进行了土壤冻胀融沉位移的模型重复试验,以考察试验数据的可靠性。两个试验中热交换板温度应尽可能地一致或接近。其中,图 3-24 的试验中热交换板温度最低达 −28.7℃,而图 3-25 的试验中热交换板温度最低达 −29.4℃。所得数据按表 3-10 缩比转换成原型后如图 3-24 和 3-25 所示。图中温度传感器的埋设位置如图 3-21 所示。温度传感器编号 1 号、7 号、8 号和 9 号(图中最下部温度线)是在土表下 1200mm(原型),2 号、5 号和 10 号(图中最下部倒数第二组温度线)在土表下 600mm(原型),3 号、4 号和 6 号(图中最下部倒数第三组温度线)在土表处。以下所有试验的温度传感器都是如此。

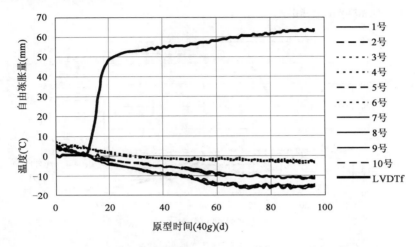

图 3-24 40g 离心模拟土壤无荷冻胀位移和温度曲线 1

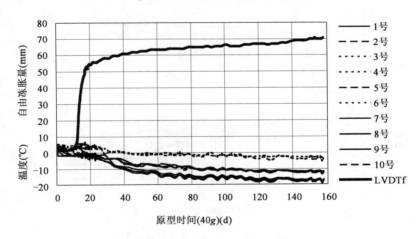

图 3-25 40g 离心模拟土壤无荷冻胀位移和温度曲线 2

3)冻土地基分级受载离心模拟试验

为了考察不同荷载下冻土地基变形的特征,进行了分级荷载冻土地基变形离心模拟(40g)重复试验。本试验是用来模拟圆形 $\phi$1.2m(原型)浅埋基础,三级荷载分别为 0.59MPa、0.87MPa 和 1.15MPa,模拟大气的热交换板温度为 $-25.7℃$。试验中,先将地基冻到相当于原型 18d 后,停机加第一级荷载再继续运转到 40g。待基础变形速率稳定一定时间后(相当于原型 1 个月),再停机加第二级荷载,如此到加完第三级荷载(图 3-26、图 3-27,图 3-26 的第三级荷载加上后试验失败)。每停机一次,土表面温度要上升一些(图中温度曲线有一驼峰)。为了比较,分别测量了基础垂直位移(LVDTc)和离基础外边沿 5.4m 远处(相当于原型)的垂直位移(LVDTf)。此外,还进行了更小荷载 0.26MPa 的离心模拟试验(见图 3-28),其目的是想了解多大荷载时可产生冻胀。温度传感器埋设同 2)。

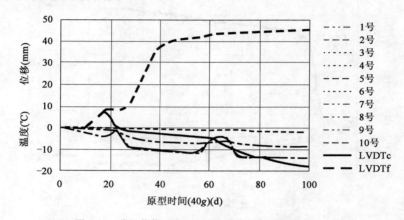

图 3-26　分级荷载下冻土地基变形 40g 离心模拟试验 1

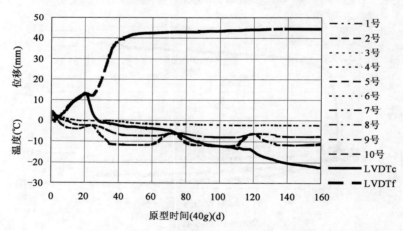

图 3-27　分级荷载下冻土地基变形 40g 离心模拟试验 2

4)冻土地基受载冻/融循环离心模拟试验

为考察冻土地基受载在两个冻/融循环过程里的变形特征,在 0.32MPa 基底压力下进行了冻土地基受两个冻/融循环(模拟大气的热交换板温度为−26.5℃,−25.3~+20℃)的 40g 离心模拟重复试验。为了比较,分别测量了基础垂直位移(LVDTc)和离基础外边沿 5.4m 远处(相当于原型)的垂直位移(LVDTf)。图 3-29 和图 3-30 为试验的结果。温度传感器埋设同 2)。

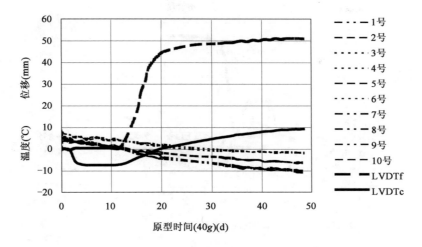

图 3-28 基底压力 0.26MPa 冻结温度－26.5℃时位移曲线

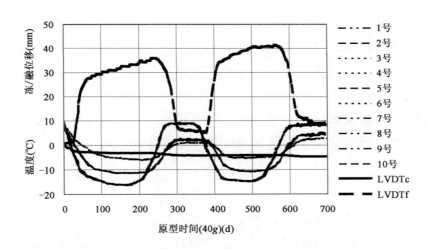

图 3-29 基底压力 0.32MPa 大气冻融温度－26.5～＋20℃模拟试验 1

5)输油/气管道冻胀融沉位移特征离心模拟试验

1992～1994 年期间,作者在原国际土力学及基础工程协会主席 A. N. Schofield 教授指导下利用剑桥大学 10m 土工离心试验机,首次对寒区输油/气管道受季节变化而产生冻胀融沉的位移现象进行了模型模拟试验。剑桥大学 10m 土工离心试验机在 Schofield 教授领导的团队带领下,取得了举世瞩目的成果,成功地指导了许多世界级的重大工程项目,该土工离心试验机试验装置主要技术参数如下:

| | |
|---|---|
| 最大功率 | 225kW |
| 最大使用负载(模型箱＋土工模型＋仪器等) | 1000kg |
| 最大使用加速度 | 175g |

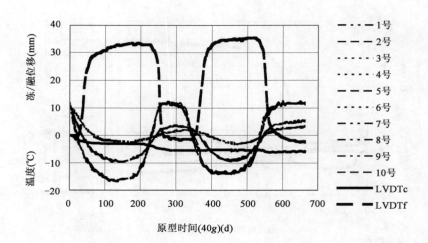

图 3-30　基底压力 0.32MPa 大气冻融温度－25.3～+20℃模拟试验 2

最大有效负荷　　　　　　　　　　　　　　　　　　150g-t

有效半径（负载重心到旋转中心）　　　　　　　　　4 125mm

无荷载时转子承受总质量　　　　　　　　　　　　　15t

挂斗模型最大有效尺寸　　　　　　　820mm×550mm×600mm（高）

转子有四相交流电路碳刷、四路供气/水回路。

该土工离心模型试验相关图片如图 3-31～图 3-36 所示。

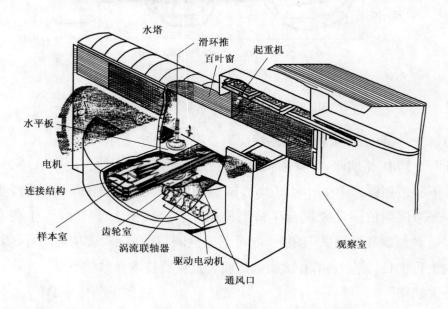

图 3-31　剑桥大学 10m 土工离心模型试验装置

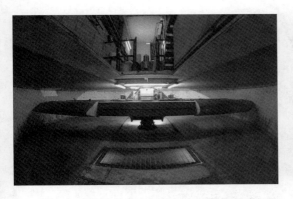
图 3-32　剑桥大学 10m 土工离心模型试验机臂

图 3-33　剑桥大学 10m 土工离心模型试验机臂和轴

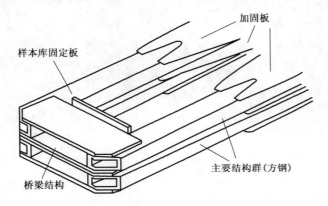
图 3-34　剑桥大学 10m 土工离心模型试验机臂端

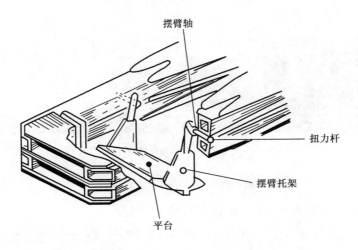
图 3-35　剑桥大学 10m 土工离心模型试验机吊篮(托板)和转轴

为了研究寒区输油/气管道受季节变化而产生冻胀融沉的位移特征,在剑桥大学岩土离心试验中心进行了离心模拟试验。模型箱内有效尺寸为 470mm×250mm×

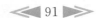

145mm（高），模型高为 57mm（45$g$ 下对应原型 2.565m）。一半粗砂（52/100 Leighton Buzzard 标准砂）一半粉砂，即在模型垂直方向上形成界面。在模型表面下 7mm（原型 315mm）埋有 $\phi$6mm×0.7mm 厚（原型 $\phi$270mm×31.5mm）铝合金管，用来模拟输油/气管道。在模型底部有一薄层粗砂作饱水或排水用。全模型是在敞开系统下（有外给水源）进行试验。图 3-37 是该模型简图。

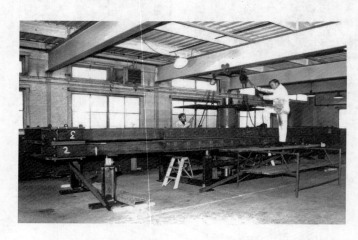

图 3-36　剑桥大学 10m 土工离心模型试验机转臂安装状态

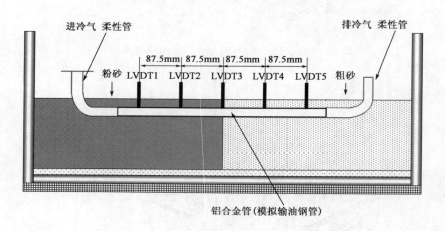

图 3-37　输油气管道和位移传感器的排列

热交换板平均温度为 −3℃，在整个试验中不变。

在输油/气管道内通有温度变化的空气模拟温变。温度变化由旋流器（Vortex）产生。在输油/气管道沿线等距布有 3 个热电偶 $T_1$、$T_2$ 和 $T_3$，在管道出口处也有 1 个热电偶 $T_{out}$，并等距布有 5 个位移传感器，测出输油/气管道在冻/融循环全过程中的位移情况（见图 3-37）。离心模拟全过程温度和位移变化情况见图 3-38、图 3-39。

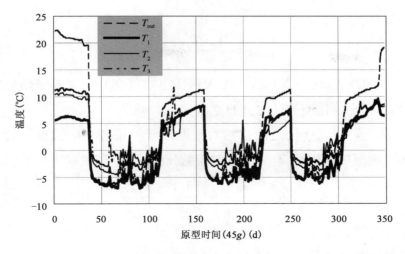

图 3-38 沿管线表面温度分布

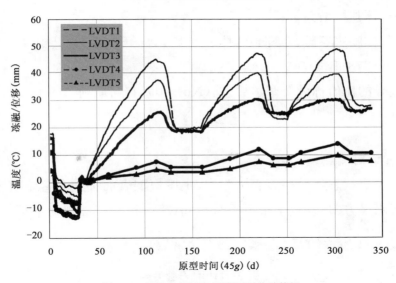

图 3-39 输油气管线冻/融循环后位移特征

## 四、冻土地基离心模型试验结果分析

### 1. 热交换板和土壤模型表面之间的传热

如图 3-16 和图 3-20 所示,在热交换板和土壤模型表面之间是一层空气,试验中这一层空气厚度为 5～6mm。热交换板的能量通过这层空气传递给土壤模型表面只有三种方式,即两者表面之间的传导、对流和辐射。每种方式从热交换板向土壤模型表面所传递的热量可分别计算(Smith,1995)。

1)热交换板和土壤模型表面之间纯热传导的传热量

设热交换板表面温度为 $T_{pp}$,土壤模型表面温度为 $T_{ss}$,两者之间间隙为 $\delta_h$,则纯热传导的热量为：

$$q_{cond} = \frac{k_c (T_{ss} - T_{pp})}{\delta_h} \tag{3-9}$$

式中，$k_c = 0.022 W/(m \cdot K)$，为 1 个大气压下空气在 0℃时的导热系数。

2)热交换板和土壤模型表面之间自然对流的传热量

热交换板和土壤模型表面之间自然对流取决于两板各自的温度。若土壤表面温度 $T_{ss}$ 高于热交换板表面温度 $T_{pp}$，自然对流就发生，这一现象取决于瑞利数 $R_a$。

$$R_a = \frac{ng\eta_a\delta_h^3(T_{ss} - T_{pp})}{\zeta_a\nu_a} \tag{3-10}$$

式中：$ng$——离心机加速度；

$\nu_a$——气体黏度系数；

$\zeta_a$——气体热扩散系数；

$\eta_a$——气体膨胀系数，对理想气体 $\eta_a = 1/T$，即开尔文 $K$，其中 $T = (T_{ss} + T_{pp})/2 + 273.16K$。

对流与传导的比值称为努塞尔数 $N_u$（Nusselt），它与瑞利数的关系如下：

$$N_u = \frac{q_{conv}}{q_{cond}} = C_a R_a^{\partial} \tag{3-11}$$

式中，$q_{conv}$ 为对流热量。

无论是在静止状态还是在离心试验中，土壤模型表面都是垂直于重力方向（试验时离心力场近水平方向）。对于水平平行板间（将土模型表面视为平板），上述关系的经验数据如表 3-11 所示（$0.5 < \frac{\nu_a}{\zeta_a} < 2$，普朗德常数）。

式(3-11)中的参数关系 表 3-11

| $R_a$ | $C_a$ | $\partial$ |
|---|---|---|
| $<1700$ | 1 | 0 |
| $1700 \sim 7000$ | 0.059 | 0.4 |
| $7000 \sim 3.2 \times 10^5$ | 0.212 | 0.25 |
| $>3.2 \times 10^5$ | 0.061 | 0.33 |

若 $T_{pp} > T_{ss}$，则

$$q_{conv} = N_u q_{cond} \tag{3-12}$$

3)热交换板和土壤模型表面之间热辐射的传热量

若将热交换板和土壤模型表面视为黑体，则热辐射传热量可由下式计算：

$$q_{\mathrm{rad}} = \psi(T_{\mathrm{pp}}^4 - T_{\mathrm{ss}}^4)F \tag{3-13}$$

式中，$\psi = 56.7 \times 10^{-9} \mathrm{W/(m^2 \cdot K^4)}$。

式(3-13)中，$F$ 为透射系数，它取决于辐射和接受物体表面的性质，一般 $0 < F < 1$。

从上述内容可见，土壤模型从热交换板所获得的热流量是通过传导、对流和辐射来实现的，而通过前两者方式所获的热量又同热交换板与土壤模型表面间隙大小($H$ 大小)、热交换板和土两者之温差密切相关。辐射传热主要与两者温度四次方之差相关。从热交换板传热，当土壤模型表面温度比热交换板温度高时，则最大传热量为 $q_{\max} = q_{\mathrm{cond}} + q_{\mathrm{conv}} + q_{\mathrm{rad}}$；而当热交换板的温度高于土壤模型表面温度时，不会发生对流，从而只有 $q_{\mathrm{t}} = q_{\mathrm{cond}} + q_{\mathrm{rad}}$。

**2. 土壤模型内的传热**

土壤模型内的传热也不外乎上述传导、对流和辐射三种方式。辐射非常小，可忽略不记，即传导和对流占主导地位。Savidou(1988)的饱和砂 $100g$ 试验指出，在离心模拟试验中的模型内，对流热传递占主导地位，即热传递是通过孔隙流体渗流实现的；而在其同样的饱和砂 $1g$ 试验中，传导占主导地位，即热传递是通过稳定的土颗粒和孔隙水实现的。因而可以认为饱和砂类的热传递是同孔压耦合的，进而可推断出在离心模型试验里饱和含黏粒孔隙很小的土中，除了对流外，传导也会同时发生，这是含黏粒土同砂的小区别。

**3. 冻土地基离心模型试验初步分析**

**1) 土壤温度的模型模拟试验分析**

由于从试验开始降到热交换板温度基本稳定过程中，其间空气温度是变化的(17~$-15^\circ\mathrm{C}$)。传热量计算中，取空气温度为 $0^\circ\mathrm{C}$，则空气热物理参数为：$\nu_{\mathrm{a}} = 1.32 \times 10^{-5}$ $\mathrm{m^2/s}$，$\zeta_{\mathrm{a}} = 1.84 \times 10^{-5} \mathrm{m^2/s}$，$k_{\mathrm{c}} = 2.4 \times 10^{-2} \mathrm{W/(m \cdot K)}$，$\delta_{\mathrm{h}} = 0.005\mathrm{m}(40g)$、$0.006\mathrm{m}$ $(30g)$，$T_{\mathrm{ss}} = 17^\circ\mathrm{C}$，$T_{\mathrm{pp}} = -30^\circ\mathrm{C}$。注意式(3-13)中温度，计算得 $C_{\mathrm{a}} = 0.212$ 和 $\partial = 0.25$。把各热传递量代入 $q_{\max} = q_{\mathrm{cond}} + q_{\mathrm{conv}} + q_{\mathrm{rad}}$ 中得：$q_{40g} = q_{\mathrm{cond}} + q_{\mathrm{conv}} + q_{\mathrm{rad}} = 225.6 + 656.8 + 203 \approx 1\,085\mathrm{W/m^2}$，$q_{30g} = q_{\mathrm{cond}} + q_{\mathrm{conv}} + q_{\mathrm{rad}} = 188 + 627.4 + 203 \approx 1\,018\mathrm{W/m^2}$。即两者热量传递到土壤模型表面基本接近，也即两者外给热条件相近。从图 3-31 和图 3-32 模型的模拟试验结果来看，两者土内 600mm 深处(原型)温度变化基本接近，说明在传热条件相近时，对于上述这类砂质黏性土离心模拟试验中土内传热规律相近，进而说明这类土在离心模拟试验中的热传导是以对流(与孔隙水耦合)为主的扩散场，故在土内传导较小，辐射就更小。

**2) 冻胀融沉位移的模型重复试验分析**

40g 条件下(总传热量同上,1 085 W/m²)进行的土壤自由冻胀试验表明,两者冻胀量基本接近(图 3-24 是热交换板温度达－28.7℃,图 3-25 是热交换板温度达－29.4℃)。两图中土壤冻深在 600~1 200mm(原型)时,这类土冻胀量达 50~60mm(含水率为 38.3%),两者的温度变化规律相近,这是决定冻胀特征相近的根本原因。冻胀曲线基本可分为两个阶段,即快速冻胀阶段和缓慢冻胀阶段。缓慢冻胀阶段主因是温度进一步增加而冻深增加以及水分进一步向冰锋面迁移所致。可见,对这类土自由冻胀的离心模拟重复试验,结果表明是可信的。

3)冻土地基分级受载离心模拟试验分析

从图 3-26 和图 3-27 发现,在两地基内温度场相近条件下,它们的自由冻胀曲线与基础在相同荷载下的位移(沉降)曲线形态非常类似。自由冻胀在先预冻 18d 左右时有一次冻胀减速过程[分别达 8mm(见图 3-26)和 13.4mm(见图 3-27)]。在停机加第一级荷载并继续降温冻结后,自由冻胀又一次减速增加了 30mm(见图 3-26)和 28mm(见图 3-27)。然后加第二级[第三级(见图 3-27)]荷载过程中,自由冻胀量缓慢略有增加,原因同上述 2)所述。重复试验中,两个基础的沉降曲线形态一致。每次加载后,沉降曲线有一个减速沉降阶段和一个恒速沉降阶段。加第一级荷载(0.59MPa)分别减速沉降了 7.4mm(见图 3-26)和 13.4mm(见图 3-27),然后呈恒速率沉降,可以发现两者沉降恒速率比较接近。加第二级荷载后两者基础减速沉降量非常接近,到恒速率沉降阶段两者的沉降速率也接近,但显然比加第一级荷载时快。加第三级荷载后(见图 3-27)也有类似第一、第二级的沉降过程,但恒速率沉降阶段的沉降速率比第二级更快。

上述重复试验结果相近,说明不同荷载下这类冻土地基上的基础沉降可在离心模拟试验中再现。不同载荷下的沉降曲线呈一定的规律性——减速沉降和恒速率沉降两个阶段,且沉降恒速率随荷载增大而增大。虽然这些数据还不足以给出冻土地基在基础荷载作用下的定量蠕变数学模型,但可以说明沉降中既有蠕变变形(时间因素)又有荷载量级的影响——地基上应力影响的非线性变形。

另外,在三级荷载作用下,不但约束了冻土地基的冻胀量,而且还有沉降[除了第一级荷载作用时冻土地基平均温度过高外(－2℃左右),其余均有沉降]。这种沉降量是否与基础大小有关(试验中原型为 ϕ1 200mm)还有待于进一步考察。此外,试验后肉眼可见圆形基础周边土略有抬高。

小荷载 0.26MPa 下的离心模拟试验(见图 3-28)表明,在该荷载下没有完全约束住冻胀。离心机加速度达到 40g 后固结沉降 7mm 左右,冻胀总量达 17mm。同上述第一级荷载 0.59MPa 下沉降了 7.4mm 相比,这里在荷载 0.26MPa 下冻胀总量达

17mm,说明在该条件下这种土抑制冻胀量为零的荷载介于0.26～0.59MPa之间。

4)冻土地基受载冻/融循环离心模拟试验分析

图3-29和图3-30在基底压力0.32MPa下的两次冻/融试验结果显示,在两者温度场变化相近的条件下,自由冻胀量曲线形态基本一致。两个冻/融循环中冻胀量在第二次冻结中比第一次大些,分别增大5.6mm(见图3-29)和2.2mm(见图3-30)。重复试验的自由冻胀量对应循环冻结阶段,第一个循环阶段相近(35.2mm和33.2mm);第二个循环阶段差别略大(分别为41.1mm和36.4mm)。但在第一个融化阶段自由沉降量与初始位置相比,一个高出了5.3mm(见图3-29),另一个沉降了1.2mm(见图3-30)。在第二个融化阶段则一个高出了8.4mm(见图3-29),而另一个却沉降了2.3mm(见图3-30)。这种融沉量上的差异还有待于进一步研究。

地基在基础0.32MPa压力条件下的沉降曲线形态一致,大小略有差别。未冻时加载40g下沉降分别为2.4mm(见图3-29)和2.1mm(见图3-30);第一次冻结后就没有冻胀但沉降基本稳定不变。融化阶段新增沉降分别为1.1mm(见图3-29)和1.8mm(见图3-30)。到第二个冻结阶段仍然约束了冻胀但沉降量基本不变。而第二个融化阶段分别再次沉降了0.7mm(见图3-29)和0.8mm(见图3-30)。总的沉降量分别为4.9mm(见图3-29)和5.9mm(见图3-30),比较接近。

5)输油气管线冻/融循环位移特征

三个冻融循环后,土中管线在粉砂中的部分不断向地表方向抬高。可以预见,冻融循环下去,粉砂中的管线部分很有可能要露出地表,这正是在阿拉斯加所见输油气管线出现的情况。而在粗砂中的管线部分上抬较小。

对不同土中管线不同上抬值对比可发现,等距长上抬值不等且差别较大,说明在垂直界面处管线内肯定形成了弯曲应力,发展下去就会导致管线内弯曲应力增大超过其允许应力而破坏,这是应该高度重视的。

从以上试验结果和分析可得出如下结论:

(1)国内首次成功研制的冻土地基离心模拟试验装置,其制冷能力为216W(约为186kcal/h)。进行的冻土地基离心模型模拟试验数据吻合,说明热传递比例因素正确;无荷与不同荷载级别下冻土地基离心模拟重复试验数据间比较接近;有荷下冻土地基冻胀融沉离心模拟试验数据间比较接近;不同荷载级别下的冻土地基沉降曲线表明既有蠕变产生又有应力非线性的影响。

(2)输油气管道冻融循环试验表明,在粉砂中管道有不断抬高现象,而粗砂中很小。若管线穿过不同冻融特性土层垂直界面时,多次冻融循环后因这两类土壤冻融变形巨大差异而可能导致管线内产生大的弯曲应力。

（3）所有这些说明，这两套冻土地基离心模拟试验装置/系统是可靠且可行的。清华大学这套装置的可靠性与作者在剑桥大学研制开发的类似装置相同，但清华大学这一装置的最低温度（设计温度为$-40\,^{\circ}\mathrm{C}$，实际达到$-38\,^{\circ}\mathrm{C}$）比剑桥大学（$-20\,^{\circ}\mathrm{C}$）的要低$18\,^{\circ}\mathrm{C}$，而且价格要少得多。

# 第五节  土壤冻胀融沉控制技术

## 一、冻胀分类及冻胀力

上面对土壤冻胀和融沉进行了 $1g$ 和 $ng$ 试验研究，真正对相邻建（构）筑物物产生不良影响的主要是那些冻敏性土（黏性土），而那些不是冻敏性土冻胀（融沉）的影响很小。衡量冻胀的主要指标是冻胀率，冻胀率是指冻土单向冻结方向上的尺寸与冻结前的比值。一般按冻胀率大小来划分土壤冻胀等级。目前广泛应用的冻敏性土冻胀分类采用美国寒区研究和工程实验室（Cold Regions Research and Engineering Laboratory）用冻胀速度进行分级（见表 3-12）。

**美国寒区研究和工程实验室以及俄罗斯的冻胀分类**　　　　表 3-12

| 冻 胀 等 级 | 不 冻 胀 | 弱 冻 胀 | 冻 胀 | 强 冻 胀 | 特强冻胀 |
|---|---|---|---|---|---|
| 冻胀率（美国） | $\eta_f \leqslant 1$ | $1 < \eta_f < 3.5$ | $3.5 < \eta_f < 6$ | $6 < \eta_f < 12$ | $12 < \eta_f$ |
| 冻胀率（俄罗斯） | $\eta_f \leqslant 1$ | $1 < \eta_f < 4$ | $4 < \eta_f < 7$ | $7 < \eta_f < 10$ | $10 < \eta_f$ |

冻胀力是冻胀受到约束时产生的一种对接触面的推力。由于约束条件的差异，所获得的冻胀力数值的可比性很差。即使是标准试验可测试冻胀力，但主要用于不同土壤之间的比较，实际工程意义不大。工程上关心的冻胀力是因冻胀作用而结构上受到的力，这个力不是单纯的冻胀力，在煤炭矿井中俗称"冻结压力"。由于不同工程的差异性，实测冻胀力值离散性很明显。因此，准确估计结构上受到的冻结压力是非常困难的。

在封闭式冻土帷幕的冻结过程中，封闭交圈前帷幕内几乎不会出现地压值增加（显现冻胀力）。从交圈开始形成时冻胀力开始显现，在冻土帷幕形成达到设计厚度时，冻胀力增长几乎达到最大值。后续的冻结过程中如果冻土帷幕厚度不再增加，冻胀力变化不明显。

冻结工程完成时冻土融化后产生融沉，一般来说，它由融化沉降和压缩沉降两部分组成。冻土融化时，冰变成水体积缩小产生融化沉降。融化区域通过冻结时产生的水力通道排水固结，导致土体压缩沉降。融化沉降量与压力无关，压缩沉降与压力成正比。因为这种特定的固结排水也可能把原位水挤走，这样就可能产生融沉量大于冻胀量。

### 二、冻敏性土冻胀（融沉）控制方式

上面对土壤冻胀和融沉进行的 1g 和 ng 试验研究表明，影响冻胀（融沉）的主要因素是土体、水、温度和荷载 4 个内、外因素。

1. 土的因素

土的因素包括土的粒度成分、矿物成分、化学成分和密度等，其中最主要的是土的粒度成分。大的冻胀通常发生在细粒土中，其中粉质亚黏土和粉质亚砂土中的水分迁移最为强烈，因而冻胀性最强。黏土由于土粒间孔隙太小，水分迁移有很大阻力，冻胀性较小。砂砾，特别是粗砂和砾石，由于颗粒粗，表面能小，冻结时一般不产生水分迁移，所以不具冻胀性。细砂冻结时，水产生反向（即向未冻土方向）转移，出现排水现象，也不具冻胀性。在天然情况下，冻土粒度常是粗细混杂的，当粉黏粒（粒径小于 0.05mm）含量高于 5% 时便具有冻胀性。冻土的矿物成分对冻胀性也有影响，在常见的黏土矿物中，高岭土的冻胀量最大，水云母次之，蒙脱石最小。冻土中的盐分也影响冻胀，通常在冻土中加入可溶盐可削弱土的冻胀。

2. 水的因素

并非所有含水的土冻结时都会产生冻胀，只有当土中的水分超过某一界限值后，土的冻结才会产生冻胀，这个界限即为该土的起始冻胀含水率。当土体含水率小于其起始冻胀含水率时，土中有足够的孔隙容纳未冻水和冰，冰结时没有冻胀。按有无水分的补给，冻胀划分为两种：封闭系统冻胀，在冻结过程中没有外来水分补给，冻胀形成的冰层较薄，冻胀也较小；开敞系统冻胀，在冻结过程中有外来水分补给，冻胀形成的冰层厚，产生强烈的冻胀。在天然情况下，水分补给主要来源于大气降水和地下水。秋末降水多，冬季土的冻胀量就大；地下水位越浅，土的冻胀量也越大。

3. 温度因素

土的冻胀开始于某一温度，称为起始冻胀温度，其值略低于该土的起始冻结温度。当温度低于起始冻胀温度时，由于冻土中未冻水继续冻结成冰，土体仍有冻胀。当温度继续降低至某一值时，在封闭系统中未冻水结成冰的数量已可忽略不计，土体不再冻胀，该温度值称为停止冻胀温度。黏土的停止冻胀温度为 $-8 \sim -10°C$，亚黏土为 $-5 \sim -7°C$，亚砂土为 $-3 \sim -5°C$，砂土为 $-2°C$ 左右。冻结速度对冻胀也有影响，冷却强度大时，冻结面迅速向未冻部分推移，未冻部分的水来不及向冻结面迁移就在原地冻结成冰，无明显冻胀；冷却强度小时，冻结面推移慢，未冻水克服沿途阻力后到分

凝层冰面结冰,在外部水源补给下,冻结面向未冻部分推移越慢,形成的冰层越厚,冻胀也越大。

4. 荷载因素

增加外部荷载能降低土中水的起始冻结温度,增加冻土中的未冻水含量,同时影响引起冻结时水分迁移的抽吸力,减少向冻结面的水分迁移量,从而减小冻胀。中止黏性土的冻胀需要极大的压力,目前实践中很难做到。

显然,土壤冻结时原位孔隙水冻结体积增大 9.05%(原位冻胀),外来迁移水分则体积增大 109.05%(水分迁移冻胀)。冻土融化时地层要融沉,原位水结冰融化体积缩小导致融沉 8.3%;外来迁移水结冰融化时全部排走后体积缩小 108.3%。原位水冻胀量(融沉)非常小,开放系统饱水土体水分迁移冻胀量(融沉)要大很多。所以土中的水分迁移冻胀是构成土体冻胀的主要分量,水分迁移冻胀量(融沉)正是我们要高度关注和控制的。对此,工程人员就要对那些冻敏性土高度关注和严格控制。前面试验研究结果表明,冻胀量的主要影响因素是冻土的导湿系数和土水势梯度。而土水势梯度由温度势、压力势、重力势和磁力势等梯度中的某一项或几项之和组成。影响它们的内在因素是土的粒径级配、土壤构造、渗透系数以及盐分浓度等;外在因素主要是对土壤的约束应力、冻结速度、冻结历时和孔隙水压等。可见,冻胀(融沉)是一个非常复杂的课题。在实践中要解决冻胀对相邻建(构)筑物的不良影响,尤其是对可能破坏的影响进行控制,必须从内因或外因入手,或同时着手。

土的粒径是影响冻胀敏感性的一个重要因素,颗粒越小冻胀性越强。砂土冻胀不敏感,一般粉质黏性土冻胀敏感。当粒径大于 0.05mm 时,水分由于水压作用逆向冻结锋面迁移,土样冻胀较小,主要由孔隙水冻结引起的;当粒径为 0.005mm 且其含量超过 5% 时,冻结期间水分向冻结锋面迁移剧烈,并形成厚度不等的冰透镜体,冻胀主要由外来水补给引起的;而粒径小于 0.005mm 含量较多的土壤,其冻结期间水分迁移减少,因为粉质亚黏土细颗粒使土中水分处于各种力场束缚的水化膜中,抑制了土中水分的迁移。显然,要想在冻结时抑制水分迁移冻胀,就是要抑制水分迁移,或者保证没有外给水源,或者阻断外给水源迁移到冻结锋面的水力通道。在实践中,外给水源是地下水,一般无法取消,只有阻断水力通道,也就是对冻敏性土减少冻胀可以通过阻断水分迁移的通道来实现。这样,可以在冻结开始前对地层进行某种程度的改造,比如注浆、水泥搅拌、旋喷等方式适度堵住土壤中的空隙(阻断水力通道),降低土壤透水系数,阻止水分迁移,加强土体强度,减小压缩沉降,从而在冻结时水分无法迁移,进而不会产生水分迁移冻胀(融沉)。

外因方面,冻结参数对冻胀量的影响也非常显著。一般说来,在一定范围内存在水分迁移且水分足够时,冻胀量与冻结速度成正比;冻结时间越长(满足水分迁移分凝结冰速度),冻胀量越大;冻结温度越低(温度势越大),冻胀量也越大。在遇到冻敏性土壤时,如果在外因方面要控制水分迁移冻胀,可以通过间歇式供冷冻结(控制冻结速度、冻结温度、冻结时间)来实现对水分迁移的冻胀控制。另一方面也可以采用快速冻结法,其原理是以足够高的冻结速度使得大量水分来不及迁移,无法形成大量冰晶体。如果水分迁移无法阻断,相邻建(构)筑物安全要求必须控制冻胀,有时候会在冻土结构和相邻建(构)筑物之间施工卸压孔,或者事先预设冻胀释放花管来减少冻胀影响。

融沉对相邻建(构)筑物的影响有时也相当大。融沉与冻胀密切相关,通常控制了冻胀就间接控制了融沉。虽然工程上融沉量的估算可以简单地用融沉率与冻土高度的乘积来计算,但是很难准确。一般可以采取强制解冻、跟踪注浆尽快固结土体、避免长期沉降等冻土融沉综合控制措施来控制融沉。

# 第四章 地层冻结设计

　　地层冻结设计主要包含冻土结构设计和冻结三大系统（制冷、冷媒和冷却水）设计，以及与此相关联的设计要素。冻土结构设计可以直接采用类似结构设计既有的力学模型和对应的设计公式，除了要考虑抗滑、抗倾覆、抗隆起和抗渗透外，还需要考虑冻土本身的物理力学特点等（主要是冻土的强度、弹性模量、泊松比、蠕变特性和土壤冻胀/融沉特性等，以及试验方法及所得结果选用等）；冻结系统设计涉及整个冻结设备、冷媒及其循环系统、冻结温度和制冷方式等选型和设计；相关联的设计要素主要有冻土发展和融化、特殊条件下冻结孔施工及设备、地层冻胀和融沉控制、施工过程冻土结构稳定性检测监控、冷媒温度往返检测、冻土结构关联温度场检测、冻土结构和衬砌相互作用（温度和力系）、开挖和衬砌对应的冻土结构温度场相互协调等许多关键要素。

　　由于地层冻结法具有灵活性、选择性多等特点，因而它对某一具体工程有其独特的选择及设计方法，包括设备及材料的选择以及多种冻结方案的可靠性比较。一般就地层冻结工法设计而言，以下 6 个步骤是必须完成的（见图 4-1）：

　　(1)设计条件；

　　(2)冻结工法的可行性；

　　(3)结构方案优选分析；

　　(4)热学计算；

　　(5)具体冻结方案优选；

　　(6)所选方案费用的最终估算。

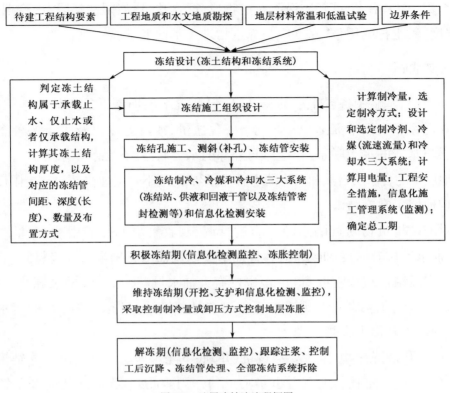

图 4-1　地层冻结法流程框图

# 第一节　设计条件

地层冻结设计极为重要的条件主要包括以下几个方面:开挖体的结构形状,工程地质和水文地质资料,相邻街道、地下管线和建筑物与开挖体之间的位置关系,开挖周边地层冻土物理力学性质等。其中,最主要的是工程地质和水文地质资料以及开挖周边地层冻土物理力学性质。根据开挖体的结构形状,确定地质检查孔的深度。地质检查孔提供的资料应能满足地层冻结、衬砌设计要求。

## 一、工程地质

(1)检查钻孔位置,检查钻孔主要施工工艺及主要施工过程。

(2)开挖体全深的地质柱状图,包括岩(土)性、层厚、倾角、岩芯采取率、累计深度、岩(土)层主要特征的描述。

(3)地质构造及地温。

(4)冲积层主要土层的常规土工试验指标,主要有重度、热容量、比热容、导热系数、渗透系数、含水率、土壤颗粒级配及矿物成分、含盐量、液限和塑限、内摩擦角、不排水剪切强度,其土样的层位、深度应与冻土物理力学性能试验一致。

## 二、水文地质

(1)冲积层、基岩中各含水层的特征,应包括含水层埋深、层厚、静止水位、水位波动情况、渗透系数、流向、流速、水质、水温、含盐量、冰点温度以及表土层各含水层之间、表土层与基岩的水力联系,开挖体与外部的水力联系、有无承压水等。

(2)地层中的含水层自然和人为抽水后,其形成的地下水流速当超过一定限度(5m/d)时,将影响地层正常冻结。

(3)对冻结构筑物附近的水源井应进行调查,收集水源井的用途、数量、方位、距离、深度,抽水层位及深度,抽水时间,日抽水量以及抽水影响半径等资料。

(4)当在冻结构筑物附近600m范围内有大抽水量(600m³/h)的水源井,或抽水量不小于200m³/h的连续抽水,或有地下古河道时,必须实测构筑物穿过的含水层的地下水流向、流速,并提供实测报告。

地质检查孔最好深些,至少要穿过坑(井)底下隔水地层。它在决定冻结深度及确定加固方案方面,一定程度上有着事半功倍的作用。此外,我们还要完全了解基坑范围与周围的水力联系,分析总结过去的基坑事故,尤其是地层冻结工法应用已发生的多数事故,都是与地质勘察有关联,这一点要特别引起冻结设计的岩土工程师高度重视。

## 三、人工冻土物理力学参数

(1)在检查孔地质报告中,应有人工冻土物理力学性能试验报告。

(2)人工冻土试验,当构筑物穿过多个地层(黏土和砂性土)时,应进行不同层位土层的冻土物理力学性能试验,其中应包括冻结壁设计控制层的试验资料。

(3)人工冻土物理力学性能试验方法执行现行《人工冻土物理力学性能试验》(MT/T 593)规定。对于多数市政工程,试验温度建议在$-5 \sim -20$℃选取$3 \sim 4$种;对于矿山立井,建议在$-5 \sim -30$℃选取$4 \sim 5$种。试验项目主要有瞬时无侧限抗压强度、瞬时三轴剪切强度、瞬时抗弯强度、无侧限抗压(或者三轴剪切)蠕变特性(深冻结井)、冻胀和融沉特性、常规土和冻土导热系数、热容量、冻结温度等。

需要说明的是,对于深井冻土试验,建议对试样先固结后加载试验,否则所得结果会与原状冻土的数据差别很大。若忽略这点就容易导致设计失误,故应特点注意。

# 第二节　地层冻土结构(冻结壁)设计

地层冻土结构(冻结壁)设计是地层冻结的关键环节。深井和浅层地下结构施工中含水地层的冻结加固设计主要涉及竖井、基坑、隧道、旁通道、地下室以及盾构和顶管进、出洞口的地层冻结加固。设计时,首先要判断地层冻结结构的功能(见表4-1),然后根据地层冻结结构的功能要求进行地层冻结结构设计。对于主要是止水目的的地层冻结结构,主要是考虑刚性结构承受的主要地层压力以及地层水冻结成冰时主要抵抗地下水的渗透压力。其设计比较单一,在此不再详述。

本节主要说明表4-1中的第Ⅱ类,即冻结壁作为既承载又止水的临时结构的设计。地层冻结加固设计要确保在设计时间内的土方开挖和结构施工的安全,并使周围环境和建(构)筑物不受损害。其设计主要包括以下内容:

(1)冻结壁结构方案比较与选择,包括深度(长度)和范围;

(2)冻结壁的承载力和变形验算;

(3)冻结孔布置设计(考虑周边环境及冻胀和融沉);

(4)冻结壁形成验算(含热力计算);

(5)冻结制冷系统设计(制冷、冷媒、冷却水三大系统)和检测;

(6)对冻结壁的监测、保护要求及冻胀控制;

(7)冻胀和融沉可能对周围环境和建(构)筑物产生影响的分析;

(8)对周围环境和建(构)筑物的影响监测与保护要求。

冻结壁功能分类表　　　　　　　　　　　　　　　　　　表4-1

| 类　别 | 功能与要求 | 说　　明 |
|---|---|---|
| Ⅰ | 主要是止水 | 如排桩桩间、岩石裂隙、混凝土缝隙或其他刚性结构间止水 |
| Ⅱ | 既承载又止水 | 如含水砂土层的加固与止水、不透水黏性土层的加固(也要抵抗水渗透压) |

在地层冻结区域内有以下情况时,设计中应进行深入分析并采取针对性措施:

(1)地下水流速大于5m/d、有集中水流或地下水水位有明显($\geqslant$2m/d)波动;

(2)土层结冰温度低于$-2$℃(含盐)或有地下热源可能影响土体冻结;

(3)地层含水率低影响土体冻结强度;

(4)用其他施工方法已扰动过的地层;

(5)有其他可能影响地层冻结或地层冻结可能严重影响周围环境的情况。

当冻结壁表面直接与大气接触,或通过导热物体与大气产生热交换时,应在冻结壁或导热物体表面采取保温措施。在冻结壁形成期间,冻结壁内或冻结壁外200m区域内的透水砂层中不宜采取降水措施。必须降水施工时,冻结设计应充分考虑降水产生的不利影响。

## 一、冻结壁的荷载计算

冻结壁的荷载应包括下列各项:

(1)土压力;

(2)水压力;

(3)土方开挖影响范围以内地面建(构)筑物荷载、地面超载及其他临时荷载。

在浅层(本文取深度≤60m)工程中:土压力和水压力对砂性土宜按水土分算的原则计算,对黏性土宜按水土合算的原则计算,也可按经验公式计算。垂直土压力按计算点以上覆土重量及地面建(构)筑物荷载、地面超载计算;侧向土压力按主动土压力计算,可采用朗肯土压力理论计算;基底土反力可按主动土压力计算,也可按静力平衡计算。

对于矿山冻结凿井工程,地层水平压力在冲积层中采用重液公式计算,在裂隙岩层中采用经验公式计算。

(1)浅层工程侧向土压力计算经验公式为:

$$p_h = K p_v \tag{4-1}$$

式中:$p_h$——侧向土压力,kPa;

$p_v$——计算点的垂直土压力,kPa;

$K$——侧压系数,取 0.7。

(2)矿井工程侧向土压力计算经验公式为:

$$p_h = KH \tag{4-2}$$

式中:$p_h$——侧向土压力,kPa;

$H$——计算处地层埋深,m;

$K$——侧压系数,kPa/m,冲积层中取 13kPa/m,裂隙岩层中根据经验取 8～10kPa/m(水渗透压)。

## 二、冻结壁设计

### (一)基本原则

1. 浅层工程中冻结壁结构形式选择原则

(1)冻结壁宜按受压结构设计;

(2)在含水砂性土层中应采用封闭的冻结壁结构形式;

(3)冻结壁的几何形状宜与拟建地下结构的轮廓接近,并易于冻结孔布置;

(4)冻结壁结构形式选择应有利于控制土层冻胀与融沉对周围环境的影响;

(5)对冻结壁有严格变形控制要求时,可采用"冻实"的冻结形式。

旁通道的通道部分可采用直墙圆拱冻结壁,集水井可采取满堂加固或采用"V"字形冻结壁。开挖后冻结壁应设初期支护或内支撑,但冻结壁承载力设计仍按承受全部荷载计算。

**2.矿山冻结凿井工程中冻结壁深度确定原则**

在冲积层中按照全封闭式冻结圆筒设计,在深部裂隙岩层中按止水抵抗水渗透压设计。超深冲积层冻结井要根据冻土力学指标设计,并注意在井内可能冻实。井筒冻结深度必须穿过冲积层、风化带深至稳定基岩 10m 以上,或超过永久支护 5～8m。如果基岩涌水量较大,则要充分论证并根据邻近井筒施工经验适当加深冻结深度。

冻结壁厚度计算控制层的确定:当冲积层较浅时,以砂土层为主的井筒,应选择冲积层底部的含水层作为控制层;当冲积层较深时,且中下部赋存多层厚黏土层,除选择底部含水层作为控制层外,还应选择深部黏土层作为控制层。

**(二)冻结设计基础参数确定**

**1.永久结构形式**

根据工程设计要求,获得永久结构形式和衬砌厚度。依此,地层冻结结构(冻结壁)形式就基本确定了。

**2.设计的标志层冻土力学性质(指标)**

按照《人工冻土物理力学性能试验》(MT/T 593)对关键地层(设计的标志层)进行地层冻土物理力学性质试验,获取人工冻土必要的物理力学指标和特性,以及冻敏性地层冻胀、融沉特性。

**3.初选冻结壁有效平均温度**

进行冻结壁设计除了要知道设计模型(永久结构形式)外,冻土物理力学指标和特性也极为重要。从第二章人工冻土基本力学性质知道,它们与冻结壁有效平均温度直接相关。一般是根据经验初选冻结壁有效平均温度,再根据所选温度对应的冻土物理力学指标和特性,初算冻结壁厚度。然后再匡算经济合理性,进而最后调整和优化冻结壁有效平均温度和冻结壁厚度。冻结壁平均温度应根据冻结壁承受荷载大小(或开挖深度)、冻胀融沉可能对环境造成的影响及工艺合理性确定。浅层冻结工程,一般情况下可按表 4-2 选取;矿山冻结工程按表 4-3 选取。冻结壁承受荷载大、安全要求高的工程宜取较低的冻结壁平均温度。当土层含盐量较高时,应经试验确定盐水温度。维持冻结期间(开挖和支护)的盐水温度,应根据冻结壁状况、侧帮温度和测温孔温度资料确定。

**浅层工程冻结壁有效平均温度设计参考值**    表 4-2

| 开挖深度 $H_e$(m) | <12 | 12~30 | >30 |
|---|---|---|---|
| 冻结壁平均温度 $T_a$(℃) | −6~−8 | −8~−10 | ≤−10 |

**矿山冻结工程冻结壁有效平均温度设计参考值**    表 4-3

| 冻结的冲积层厚(m) | <120 | 120~250 | 250~400 | >400 |
|---|---|---|---|---|
| 冻结壁平均温度 $T_a$(℃) | −5~−7 | −7~−10 | −10~−15 | <−15 |

### (三)冻结壁厚度设计与强度检验

#### 1. 浅层冻结工程冻结壁厚度 $E_{th}$

对于浅层工程中表 4-1 的 II 类冻结壁要按承载力要求设计冻结壁厚度 $E_{th}$。无论是矩形、方形、圆形(水平、垂直或者倾斜)或者其他任何形状冻土结构,都可以套用现有的地下结构设计公式。不同的是,力学指标变为冻土的物理力学性质指标,这些指标都与温度直接相关。温度发生变化,对应的物理力学性质指标也都要变化。尤其是其中的冰,是一个随温度而变的物质,必须高度重视它的特性和存在,所有能影响其状态和性能变化的外界因素都必须高度重视。另外,在开挖过程中,我们也可以通过信息化监测了解冻结壁的稳定性,通过调节冻结温度来改善冻结壁的稳定性。即地层冻结法是在施工过程中能够根据需要及时改变冻土围护结构力学指标的工法,它具有其他工法无法比拟的优越性。

冻结壁内力宜采用通用力学计算方法计算。冻结壁本身因地层材料及冻土排柱组成是非常复杂和非均质的。但多数情况下浅层工程的冻土结构的力学计算模型可简化为均质弹性体,其力学特性参数宜取设计冻结壁平均温度下的冻土力学特性指标。一般情况下,开挖后应及时施工初期支护,冻结壁的空帮时间不宜大于 24h。按下列公式进行冻结壁的强度检验,一般情况下可只进行抗压、抗折和抗剪强度检验。

$$K_s\sigma_s \leqslant \sigma_k \tag{4-3}$$

式中:$\sigma_s$——冻结壁应力强度,MPa;

$\sigma_k$——冻土的瞬时强度指标,MPa;

$K_s$——安全系数,II 类冻结壁强度检验安全系数按表 4-4 选取,对于冻结纯黏土, 在取表中安全系数时可以适当小一点。

**II 类冻结壁强度检验安全系数**    表 4-4

| 项　　目 | 抗　压 | 抗　折 | 抗　剪 |
|---|---|---|---|
| 安全系数 $K_s$ | 2.0 | 3.0 | 2.0 |

如相邻管线或其他建(构)筑物变形控制等有特殊要求时,必须验算冻结壁的变形。

特别是地铁工程中的旁通道喇叭口处的冻结壁设计厚度不应小于 0.8m,其他部位的冻结壁设计厚度不应小于 1.4m。在冻结壁与隧道管片的交接面强度未经计算检验时,冻结壁与隧道管片的交接面宽度不得小于喇叭口处的冻结壁设计厚度,且冻结壁界面上的最低温度不得高于设计平均温度。

1)圆形冻土墙环向稳定性和垂向稳定性(冻结管)校核

对于浅层大直径圆形冻土墙,还需要做环向稳定性和垂向稳定性(冻结管)校核。按环向圆环压杆稳定理论用下述公式验算:

$$\frac{l_0}{E_{th}} \leqslant 24 \tag{4-4}$$

式中:$l_0$——冻结壁的环向换算长度,$l_0 = 1.814 R_0$;

$R_0$——冻结壁的平均半径,m;

$E_{th}$——冻结壁厚度,m。

2)冻结管安全性校核

按最不利条件整个深度内一步成坑(不考虑逆作法分段开挖不断释放冻结壁内侧压力)时,冻结壁总的径向弹性变形 $U_r$ 用厚壁圆筒公式计算。在只有外部水土压力而无内支撑(无内支反力)时,冻结壁作为厚壁圆筒弹性结构,其径向弹性变形 $U_r$ 为:

$$U_r = \frac{2 p_h r R^2}{E_{fs}(R^2 - r^2)} \tag{4-5}$$

式中:$U_r$——冻结壁内侧表面总的径向弹性变形,m;

$p_h$——计算处最大水土压力,MPa;

$E_{fs}$——冻土的弹性模量,MPa;

$r$——冻结壁的开挖半径,m;

$R$——冻结壁的外半径,m。

根据计算得到 $U_r$,按照 $\dfrac{U_r}{h}$ 计算圆形坑平均深度 $h$ 上每延米挠度,一般需要小于冻结管允许挠度 3% 时才能确保冻结管安全。

3)重力式冻土挡墙结构体系

将冻土墙作为重力式挡墙结构看待,是应用土层人工冻结法进行基坑围护设计中较简单的模型。分析中假定冻结墙为刚性体,其受力情况如图 4-2 所示。图中,$\sigma_a$、$\sigma_p$ 为主、被动土压力,$P_a$、$P_p$ 为主、被动土压力合力,$h_a$、$h_p$ 为主、被动土压力合力作用点距墙底高度,$B$ 为墙体宽度,$W$ 为墙体自重,$q$ 为地面均布荷载。根据受力特点,重力式冻土挡墙的稳定性验算主要考虑墙体绕墙趾的抗倾覆及抗水平滑动安全系数,其计算方法与其他重力式挡墙计算方法相同。

4)悬臂式冻土挡墙结构体系

悬臂式冻土挡墙结构受力特点如图 4-3 所示,墙体破坏一般是绕底端 $B$ 点以上的某点 $O$ 转动,因此,除验算墙体的抗倾覆稳定性外,还必须验算墙体的抗弯稳定性及考虑墙体的抗弯刚度。具体计算方法与常规悬臂式板桩墙类似。

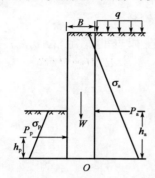

图 4-2　重力式冻土挡墙受力示意图

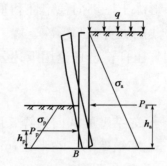

图 4-3　悬臂式冻土挡墙受力示意图

5)薄板冻土墙结构体系

该计算模型可简化为一三边(侧面)受约束、板面受荷载作用的板体,因此墙体稳定性分析就转化为研究板体的强度与变形问题,但该计算的推导是基于小变形理论,与实际墙体的必须变形可能存在一定差异。

6)冻土墙嵌固深度校核

冻土墙一般应采用重力式水泥土支护结构设计理论,其嵌固深度 $h_0$ 宜按整体稳定条件采用圆弧滑动简单条分法确定,如图 4-4 所示。

$$\sum c_{ik} l_i + \sum (q_0 b_i + W_i) \cos\theta_i \tan\varphi_{ik} - \gamma_k \sum (q_0 b_i + W_i) \sin\theta_i \geqslant 0 \qquad (4\text{-}6)$$

式中:$c_{ik}$、$\varphi_{ik}$——最危险滑动面第 $i$ 土条滑动面上土的固结不排水(快)剪黏聚力、内摩擦角标准值;

　　　$l_i$——第 $i$ 土条的弧长;

　　　$b_i$——第 $i$ 土条的宽度;

　　　$\gamma_k$——整体稳定分项系数,应根据经验确定,当无经验时可取 1.3;

　　　$W_i$——作用于滑裂面上第 $i$ 土条的重量,按上覆土层的天然土重计算;

　　　$\theta_i$——第 $i$ 土条弧线中点切线与水平线夹角。

对于圆砾及砂类土,$\sum c_{ik} l_i = 0$,因此式(4-6)可简化为:

$$\frac{\sum (q_0 b_i + W_i) \cos\theta_i \tan\varphi_{ik}}{\sum (q_0 b_i + W_i) \sin\theta_i} \geqslant \gamma_k \qquad (4\text{-}7)$$

7)冻土墙厚度校核

冻土墙厚度设计值 $b$ 宜根据抗倾覆稳定条件计算。

冻土墙底部位于碎石土或砂土时(见图 4-5),墙体厚度设计值宜按下式确定:

$$b \geqslant \sqrt{\frac{10 \times (1.2\gamma_0 h_a \sum E_{ai} - h_p \sum E_{pi})}{5\gamma_{cs}(h + h_d) - 2\gamma_0 \gamma_w (2h + 3h_d - h_{wp} - 2h_{wa})}} \tag{4-8}$$

式中:$\sum E_{ai}$——冻土墙底以上基坑外侧水平荷载标准值的合力之和;

$\quad\quad h_a$——合力 $\sum E_{ai}$ 作用点至墙底的距离;

$\quad\quad \sum E_{pi}$——冻土墙底以上基坑内侧水平抗力标准值的合力之和;

$\quad\quad h_p$——合力 $\sum E_{pi}$ 作用点至冻土墙底的距离;

$\quad\quad \gamma_{cs}$——冻土墙体平均重度;

$\quad\quad \gamma_w$——水的重度;

$\quad\quad h_{wa}$——基坑外侧水位深度;

$\quad\quad h_{wp}$——基坑内侧水位深度。

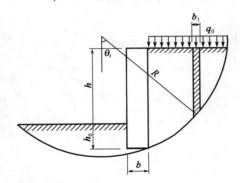

图 4-4 冻土墙嵌固深度计算简图

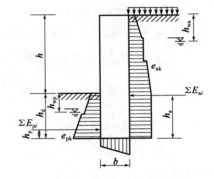

图 4-5 冻土墙厚度计算简图

8)基坑底抗隆起校核

坑底抗隆起是浅层工程冻结法应用成败的关键之一,必须核算。按《基坑工程手册》(第 2 版)(刘建航)公式校核,即

$$K = \frac{M_r}{M_s} \geqslant 1.3 \tag{4-9}$$

$$M_r = K_a \tan\varphi \left[ \left( \frac{\gamma H_e^2}{2} + q H_e \right) H_i + \frac{1}{2} q_f H_i^2 + \frac{2}{3} \gamma H_i^2 \right] +$$

$$\tan\varphi \left( \frac{\pi}{4} q_f H_i^2 + \frac{4}{3} \gamma H_i^2 \right) + c(H_e H_i + \pi H_i^2) + M_h$$

$$M_s = \frac{1}{2} (\gamma H_e + q) H_i^2$$

式中:$K$——抗隆起系数,一般大于 $1.2\sim1.3$;

$\varphi,c,\gamma$——分别为地层的内摩擦角,(°),基底土黏聚力,kPa,重度,kN/m³,有几层不同性质的土层时,可取加权平均值;

$q$——地表荷载,kPa;

$q_f$——计算截面荷载,kPa,$q_f=\gamma H_e+q$;

$H_e$——开挖深度,m;

$H_i$——嵌入深度,m;

$M_h$——基坑底面处冻结壁最大抗弯弯矩:

$$M_h = \frac{E_{th}^2}{6}\sigma_w \tag{4-10}$$

$\sigma_w$——冻土墙允许抗弯强度;

$K_a$——主动土压力系数,$K_a=\tan^2\left(45°-\dfrac{\varphi}{2}\right)$。

9)基坑底抗管涌校核

当基底位于饱和水砂层或砂质黏土层时,对基底要进行抗管涌验算。若不能满足抗管涌条件,有可能酿成灾难性事故。按下式验算:

$$F_s = \frac{(H_e + 2H_i)\gamma'}{H_e\gamma_w} > 1.5 \tag{4-11}$$

式中:$\gamma'$——浮重度,kN/m³;

$\gamma_w$——地下水重度,kN/m³。

10)坑底最大渗水量核算

坑底利用黏土等渗透系数很小的地层作隔水层时,其基坑总渗水量为:

$$Q = \frac{kAH_e}{H_e + 2D} \tag{4-12}$$

式中:$k$——坑底隔水层渗透系数,m/d;

$A$——坑底面积,m²;

$D$——基坑开挖直径,m。

2. 矿山竖井冻结壁厚度 $E_{th}$ 计算

矿山竖井冻结壁厚度 $E_{th}$ 计算,主要根据冲积层厚度、岩性特征来选择合理的冻结壁厚度计算公式。冻结壁厚度按下列顺序进行计算:

(1)根据井筒地质柱状图,把冲积层最深的含水层及深厚黏土层确定为冻结壁设计的控制层,用公式(4-2)算出控制层的土压力值。

（2）根据表 4-3 选择合理的冻结壁平均温度，根据平均温度和试验资料，或有关计算公式，分别求得深部含水层及深部黏土层的冻土计算强度值。

（3）冻结壁厚度的初步计算。根据控制层的深度、地压值、该处井筒荒径和冻土强度值，对冲积层较浅的冻结井筒（≤150m），宜用无限长弹性体冻结壁厚度计算公式或弹塑性体冻结壁厚度计算公式求出冻结壁初选的厚度，并应根据深度和土性选择井帮冻土温度，确定冻结壁有效厚度。

（4）冻结壁平均温度的核算。应满足设计选择的平均温度。

（5）对于冲积层较深井冻结（>150m）的深厚黏土层的冻结壁，应采用按有限长极限状态强度条件计算公式进行初算，确定安全的掘进段高，并应控制在 2.5m 以下。还须采用按有限长黏塑性体变形条件计算公式（4-15'），检验冻结壁内表面允许位移值（控制冻结管变形）及允许的暴露时间。

（6）如平均温度、位移值等有不满足要求时，则需调整计算参数，再重复计算，直至各参数满足要求。

下面介绍圆形深冻结壁时空理论。

在冻结法凿井早期，因冻结深度较浅而土层水平压力（圆形冻土壁侧压）比较小，认为圆形冻结壁处于弹性状态，计算力学模型是把冻结壁看成无限长且没有内衬（或者内衬支反力不计）的圆形弹性体，外部荷载就是计算处所处地层的水平压力（即地压）。对应该计算力学模型，采用 Lame 和 Clapeyton（1833）无限长厚壁圆筒设计公式：

$$R = r\sqrt{\frac{[\sigma_u]}{[\sigma_u] - 2p_h}} \tag{4-13}$$

$$E_{th} = R - r = r\left[\sqrt{\frac{[\sigma_u]}{[\sigma_u] - 2p_h}} - 1\right] \tag{4-13'}$$

式中：$E_{th}$——冻结壁厚度，m；

　　　$R$——冻结壁外半径，m；

　　　$r$——冻结壁内半径（开挖荒径），m；

　　$[\sigma_u]$——冻土无侧限抗压许用应力，MPa，是冻土瞬时无侧限抗压强度除以安全系数，安全系数一般取 2；

　　　$p_h$——按式（4-2）计算的地层中水平土压力值，MPa。

对于较深冻结井（冲积层深大于 150m），公式（4-13）已不适应。德国的 Domke 教授（1915）把冻结壁看成无限长且没有内衬（或者内衬支反力不计）弹塑性体，提出了无限长厚壁圆筒的弹塑设计公式：

$$E_{\text{th}} = r\left[0.29\left(\frac{p_{\text{h}}}{\sigma_{\text{ut}}}\right) + 2.3\left(\frac{p_{\text{h}}}{\sigma_{\text{ut}}}\right)^2\right] \tag{4-14}$$

式中：$\sigma_{\text{ut}}$——冻土无侧限抗压长时强度，MPa。

冻结壁深度增加后，不少事故也随之发生。1990 年前约有 43 个冻结竖井在施工过程中发生了不同程度的冻结管断裂甚至淹井的重大事故，导致矿山建设工期延长和重大经济损失。因此，人们对冻结壁进行了再认识。随着深度的增加，土压力增大，冻结壁尤其是黏土冻结壁会产生流变现象。而上述公式没能考虑冻土具有流变特性这一显著特征，也即与时间有关这一特征，设计公式的假设条件与实践基本不相符，是导致这些事故的根本原因之一。根据这些情况，前苏联土力学专家 С.С.Вялов 等学者把初支—内衬（外壁）的支反力和工作面对冻结壁底部约束等作为边界条件，针对有限长厚壁圆筒，提出了小段高冻结壁设计公式（见图 4-6）：

$$R = r\left[\frac{(1-m)(1-\xi)p_{\text{h}}}{A_{\text{c}}}\left(\frac{h}{U_{\text{r}}}\right)^m \frac{h}{r} + 1\right]^{\frac{1}{1-m}} \tag{4-15}$$

$$E_{\text{th}} = r\left\{\left[\frac{(1-m)(1-\xi)p_{\text{h}}}{A_{\text{c}}}\left(\frac{h}{U_{\text{r}}}\right)^m \frac{h}{r} + 1\right]^{\frac{1}{1-m}} - 1\right\} \tag{4-15'}$$

式中：$U_{\text{r}}$——冻结壁内侧最大径向位移，m；

$h$——掘进段高（见图 4-6），m；

$m$——无量纲试验参数，由下式决定：

$$\gamma_{\text{c}} = \left(\frac{\tau_{\text{c}}}{A_{\text{c}}}\right)^{\frac{1}{m}} \tag{4-16}$$

$A_{\text{c}}$——与温度（$T$）和时间（$t$）有关的试验参数；

$\xi$——冻结壁上下端约束系数，介于 0～0.5 之间。

从以上冻结壁设计理论的发展历史可见，式（4-13）和式（4-14）是基于与时间无关的弹性或弹塑性理论的，可称之为静态理论或"静空观"；式（4-15）已考虑了冻土流变（参数 $m$，$A_{\text{c}}$）和掘砌工艺（参数 $\xi$，段高 $h$ 和允许位移值 $U_{\text{r}}$），但参数 $A_{\text{c}}$ 没能把时间 $t$ 和温度 $T$ 直观表达出来，可称之为准动态理论"准时空观"。

由图 4-6 可见，冻结壁强度及稳定性不但与几何参数 $R$ 和 $r$ 有关，更重要的是与段高 $h$、工作面地层约束系数 $\xi$、冻土力学性质和冻结管材料（及管接头结构）力学性质相关。而冻结壁厚度设计主要是考虑没有支护段高 $h$ 这一对象以及影响这一对象的边界条件。由于在地层深部段高 $h$ 一般小于冻结壁内半径 $r$，冻结壁可视为有限长厚壁圆筒（$\frac{R}{r} \geqslant 1.1$ 且 $\frac{R-r}{r} \geqslant \frac{1}{10}$），且冻土为一流变体，静态公式（4-13）和公式（4-14）对深冻结壁都不适用，只有 С.С.Вялов 的"准时空观"公式（4-15）比较符合深部冻结壁实况。但其缺点是参数 $A_c$ 虽然包含了温度 $T$ 与时间 $t$ 两个关键参数,但这两个参数没能像 Klein 时空观公式分离开。为此,在式(4-15)的基础上,建立有限段高深冻结壁设计时空理论及公式。

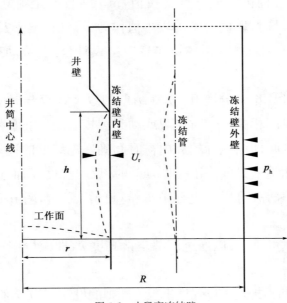

图 4-6 小段高冻结壁

比较式(2-26)和式(4-16),有 $B=\dfrac{1}{m}$,则由式(4-16)可得:

$$\frac{1}{A_c} = \frac{A_0^{\frac{1}{B}}}{(|T|+1)^{\frac{K}{B}}} t^{\frac{C}{B}} \tag{4-17}$$

如图 4-6 所示,冻结壁作为设计对象,其上是已浇灌好的混凝土井壁和钢模板,下部是开挖工作面。在此,不但要考虑冻结壁的强度,还必须把其显著特征——蠕变考虑进去,同时还需考察上下端约束条件、段高。

现将 $B=\dfrac{1}{m}$ 和式(4-17)代入 С. С. Вялов 小段高厚冻结壁设计式(4-15),得:

$$R = r\left\{ \frac{(1-\frac{1}{B})(1-\xi)p_h}{(|T|+1)^{\frac{K}{B}}} \left(\frac{h}{U_r'}\right)^{\frac{1}{B}} \frac{h}{r} A_0^{\frac{1}{B}} t^{\frac{C}{B}} + 1 \right\}^{\frac{B}{B-1}} \tag{4-18}$$

$$E_{th} = \left\{ \left[ \frac{(1-\frac{1}{B})(1-\xi)p_h}{(|T|+1)^{\frac{K}{B}}} \left(\frac{h}{U_r'}\right)^{\frac{1}{B}} \frac{h}{r} A_0^{\frac{1}{B}} t^{\frac{C}{B}} + 1 \right]^{\frac{B}{B-1}} - 1 \right\} r \tag{4-18'}$$

式中:$U_r'$——冻结壁允许位移值,受控于冻结管和冻结壁允许变形值。

假设冻土体积不变(即取泊松比 $\mu=0$),并考虑冻结壁允许位移值 $U_r'$ 远远小于冻结壁内半径这一事实,得出冻结壁允许位移值 $U_r'$ 和所涉计算的冻结管向井筒内允许变位值 $U_{ft}$ 近似关联公式: $U_r' = \dfrac{R_{ft}}{r} U_{ft}$,其中 $R_{ft}$ 是所计算的冻结管布置圈半径,m; $U_{ft}$ 是所计算的冻结管向井筒内径向允许变位值,m。两者既是独立的允许值,又存在直接的关联关系。在设计时,取两者中的较小值作为设计值,偏于安全。

式(4-18)即成为与时间相关的深冻结壁时空设计公式,称动态设计公式。它与式(4-15)有根本的区别。

其一,将时间 $t$ 和温度 $T$ 分离开,使冻结壁的厚度计算与时间即蠕变特性结合起来,也即与掘砌空帮时间相关——时空观或动态观核心之一。显然,该公式告诉我们,可以通过缩短空帮时间,即缩短开挖和内衬时间确保冻结壁的稳定。

其二,过去设计冻结壁只取决于强度,或间接反映温度 $T$,而这一公式把冻结壁厚度直接同温度联系起来,故可以通过调节冻结壁的温度,即调节循环盐水的温度确保冻结壁的稳定。

其三,从上述公式可见,可以通过调节空帮高度 $h$,即减少掘进高度 $h$ 来确保冻结壁的稳定。

更重要的是,式(4-18)把过去以强度极限为准则的设计变为以冻结壁最大允许变形和冻结管最大允许变形为准则的设计,并克服了过去因只考虑冻土强度而冻结管断裂造成的淹井事故,也间接反映了冻土强度,因为蠕变变形对应着某一时刻蠕变应力(见图2-29)。

式(4-18)或式(4-18′)的意义还不仅如此。因为深冻结壁多在 250m 以下的第四系地层中,各种地层的冻土强度不一、蠕变特性不一,所承受土压力 $p_h$ 值也不同,如果仍和浅冻结壁一样只以某一最薄弱地层作为设计标志层,从上到下整个冻结壁都设计成一样厚,不但造成投资上的极大浪费,而且因冻结壁太厚导致工期延长。而式(4-18)或式(4-18′)可以根据不同地层特性考察其各参数,如冻结温度 $T$、掘砌时间 $t$、段高 $h$ 对冻结壁稳定性的敏感程度,通过改变最敏感的某一变量和冻结管材料(含于 $U_r'$ 或 $U_{ft}$)等或组合调整这些参数来满足冻结壁强度和稳定性的要求,从而达到优化设计的目的。这是深冻结壁时空设计的时空观或动态观的最核心要素,即深冻结壁在空间上也是动态的,并与时间相关。它为深冻结井信息化施工的优化提供了理论基础和实际可操作的关键理论。

以上就是以深冻结壁(冻结管)变形极限为准则的深冻结壁时空设计理论或称动态设计理论,式(4-18)称之为深冻结壁时空设计公式或动态设计公式。它不但更新了传统的冻结壁设计观念和公式,而且对不同地层中深冻结壁进行优化设计,达到安全、省时、省投资,并能为岩土及地下工程信息施工和信息设计提供理论基础。

## 第三节　　圆形深冻结壁承载能力的分析与应用

冻结壁的承载能力除与冻土的物理力学性质密切相关外,更重要的是与冻结管材、冻结壁的平均温度 $T$、未支护段高 $h$ 和掘砌时间 $t$ 直接相关。考察冻结壁的承载能力时,冻土本身的力学参数 $A_0$、$B$、$C$ 和 $K$ 是冻土本身固有特征参数,在施工中是无法改变的。冻结管的允许变形 $U_r$ 在选定管材和接头后,若需改变也只有通过冻结壁平均温度的降低和未支护段高的协调改变来进行调整。而在施工中可人为较容易控制的参数是冻结壁的平均温度 $T$、未支护段高 $h$ 和掘砌时间 $t$。因而考察这些可控变量对冻结壁承载能力的影响程度和方式,不但可了解这些变量的作用,更重要的是在施工中可根据当时当地的情况进行变量的调整,以期达到使冻结壁稳定安全的目的。下面将详细分析这些参数对冻结壁承载能力的影响规律。现将式(4-18)改写如下:

$$p^{\textbf{❶}} = \frac{r\left[\left(\dfrac{R}{r}\right)^{1-\frac{1}{B}}-1\right](|T|+1)^{\frac{K}{B}}U_r^{\frac{1}{B}}}{A_0^{\frac{1}{B}}\left(1-\dfrac{1}{B}\right)(1-\xi)h^{1+\frac{1}{B}}t^{\frac{C}{B}}} \tag{4-19}$$

将表 2-14 某一冻结黏土的蠕变参数代入上式,如 JJ214:$A_2 = 3.31 °C^K (MPa)^{-B}$ $h^{-C}$, $K=1.9$, $B=3.06$, $C=0.39$,将其代入上式得:

$$p = \frac{r\left[\left(\dfrac{R}{r}\right)^{0.6732}-1\right](|T|+1)^{0.6209}U_r^{0.3268}}{0.9955(1-\xi)h^{1.3268}t^{0.1275}} \tag{4-20}$$

为了便于考察冻结壁的平均温度 $T$、未支护段高 $h$ 和掘砌时间 $t$ 这 3 个变量,分别以其作变量而对式(4-20)右边其他参数进行归一化处理,从而可进一步明确看出每一个变量在其独立变化时的影响。

考察温度变量 $T$ 的归化后公式为:

$$p = \frac{r\left[\left(\dfrac{R}{r}\right)^{0.6732}-1\right](|T|+1)^{0.6209}U_r^{0.3268}}{0.9955(1-\xi)h^{1.3268}t^{0.1275}} = p'(|T|+1)^{0.6209} \tag{4-21}$$

考察段高变量 $h$ 的归化后公式为:

$$p = \frac{r\left[\left(\dfrac{R}{r}\right)^{0.6732}-1\right](|T|+1)^{0.6209}U_r^{0.3268}}{0.9955(1-\xi)h^{1.3268}t^{0.1275}} = p''\frac{1}{h^{1.3268}} \tag{4-22}$$

考察时间变量 $t$ 的归化后公式为:

---

❶ 此处以 $p$ 替代公式(4-18)中的 $p_h$。

$$p = \frac{r\left[\left(\dfrac{R}{r}\right)^{0.6732} - 1\right](|T|+1)^{0.6209} U_r^{0.3268}}{0.9955(1-\xi)h^{1.3268}t^{0.1275}} = p''' \frac{1}{t^{0.1275}} \qquad (4\text{-}23)$$

将式(4-21)～式(4-23)分别绘成曲线,以便更清楚地进行分析,如图 4-7、图 4-8 和图 4-9 所示。每个图中纵坐标的单位一致,$p'$、$p''$ 和 $p'''$ 表示不同段高的承载能力。$p'$、$p''$ 和 $p'''$ 的意义如式(4-21)～式(4-23)所表示。

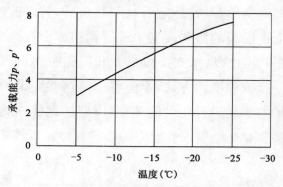

图 4-7  冻结壁承载能力 $p$ 与负温 $T$ 的关系

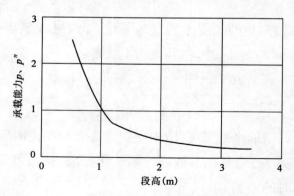

图 4-8  冻结壁承载能力 $p$ 同段高 $h$ 的关系

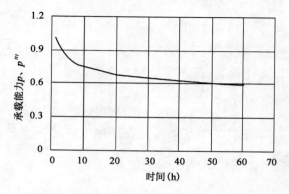

图 4-9  冻结壁承载能力 $p$ 与掘砌时间 $t$ 的关系

图 4-7 清楚地显示了承载能力 $p$ 与负温 $T$ 的关系。随着冻结壁平均负温的降低，冻结壁承载能力不断增加。如冻结壁平均温度从 $-10℃$ 降到 $-15℃$，其承载力比在 $-10℃$ 时增加约 26%。冻结壁平均温度往下降，其承载力增加比例变小，这是因为温度影响系数（0.620 9）小于 1。冻结壁平均温度降低（实际提高了冻土的强度和弹性模量，同时也增厚了冻结壁），成本也会增大。

图 4-8 冻结壁承载能力 $p$ 与段高 $h$ 的关系表明，未支护段高 $h$ 越短，冻结壁的承载能力越大。未支护段高 $h$ 在 2m 以内降低时，承载能力增幅极大。从 2m 降到 1m 时，冻结壁承载能力的提高是从 3m 降到 2m 的 1.8 倍。未支护段高 $h$ 在小于 1m 后降低，效果当然很好，但在实际施工中很难实施，这是因为工序和立模板高度都会有难度。在实际工程中，冻结黏土层将段高控制在 1.8m，施工安全通过了这层厚达 15.6m 的黏土层，说明了上述分析的正确性。

图 4-9 冻结壁承载能力 $p$ 与掘砌时间 $t$ 的关系说明，掘砌时间越短，冻结壁承载能力越高。掘砌时间在 20h 以内缩短时，承载能力 $p$ 提高最快，尤其在 10h 以内缩短时，效果更显著。但在深部地层中，要在 10h 以内完成段高 $1\sim3m$ 冻结井的掘砌工作量是非常困难，有时甚至是不可能的。

从以上分析可见，降低段高 $h$ 是提高深部冻结壁承载能力 $p$ 最有效的途径，也是最容易实现的；缩短掘砌时间和降低冻结壁平均负温（实际提高了强度和弹性模量，同时实际也增厚了冻结壁）可作为辅助手段。有时可组合采取上述手段来提高冻结壁的承载能力。当然，冻结壁的承载能力还要由冻土的蠕变参数和实际条件来定。

现将表 2-16 谢桥矿井 226m 处（天然含水率 21%）三轴剪切蠕变试验冻土力学参数及冻结壁几何参数代入式(4-13)～式(4-15)、式(4-18)进行比较。$[\sigma_u]=S_t=5MPa$ $(T=-15℃)$，$h=2m$，$r=4m$，$t=24h$，第四系地层水平土压力值按式(4-2)计算，所得结果如图 4-10 所示。式(4-13)到 200m 深度时已无法再用。按照式(4-14)，深度到达 400m 时冻结壁厚达 11.5m，费用和工期都难以承受。如果不是按照无限长而是有限长厚冻结壁来计算，式(4-15)和式(4-18)所得结果比式(4-14)好。按照式(4-18)，若将段高 $h$ 从 2m 降到 1m 时，深度到 600m 时，冻结壁厚 8m，这是可以实现的。

深冻结壁时空设计理论反映了深冻结壁实况，它不但更新了冻结壁设计的传统理论及观念，同时为深表土中冻结凿井信息施工奠定了理论基础，并能产生良好的经济效益。其中，工作面约束系数 $\xi$ 的取值等往往根据施工经验判断，以后还需进一步研究。

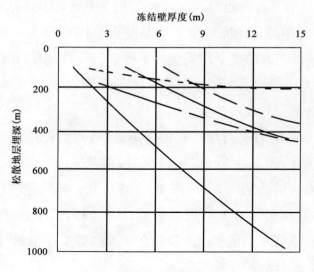

图 4-10　冻结壁厚度公式比较

# 第四节　冻结系统设计

根据永久结构设计获得其形式和衬砌厚度,由此选定冻土围护结构形式和设计计算模型。根据边界条件〔建(构)筑物安全要求及开挖条件等〕、工程地质和水文地质条件、人工冻土物理力学性质等,就可以基本初算出冻土围护结构的厚度和对应的冻土围护结构平均温度,由此计算出盐水温度、冻结孔间距、冷却水量、装机容量及功耗等。

## 一、冻结孔布置

根据永久结构设计和冻结壁围护结构设计,以及工程地质和水文地质资料,可基本确定冻结孔布置参数:冻结孔间距(开孔间距、成孔控制间距、冻结孔孔位)、冻结孔深度和冻结孔偏斜精度要求(根据钻机钻进精度)等。冻结孔成孔控制间距取决于冻结壁设计厚度、冻结壁平均温度、盐水温度和冻结工期的要求。冻结孔开孔间距不宜大于冻结孔成孔控制间距与冻结孔最大偏斜之差。当单排冻结孔在规定冻结工期内达不到设计冻结壁厚度和平均温度,或者达不到设计强度时,应布置多排冻结孔冻结。

### 1. 浅层地下工程冻结管布置

在市政工程中,冻结孔应均匀布置并避开地层中的障碍物。在地铁工程中,在隧道管片上布置冻结孔时,开孔位置应避开管片接缝、螺栓口,并且宜避开钢筋混凝土管片主筋和钢管片肋板。单排冻结孔成孔控制间距参照表 4-5 选取,冻结孔偏斜精度要求可按表 4-6 确定,但不宜大于冻结壁设计厚度。冻结壁温度要求可按表 4-2 确定。

多排冻结孔密集布置时,内部冻结孔成孔控制间距可取边孔的 1.2 倍。

**单排冻结孔成孔控制间距设计参考值** 表 4-5

| 冻结孔类型 | 水平或倾斜冻结孔 | | | 竖直冻结孔 | |
|---|---|---|---|---|---|
| 冻结孔深度 $H$(m) | $\leqslant 10$ | $10\sim30$ | $30\sim60$ | $\leqslant 40$ | $40\sim100$ |
| 冻结孔成孔控制间距 $S_{max}$(mm) | $1\,100\sim1\,300$ | $1\,300\sim1\,600$ | $1\,600\sim2\,000$ | $1\,200\sim1\,400$ | $1\,400\sim1\,800$ |

**冻结孔偏斜精度要求** 表 4-6

| 冻结孔类型 | 水平或倾斜冻结孔 | | | 竖直冻结孔 | |
|---|---|---|---|---|---|
| 冻结孔深度 $H$(m) | $\leqslant 10$ | $10\sim30$ | $30\sim60$ | $\leqslant 40$ | $40\sim100$ |
| 冻结孔最大偏斜 $R_p$(mm) | 150 | $150\sim350$ | $350\sim600$ | $150\sim250$ | $250\sim400$ |

盾构隧道联络通道单侧冻结时,在冻结孔未穿透管片的另一侧隧道管片内表面敷设冷冻排管,以补强冻结壁与隧道管片的交接面。冷冻排管的敷设范围不应小于冻结壁设计厚度,冷冻排管的内径不应小于 30mm,管间距不应大于 0.5m。

浅层地下工程的冻结孔深(长)度按下式确定:

$$L_t = L_{bt} + L_{uc} + L_0 \tag{4-24}$$

式中:$L_t$——冻结孔深(长)度,m;

$L_{bt}$——冻结孔孔口到冻结壁设计底部的有效距离,m;

$L_{uc}$——不能循环盐水的冻结管端部长度,m;

$L_0$——冻结管端部冻结削弱影响深(长)度,m。

对于盾构隧道联络通道冻结时,碰到对侧隧道管片则不能循环盐水的冻结管端部长度 $L_{uc}$ 不得大于 150mm。建议开孔间距在 $400\sim650$mm 之间选取,放射式冻结孔开孔间距在 $300\sim800$mm 之间选取。需要注意,过小的开孔间距容易导致两孔之间贯穿。

2. 矿山竖井冻结孔布置直径计算

1)单圈(主)冻结孔布置圈径 $D_0$

(1)按冻结孔钻进允许偏斜率计算:

$$D_0 = D_1 + 2(nE_{th} + Q_f H_1) \tag{4-25}$$

(2)按定向钻进靶域式钻孔技术计算:

$$D_0 = D_1 + 2(nE_{th} + R_0) \tag{4-26}$$

(3)按基岩段爆破施工要求计算:

$$D_0 = D_1' + 2(1.2 + Q_f' h_0) \tag{4-27}$$

上述式中:$D_1$、$D_1'$——分别为冲击层和基岩中井筒掘进最大直径,m;

$n$——内侧冻结壁厚度占冻结壁总厚度 $E_{th}$ 的百分数,当冲积层厚度小于 300m 时,$n$ 取 $60\%$,冲积层大于 300m 时,$n$ 取 $55\%$;

$H_1$——冲积层厚度,m;

$Q_f$、$Q_f'$——冲积层、基岩段的冻结孔允许偏斜率,分别为 0.3% 和 0.5%;

$R_0$——向井心允许的偏斜半径,m,冲积层厚度小于 300m 时,取 0.6m,冲积层厚度大于 300m 时,取 0.8m;

$h_0$——井筒冻结深度,m。

通过上述计算后,选用其中最大值。

2)辅助冻结孔布置圈直径 $D_f$

$$D_f = D_1 + 2(0.3E_m + Q_f H_{fs})\qquad(4\text{-}28)$$

式中:$E_m$——主冻结孔至井帮距离,m;

$H_{fs}$——辅助孔深度,m。

3)结孔数

(1)主冻结孔计算:

$$N = \pi D_0 / L_s\qquad(4\text{-}29)$$

式中:$L_s$——冻结孔开孔间距,当冻结深度小于 300m 时,采用 1.00～1.30m,冻结深度大于 300m 时,采用 1.00～1.35m。

(2)辅助孔开孔间距最好小于 3.5m。

## 二、冻结壁平均温度

冻结壁平均温度计算是一个复杂的课题,很难准确计算出冻结壁的平均温度,只能通过简化边界条件做近似计算。冻结壁交圈后的温度分布可简化为定常温度场进行计算。冻结壁扩展过程和平均温度可采用通用数值方法或通用经验公式计算。国内外在这方面做了很多的探索,比较简单的是按稳定温度场,根据冻结管内盐水平均温度取冻结管外壁表面温度略高 3～4℃,设定冻结壁内外两侧表温度并通过测温孔温度推定该值,以此计算冻结壁单位体积平均温度 $T_{av}$。

矿山竖井在冲积层里单排冻结孔的冻结壁(圆形)平均温度 $T_{av}$ 计算可采用"成冰"经验公式:

$$T_{av} = T_b\left[1.135 - 0.352\sqrt{L_{av}} - \frac{0.785}{\sqrt[3]{E_{th}}} + 0.266\sqrt{\frac{L_{av}}{E_{th}}}\right] - 0.466 + \Delta T_n\qquad(4\text{-}30)$$

式中:$T_b$——盐水温度,℃;

$L_{av}$——冻结孔平均孔距,m,对于浅层冻结工程一般取 $L_s$,对于深的竖井冻结工程可结合冻结钻孔测斜的实际记录选取;

$\Delta$——冻结壁内侧每升高或降低 1℃ 对冻结壁有效厚度的平均温度影响系数,一般取 0.25～0.30,当冻结壁内侧为正温时取 0;

$T_n$——计算深度处冻结壁内侧温度，℃，可根据该地区冻结井实测数据进行类比估算，与地层材料性质、深度有关，冻结砂性土冻结壁内侧的温度比冻结黏性土的低（一般低 $1\sim3$℃），深度越大，温度越低（深度 $100\sim600\text{m}$，从浅到深的冻结砂冻结壁内侧对应温度为 $-1\sim-18$℃，冻结黏性土冻结壁内侧对应温度为 $2\sim-15$℃）。

冻结壁形成达到设计厚度后，假设为温度场。在冻结壁内、外侧的平均温度 $T_i$、$T_o$ 分别按下式计算：

$$T_i = T_s + \frac{T_b - T_s}{\left(\dfrac{r + \eta E_{th}}{r}\right)^2 - 1}\left[\left(\frac{r + \eta E_{th}}{r}\right)^2\left(\ln\frac{r + \eta E_{th}}{r} - \frac{1}{2}\right) + \frac{1}{2}\right] \tag{4-31}$$

$$T_o = T_c + \frac{T_s - T_b}{\left(\dfrac{R}{r + \eta E_{th}}\right)^2 - 1}\left[\left(\frac{R}{r + \eta E_{th}}\right)^2\left(\ln\frac{R}{r + \eta E_{th}} - \frac{1}{2}\right) + \frac{1}{2}\right] \tag{4-32}$$

则圆形冻结壁平均温度为：

$$T_{av} = \frac{V_1 T_i + V_2 T_o}{V_1 + V_2} \tag{4-33}$$

式中：$T_s$——地层冻结温度，℃；

$\eta$——冻结壁向井心内侧扩散系数，一般取 $0.55\sim0.60$；

$V_1$、$V_2$——分别为冻结壁内、外侧沿深度方向上单位米体积，$\text{m}^3$；

其他参数含义同前。

单排冻结孔的冻结直墙达到设计厚度后，按稳定场计算平均温度，可采用下列公式：

$$T_{av} = T_b \frac{\ln\dfrac{E_{th}}{L_{av}}}{2\ln\dfrac{E_{th}}{2r_{ft}}} \tag{4-34}$$

式中：$r_{ft}$——冻结管外半径，m；

其他参数含义同前。

对于双排或者多排冻结孔冻结壁的平均温度，可根据上述计算方式结合冻结孔排距进行估算。

### 三、盐水温度

盐水温度与盐水流量应满足在设计的时间内使冻结壁厚度和平均温度达到设计值的要求。最低盐水温度应根据冻结壁设计平均温度、地层环境及气候条件确定。根据表 4-7（浅层工程）和表 4-8（矿山竖井）初选盐水温度，在一般情况下再比对表 4-5（浅层工程)或表 4-6(竖井工程)。设计冻结壁平均温度低、地温高、气温低时,宜取较低的盐水温度。

**浅层工程最低盐水温度设计参考值** 表 4-7

| 冻结壁平均温度 $T_p$(℃) | $-6\sim-8$ | $-8\sim-10$ | $\leqslant-10$ |
|---|---|---|---|
| 最低盐水温度 $T_y$(℃) | $-26\sim-28$ | $-28\sim-30$ | $-30\sim-32$ |

**矿山冻结工程盐水温度参考值** 表 4-8

| 冻结的冲积层厚(m) | $<120$ | $120\sim250$ | $250\sim400$ | $>400$ |
|---|---|---|---|---|
| 盐水温度 $T_b$(℃) | $-22\sim-24$ | $-22\sim-27$ | $-25\sim-32$ | $<-30$ |

注:盐水温度根据竖井开挖直径选取,直径越大,选取温度应越低。

在冻结施工全过程,盐水温度控制是不同的。一般积极冻结期前 15～20d 盐水温度降至−25℃ 以下(设计最低盐水温度高于−25℃ 时取设计最低盐水温度),开挖过程中盐水温度降至设计最低盐水温度以下。施工初期支护后可进行维护冻结,但维护冻结盐水温度不宜高于−22～−28℃(取决于地层深度和冻结壁平均温度)。一般来说,在保证冻结壁平均温度和厚度达到设计要求且实测判定冻结壁安全的情况下,开挖过程中可适当提高盐水温度,但不宜高于−25℃。

#### 四、冻结壁形成预计

冻结壁完全形成时,冻结壁厚度、冻结壁平均温度、冻结壁内侧温度全都要达到设计要求。冻结壁形成期一般不应少于预计冻结壁厚度和平均温度达到设计要求的时间。

1. 冻结壁扩展厚度计算

$$E_{th} = 2v_{dp}t_f \tag{4-35}$$

或者达到冻结壁设计厚度的冻结时间为:

$$t_f = \frac{E_{th}}{2v_{dp}} \tag{4-35'}$$

式中:$E_{th}$——预计冻结壁厚度,m;

$v_{dp}$——冻结壁平均扩展速度,m/d,与冻结壁厚度、地层性质、盐水温度相关,砂性土介于 1.70～2.20cm/d 之间,黏性土介于 1.40～1.65cm/d 之间;

$t_f$——冻结时间,d。

冻结壁平均扩展速度可按表 4-9 选取或采用通用计算方法计算。

| 冻结时间 $t$(d) | 20 | 30 | 40 | 50 | 60 |
|---|---|---|---|---|---|
| 冻结壁单侧平均扩展速度 $v_{dp}$(mm/d) | 34 | 28 | 24 | 22 | 20 |

如为密集布孔，内部冻结孔之间的冻结壁扩展速度比表4-9给出的设计参考值增加5%～20%。

2. 冻结壁交圈时间估算

$$t_{ec} = \frac{L_{max}}{2v_{dp}} \tag{4-36}$$

式中：$t_{ec}$——预计冻结壁交圈时间，d；

$L_{max}$——冻结孔成孔最大间距，m。

冻结壁完全形成的时间按下式计算：

$$t_f = \frac{\sqrt{\left(\dfrac{L_{max}}{2}\right)^2 + (nE_{th})^2}}{v_{dp}} \tag{4-37}$$

井筒冻结时，应根据井筒上部冻结扩展状况及测温孔所测温度进行分析后，适当调整深部控制层冻结时间，从而确保控制层冻结壁厚度、平均温度和冻结壁内侧温度达到设计要求。

上述冻结壁交圈时间、冻结壁完全形成时间的计算结果，还需根据水文孔冒水时间和测温孔测得的资料进一步分析确定。

### 五、冻土热容量（所吸收的冷量）计算

$1m^3$ 地层从原始温度降到某设计冻结温度所放出的热量（或者所吸收的冷量），称为冻土的热容量（$kJ/m^3$）。冻土的热容量包括以下四个部分：

$$Q_s = Q_{w0} + Q_{wi} + Q_{wm} + Q_g \tag{4-38}$$

式中：$Q_s$——$1m^3$ 地层从原始温度 $T_0$ 降到某设计平均冻结温度 $T_{av}$ 所放出的热量，$kJ/m^3$；

$Q_{w0}$——$1m^3$ 地层中的水从原始温度 $T_0$ 降到结冰温度 $T_i$ 所放出的热量：

$$Q_{w0} = wc_w(T_0 - T_i)\rho_w \tag{4-39}$$

$w$——地层含水率，%；

$c_w$——水的比热，取 $4.2kJ/(kg \cdot K)$；

$\rho_w$——水的密度，取 $1000kg/m^3$；

$T_0$——地层原始温度，℃；

$T_i$——地层中水的结冰温度，℃；

$Q_{wi}$——1m³ 地层中水结冰所放出的潜热：

$$Q_{wi} = (w - w_u)\gamma_w l_w \tag{4-40}$$

$w_u$——结冰后的未冻水含率，%；

$\gamma_w$——水的重度，取 1000kN/m³；

$l_w$——单位重量水结冰时放出的潜热量，取 336kJ/kg。

$Q_{wm}$——1m³ 地层中的冰从冰点温度 $T_i$ 降到设计平均冻结温度 $T_{av}$ 所放出的热量：

$$Q_{wm} = (w - w_u)c_i\rho_i(T_i - T_{av}) \tag{4-41}$$

$c_i$——冰的比热，取 2.1kJ/(kg·K)；

$\rho_i$——冰的密度，取 900kg/m³；

$Q_g$——1m³ 地层中的土颗粒从原始温度 $T_0$ 降到设计平均冻结温度 $T_{av}$ 所放出的热量：

$$Q_g = (1 - W)c_s\gamma_s(T_0 - T_{av}) \tag{4-42}$$

$c_s$——地层中融土土颗粒的比热，实测值介于 0.71~0.84kJ/(kg·K)之间；

$\gamma_s$——地层中融土土颗粒重度，取 13~17kN/m³。

由式(4-38)计算出单位体积地层从原始地温冻结到设计平均地温所放出热量（也即所吸收冷量）后，就可以计算出整个冻结壁所放出总热量（所吸收总冷量）。再考虑供液和回液等全部管路损失冷量以及冻结壁外表损失冷量，从而可以计算出冻结站的总需冷量。某工程冻结站的总需冷量 $Q_0$ 可通过下式计算：

$$Q_0 = K_1\pi dh_0 n_{ft} q_a \tag{4-43}$$

式中：$Q_0$——某一冻结工程的实际需要制冷量，kW；

$K_1$——冷媒全部管路损失系数，一般取 1.1~1.25；

$d$——冻结管直径，m；

$h_0$——竖井冻结深度，m，对于多圈冻结或者浅层市政工程即为全部冻结器总长度；

$n_{ft}$——冻结管总数量；

$q_a$——冻结管的吸热率，W/m³，取 0.26~0.29W/m³。

对于两个以上冻结井，建议实行错开时间冻结，以冻结井筒需冷量大的作为冷量计算的基数，然后再增加其制冷量的 1/4~1/2 作为冷冻站的总制冷量。

## 六、盐水循环系统

盐水循环系统在制冷过程中起着冷量（或热量）传递核心作用。该循环系统由盐水箱、盐水泵、去路盐水干管、配液圈、冻结器、集液圈及回路盐水干管组成。盐水泵是驱动盐水流动的动力。冻结器由并结管、供液管和回液管组成,是低温盐水与地层进行热交换的换热器,盐水流速越快,换热强度就越大。根据工程需要可采用正反两种盐水循环系统,正常情况下用正循环供液。为了观察盐水在冻结管中是否漏失,应在去、回路盐水干管和冻结器进出口处安装流量计。

1. 盐水管路直径按管内允许流速 $c_{bv}$ 而定

盐水干管内允许流速 $c_{bv} = 1.5 \sim 2.0 \mathrm{m/s}$,冻结器环行空间 $c_{bv} = 0.1 \sim 0.2 \mathrm{m/s}$,供液管 $c_{bv} = 0.6 \sim 1.5 \mathrm{m/s}$。

2. 盐水流量

$$Q_b = \frac{Q_0}{\rho_b c_{bs} \Delta T} \tag{4-44}$$

式中: $Q_b$——盐水流量,$\mathrm{m^3/s}$;

$\rho_b$——盐水密度,$\mathrm{kg/m^3}$,取 $1\,250 \sim 1\,270 \mathrm{kg/m^3}$;

$c_{bs}$——盐水比热,$\mathrm{kJ/(kg \cdot K)}$,一般取 $2.73 \mathrm{kJ/(kg \cdot K)}$;

$\Delta T$——去、回路盐水温度差。

3. 盐水泵扬程

$$H_r = 1.15(h_1 + h_2 + h_3 + h_4) + h_5 + h_6 \tag{4-45}$$

式中: $H_r$——盐水泵扬程,可取盐水管路总长度的 $10\%$ 作为扬程,m;

$h_1$——盐水干管、配集液圈中的压头损失,m;

$h_2$——供液管内压头损失,m;

$h_3$——冻结器环行空间压头损失,m;

$h_4$——盐水管路中弯管、三通、阀门等局部压头损失,m,一般按 $(h_1 + h_2 + h_3)$ 的 $20\%$ 取;

$h_5$——盐水泵的压头损失,一般取 $3 \sim 5 \mathrm{m}$;

$h_6$——回路盐水管高出盐水泵的高度,一般取 $1.5 \mathrm{m}$。

管路压头损失 $(h_1 、 h_2 、 h_3)$ 可按下式计算:

$$h_i = \lambda \frac{L_b c_{bs}^2}{2g d_b} \tag{4-46}$$

式中: $h_i$——管路压头损失,m;

$L_b$——计算的管路长度,m;

$d_b$——计算处的管路直径,m;

$g$——重力加速度,取 $9.8 \mathrm{m/s^2}$;

λ——盐水流动阻力系数，按下式计算：

紊流时$(R_l > 2\,300)$，$\lambda = \dfrac{0.316\,4}{4\sqrt{Re}}$

层流时$(R_l \leqslant 2\,300)$，$\lambda = \dfrac{64}{\sqrt{Re}}$

其中，Re 为雷诺数，$Re = \dfrac{c_{bv} d_b \rho}{\mu_b g}$，一般要求盐水在管路内处于层流工作状况；$\mu_b$ 为盐水动力黏滞系数，一般 $\mu_b = 2.93 \times 10^3 \, Pa \cdot s/m^3$。

4. 盐水泵功率

$$N_p = \frac{9.81 \times 10^{-3} Q_b H_r \rho}{\eta_1 \eta_2} \tag{4-47}$$

式中：$N_p$——盐水泵功率，kW；

$\eta_1$——盐水泵效率，取 0.75；

$\eta_2$——电动机效率，取 0.85。

冻结孔单孔盐水流量应根据冻结管散热要求，去、回路盐水温差及冻结管直径确定。冻结管内盐水流动状态宜处于层流与紊流之间。并联的冻结孔单孔盐水流量之和不得小于按式(4-44)计算的盐水循环总流量。一般情况下，冻结孔单孔盐水流量可按表 4-10 选取，冻结管直径大时取较大的盐水流量。

冷却水系统参照盐水循环系统进行计算即可。

单孔盐水流量设计参考值 表 4-10

| 冻结孔串联长度 $L_k$(m) | $\leqslant 40$ | $40 \sim 80$ | $> 80$ |
|---|---|---|---|
| 单孔盐水流量 $Q_{yk}$(m³/h) | $3.0 \sim 5.0$ | $5.0 \sim 8.0$ | $\geqslant 8.0$ |

## 七、冻结管及管路系统

### (一)冻结孔

#### 1. 矿山竖井冻结

对于矿山竖井冻结孔钻进，我国主要使用旋转转机。常用的钻机有 XB-100A、红旗 1000、THJ-1500、SPJ-300 及 DZJ500-1000。其中，DZJ500-1000 是为打冻结孔和注浆孔设计的专用钻机，属旋转转盘转机，有较高的打垂直孔的性能。钻机配用镶合金钢钻头、三翼钻头和牙轮钻头。冻结深度小于 100mm 时，可采用灯光测斜；冻结深度大于 150m 时，应采用 $\phi$89mm 或 $\phi$114mm 钻杆测斜。其中，加重管根据冻结管和钻头直径可选用对应规格的石油钻铤，钻头直径应大于冻结管外箍直径 20～30mm。当冲积层厚度大于 200m 时,应配备井下动力钻具纠偏系统,同时配备陀螺测斜仪进行及时测斜和纠偏。

冻结孔开孔(深 10～20m)直径比正常钻进大 20～40mm,其终孔直径比冻结管外箍直径大 15～20mm;冻结孔的偏斜率应满足施工组织设计要求;冻结孔深度应比冻结深度深。

开钻首批冻结孔(1～3)应取芯钻进,进一步校核地层中冲积层和岩石风化带埋藏深度,用于最终确定冻结深度。依据上面设计计算的开孔间距和允许钻孔偏斜率,在冻结孔钻场混凝土盘上确定好开孔位置。每台钻机应配备各自独立的泥浆循环系统,对于深冻结孔钻进还需配备旋流除砂器或振动筛过滤粗颗粒等渣子。正常钻进的泥浆,除应符合含砂率小于 4% 和胶体率大于 97% 的要求外,对不同的地层应调整相对密度和黏度。常用的泥浆成分、性能及适用地层应符合现行《煤矿冻结法开凿立井工程技术规范》(MT/T 1124)附录 J 的规定。

钻孔测斜和防偏、纠偏应符合下列规定:

(1)冻结孔、测温孔及水文观测孔在钻进过程中必须测斜,应每钻进 30m 测斜一次,偏斜超过设计规定时必须及时纠偏,符合规定后再进行钻进。成孔后必须测斜并汇总资料,对其资料应认真负责地校核。

(2)在成孔测斜过程中,测斜资料应重复性好,即在同一孔内上行测和下行测资料保持一致;经纬仪灯光测斜最深点资料应与该点的陀螺测斜保持一致,否则应加以分析,并进行重测,直至取得正确资料为止。

(3)绘制钻孔偏斜平面图,并应符合下列规定:

①采用冻结孔、测温孔及水文观测孔县级潮汐资料,绘制各水平偏斜平面图;

②原则上每隔 30m 绘制一个水平;

③应包括下列主要水平:钻孔底部,冲积层与基岩界面处,冻结壁设计控制层,地下水流速大的含水层。

(4)钻孔纠偏:一般采用扫孔、扩孔、铲孔纠偏法及移位法;冲积层厚大于 200m 时,应采用井下动力钻具进行纠偏。

穿过马头门或巷道内的冻结孔,下冻结管前应在孔内注入一定量的水泥浆,在马头门上方应有不小于 100m 的冻结管,其与地层间隙用水泥浆充填封堵,该水泥浆必须加缓凝剂。

2.浅层冻结工程

对于浅层冻结工程,如地铁隧道联络通道冻结孔施工,必须在隧道允许空间范围内搭设稳固可靠的冻结孔钻进平台。钻进平台上应有对应设计冻结孔开孔位置的固定孔位和钻机架设空间。

水平钻孔开孔时,应采用罗盘和经纬仪找倾角和方位角。罗盘和经纬仪在开工前和施工过程中必须进行检验校核,确保其精度。水平钻孔成孔后必须进行测斜。水平孔的施工采用跟管钻进技术,钻进时的钻杆或夯管时的钻杆采用冻结管;可以选用 $\phi89\sim\phi127$mm 的低碳钢无缝管材。钻进用钻杆应采用丝扣连接,而夯管时的钻杆应采用带有内接箍的对接焊接。在施工含水地层时,必须采用二次开孔方法开孔并安装孔口密封装置,防止钻透隧道管片时和钻进时孔口涌水、涌砂。

冻结孔的钻进应在刚开始钻进时轻压,钻进时逐渐加压。加压时应观察指示钻压的油压表,确保油压表不能超过允许值,并保持中速钻进。

测斜和防偏:

(1)由于隧道内施工的冻结孔一般较短,对于距离小于 30m 的水平孔,可采用经纬仪灯光测斜方法在成孔后进行测斜;对于距离大于 30m 的水平孔,应用水平陀螺测斜仪每隔 20～30m 测斜一次。

(2)钻孔终孔偏斜图:根据各个水平孔测斜数据绘制终孔投影图。

(3)防偏:为打直冻结孔,应采用以下防偏措施:

①准确定出开孔孔位,并在隧道两帮布点,以便于施工中校验、控制冻结孔方向。

②在施工联络通道时,应先施工穿透两隧道的透孔,验证隧道预留洞门的相对位置。两侧隧道通道中心线偏差大于 200mm 时,应修正冻结孔设计方位。

③在施工第一个冻结孔时,应分析主要地层钻进过程的参数变化情况,并检查地质、水文情况,如发现异常,应及时采取针对性措施。

④确保冻结管加工质量,应先配管确认冻结管连接顺直后再钻进。

⑤应采用牢固、稳定性好的施工平台。

⑥孔口段冻结管方位是影响整根冻结管偏斜的关键。在施工第一节冻结管时,应反复校验冻结管的方位,确保偏差在允许的范围之内。

⑦在对接冻结管时,应保证同心度和冻结管连接后顺直。

冻结孔钻进过程要注意测斜和纠偏,以保证冻结孔成孔质量。钻孔深度不得短于设计深度。全部钻孔应经验收合格后,方可拆除钻机。

### (二)冻结管

冻结管质量关系到冻结工程的成败,因此冻结管应选用导热和低温性能好的材质,宜采用 20 号低碳钢无缝钢管。冻结管外径一般可选用 $\phi89\sim\phi127$mm,不宜小于 $\phi73$mm,管壁厚度不宜小于 5mm。对于特殊要求,可以灵活选择冻结管外径和管壁厚度(见表4-11)。

冻结管的壁厚

表4-11

| 冻结地层深度(埋深)(m) | | 冻结管壁厚(mm) |
|---|---|---|
| 冲积层、风化带 | ≤200 | 5.0 |
| | 200~300 | 6.0 |
| | >300 | 7.0 |
| 基岩中 | ≤300 | 5.0 |
| | >300 | 6.0 |

冻结管的连接方式有对焊或丝扣连接。但是对于深冻结井的冻结管接头,宜采用与管材同材质的内衬箍对焊连接,多个深冻结井应用的实践证明,其效果好于石油套管丝扣连接。内衬箍长度一般为冻结管管径的1.5倍,厚度不小于5mm,接头处冻结管两端必须有坡口;外套箍长度一般为冻结管管径的1.5倍,厚度不小于冻结管本身厚度,套箍两端必须有坡口。同时要特别注意选材和焊接,冻结管、衬(套)箍、焊条三者的材质必须相同。焊缝必须饱满无任何缝隙和焊眼。焊接后必须冷却10min左右才能放入冻结孔内。冻结管安装(下放或者推进)中必须严格执行操作规程。安装完成后按规程压力试漏,确保不渗漏盐水。尤其是对那些冻结管路布置比较复杂的,要求要更高,试压时间要更长。冻结管密封试压应符合现行《煤矿井巷工程施工规范》(GB 50511)的有关规定。否则,若在施工过程中出现冻结管渗漏盐水,工程就会失败。密封性不合格的冻结管必须进行处理达到密封要求,漏管处理应首选拔管重新安装,其次采用堵漏法封堵,最后才是补钻冻结孔。

### (三)冻结管路系统

冻结管路系统主要介绍盐水循环系统,其主要设备有盐水泵,去、回路盐水干管,盐水沟槽,配液圈与集液圈,冻结管等。盐水循环设备应特别注意保温措施,去、回路盐水干管铺设在四周保温的沟槽内。沟槽是否全部或半掩埋在地下,要根据现场实际情况而定。埋入地下部分越多,则热损耗越稳定,将不受季节影响。配液圈和集液圈架设在井口环形沟槽顶部,底板应高于地下水位。为使去、回路盐水管阻力相等,配液均匀,配液圈和集液圈应做成一端封闭的圆环。环形沟槽应有适当空间,以便测温、检修。

### (四)观测孔布置

水文观测孔对于冻结井筒有重要作用,其一是可以利用水文孔的水位变化和冒水等了解含水层中冻胀水的上升,从而达到准确报导冻结壁交圈情况的目的;其二是通过对水文孔纵向测温可以较好了解井筒中部在冻结壁形成期间井中地温的降温过程;

其三是由于通过水文孔可以排走冻胀水,因此可以减轻井中因土的冻胀而发生的附加压力,以达到泄压目的。必须防止因水文观察孔施工、设计不妥而引起含水层之间串通产生纵向对流,影响冻结的情况。因此,水文孔的花管位置设计及结构十分重要,如果设计位置不当,或者事先对地层中各含水层深度判断不准,就可能使水文孔成为各含水层导水的连通器,不同水压头的含水层通过水文花管互相串通,在地下形成流动,从而对冻结壁正常形成造成很大的隐患,甚至造成永不交圈的窗口。如位村副井、东欢坨 2 号井等均发生过因水文孔花管穿透数层有不同水压头的含水层,造成地下水串流,引起冻结壁长期不交圈的情况。发生该类情况时,一般通过堵塞部分花管,阻断水流方法来处理。

对于浅层冻结工程,在封闭冻结结构内设置水文孔或地下水压力观测孔非常必要。

冻结施工时往往在冻结管圈外布置一定数量的测温孔,在测温孔内设置多个测温点来监测冻结壁的温度变化,掌握冻结过程。

验收:对实际孔位及冻结管、测温孔、水文孔的深度,最终测斜成果以及冻结管的试压资料,应由有关单位进行验收。对冻结孔最终测斜成果有质疑时,由第三方进行复测。

## 八、冷冻站

冷冻站氨制冷设备、盐水泵、冷却水泵及其管路系统的安装,应符合现行《制冷设备、空气分离设备安装工程施工及验收规范》(GB 50274)、《氨制冷系统安装工程施工及验收规范》(SBJ 12)、《机械设备安装工程施工及验收通用规范》(GB 50231)、《工业金属管道工程施工规范》(GB 50235)的有关规定。配电系统安装及调试应符合现行《电气装置安装工程 盘、柜及二次回路接线施工及验收规范》(GB 50171)的有关规定。设备、制冷站采用的旧设备、压力容器及管道阀门必须清洗干净并经压力试验合格。氨用浮球阀、液面指示器、放空气器、安全阀等安装前必须进行灵敏性试验。深井冻结时宜安设空气分离器、液氨分离器及冷却水水质处理装置,以提高制冷效率。氨、盐水系统的管路应采用低碳钢无缝钢管,弯头、法兰盘应采用低温的碳素钢制作。氨循环系统中的设备及阀门、压力表等必须采用氨专用产品。阀门、管件等严禁采用铜和铜合金材料(磷青铜除外)。与制冷剂接触的铝密封垫片应使用高纯度的铝材。法兰、螺纹等连接处的密封材料必须符合有关规定。盐水循环系统最高部位处应设置放空气阀门,蒸发器盐水箱应安设盐水液面自动报警装置,干管上及位于配液圈首尾冻结器供液或回液管上宜设置流量计。管路上的测温孔插座位置、尺寸及角度应符合设计要求。

制冷站氨循环系统、盐水干管、配集液圈的密封性试验,应符合现行《煤矿井巷工程施工规范》(GB 50511)的有关规定。制冷站管路密封性试验合格后,对氨低压、中压系统容器、管路及盐水干管、配集液盐水干管、配集液圈必须按设计要求铺设保温层和防潮层,并应对氨系统按有关规定要求的颜色涮漆。

　　制冷站正式运转前,应对冷却水、盐水及氨系统进行试运转,各系统应达到设计要求。

# 第五章　基坑工程冻土挡墙数值模拟

冻结法在国内外基坑工程中的应用主要有以下几种方式：

（1）冻土墙作为基坑护坡的主要承载结构；

（2）冻土墙作隔水帷幕，作为其他施工工法的辅助工法；

（3）冻土墙预防已有建筑物地基基础的变形；

（4）当基坑开挖时，局部地区发生管涌、冒砂、出泥等现象而危及整体工程安全时，可将冻结法应用于事故抢险。

冻结法应用于基坑工程与应用于煤矿冻结凿井工程有很大的不同，特别是随着基坑开挖直径增大和施工深度的增加，遇到的困难和存在的问题主要体现在如下几个方面：

（1）基坑开挖范围相对较大，冻土墙和内衬结构的整体刚度减小、结构不均匀性增加，造成自身受力条件和稳定性变差；

（2）基坑冻土墙直径大、深度小、地压低，原来应用于凿井工程中的小直径、大深度、高地压的冻土墙设计计算准则，可能因量变到质变，设计准则需合理确立；

（3）基坑工程中冻土墙与大气接触面积大，设计时必须考虑制冷量的增大以及雨水、暴晒温度等诸多不利因素的影响；

（4）基坑工程中内衬结构一般较厚，混凝土体积大，混凝土水化热影响需要考虑；

（5）基坑工程开挖范围较大，加之工程地质及水文地质条件复杂且底部封水性差，选择合理可靠的基底封水方案尤显重要。

由此可见，将矿井建设中应用较为成熟的冻结工法应用于大型基坑工程中，还存在若干关键理论和技术问题有待于进一步深化与细化，其中关键课题之一是不同类型冻土墙形成规律及其与内衬结构相互作用规律的研究，解决这一难题对保证采用冻结法施工基坑的安全性、可靠性已经显得尤为迫切。本章将采用数值模拟算法研究冻土墙形成规律以及圆形、直线形冻土挡墙的工程特性。

# 第一节　冻土墙形成数值模拟

## 一、模型建立

### (一)基本假定

(1)把地下水流作用下的土体看成处于饱和带、平均化、均质且各向同性的多孔介质。

(2)饱和土体中同时存在固相和液相,固相部分为土粒骨架,土粒骨架以外的部分为孔隙空间,孔隙空间中充满了水。土粒骨架遍布于整个多孔介质中,孔隙空间的孔隙相互贯通,不存在死端孔隙。

(3)液相流动在层流范围内,符合达西定律。不考虑水在多孔介质中运动的微观过程,而只研究水在宏观上表现出来的平均情况。就一切实际情况而论,只要根据平均粒径计算的雷诺数在 $1\sim10$ 之间,达西定律就适用。

(4)在饱和土体中不存在热源或热汇。假设水和土体的热动平衡是瞬时发生的,即土粒骨架和周围流动的水具有相同的温度,液相通过对流作用输运热量,同时液相和固相通过热传导输运热量,据此建立单一能量方程。

(5)忽略未冻含水率的影响(实际土体中的未冻含水率很少),忽略由于温差引起的自然对流,忽略温度对密度的影响,忽略由黏性应力造成的每单位流体体积的能量耗散率。

### (二)数学模型

选用直角坐标系,取地下水流方向为 $y$ 轴正向,取如图 5-1 所示计算区域,外域为正方形,边长为 $2a$($2a$ 大于 10 倍冻结区范围)。

设相变界面 $s$ 是坐标$(x,y)$及时间 $t$ 的函数,即

$$s = s(x,y,t) \tag{5-1}$$

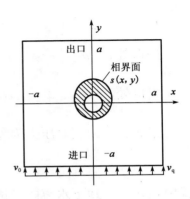

图 5-1　计算区域图

**1.冻结区**

1)能量守恒方程

$$\rho_1 C_1 \frac{\partial T_1}{\partial t} = \lambda_1 \left( \frac{\partial^2 T_1}{\partial x^2} + \frac{\partial^2 T_1}{\partial y^2} \right) \tag{5-2}$$

2)边界条件

在冻结管外圈径上,$t \geq 0$　　$T_1(x,y,t) = T_p$　(5-3)

在 $s$ 上,$t \geq 0$　　$T_1(x,y,t) = T_0$　　(5-4)

初始条件:在冻土区 $\qquad T_1(x,y,0)=T_s$ (5-5)

以上式中:$T_1$——冻结区温度,℃;

$\qquad t$——时间,s;

$\qquad T_p$——冻结管外表面温度,℃;

$\qquad T_s$——饱和土体原始温度,℃;

$\qquad T_0$——饱和土体起始冻结温度,℃;

$\qquad \rho_1$——冻土体的密度,kg/m³;

$\qquad \lambda_1$——冻土体的导热系数,J/(m·s·K);

$\qquad C_1$——冻土体的比热,J/(kg·K)。

2. 未冻饱和区

对未冻区地下水流场的模拟采用适用于多孔介质的达西模拟。

1)连续性方程

$$\frac{\partial u}{\partial x}+\frac{\partial v}{\partial y}=0 \tag{5-6}$$

2)动量守恒方程

$$\rho_w\frac{\partial u}{\partial t}+\rho_w u\frac{\partial u}{\partial x}+\rho_w v\frac{\partial u}{\partial y}=-\frac{\partial p}{\partial x}+\mu\left(\frac{\partial^2 u}{\partial x^2}+\frac{\partial^2 u}{\partial y^2}\right)-\frac{\mu}{k}u \tag{5-7}$$

$$\rho_w\frac{\partial v}{\partial t}+\rho_w u\frac{\partial v}{\partial x}+\rho_w v\frac{\partial v}{\partial y}=-\frac{\partial p}{\partial y}+\mu\left(\frac{\partial^2 v}{\partial x^2}+\frac{\partial^2 v}{\partial y^2}\right)-\frac{\mu}{k}v \tag{5-8}$$

初始条件:

$\qquad$ 在整个未冻区 $\qquad u(x,y,0)=0 \qquad v(x,y,0)=v_0$ (5-9)

边界条件:

在 $s$ 上,$t\geqslant 0$ $\qquad u(x,y,t)=v(x,y,t)=0$ (5-10)

进口处,$-a\leqslant x\leqslant a,t\geqslant 0$ $\qquad u(x,-a,t)=0 \qquad v(x,-a,t)=v_0$ (5-11)

出口处,$-a\leqslant x\leqslant a,t\geqslant 0$ $\qquad \frac{\partial u}{\partial y}\Big|_{y=a}=0 \qquad \frac{\partial v}{\partial y}\Big|_{y=a}=0$ (5-12)

定义出口的相对压力为零,即

$$p(x,a)=0 \tag{5-13}$$

式中:$u,v$——地下水流的渗透速度,m/s;

$\qquad p$——压强,N/m²;

$v_0$——地下水流进口渗透速度，m/s；

$\rho_w$——水的密度，kg/m³；

$\mu$——水的动力黏性系数，kg/(m·s)；

$k$——土体的渗透系数，m/d。

3）能量守恒方程

$$\rho_2 C_2 \frac{\partial T_2}{\partial t} + C_w \rho_w \left[ \frac{\partial (u T_2)}{\partial x} + \frac{\partial (v T_2)}{\partial y} \right] = \lambda_2 \left( \frac{\partial^2 T_2}{\partial x^2} + \frac{\partial^2 T_2}{\partial y^2} \right) \tag{5-14}$$

初始条件：

在整个未冻区 $\qquad T_2(x, y, 0) = T_s \tag{5-15}$

边界条件：

在 $s$ 上，$t \geqslant 0$ $\qquad T_2(x, y, t) = T_0 \tag{5-16}$

进口处，$-a \leqslant x \leqslant a, t \geqslant 0$ $\qquad T_2(x, -a, t) = T_s \tag{5-17}$

出口处，$-a \leqslant x \leqslant a, t \geqslant 0$ $\qquad \frac{\partial T_2}{\partial y}\Big|_{y=a} = 0 \tag{5-18}$

左右两边，$-a \leqslant y \leqslant a, t \geqslant 0$ $\qquad T_2(\pm a, y, t) = T_s \tag{5-19}$

式中：$T_2$——未冻区温度，℃；

$\rho_2$——饱和土体的密度，kg/m³；

$\lambda_2$——饱和土体的导热系数，J/(m·s·K)；

$C_2$——饱和土体的比热，J/(kg·K)；

$C_w$——水的比热，J/(kg·K)。

3.冻结区和未冻区的耦合方程

温度连续，在 $s$ 上，$t \geqslant 0$ $\qquad T_1(x, y, t) = T_2(x, y, t) = T_0 \tag{5-20}$

能量守恒方程，$t \geqslant 0$，$n$ 为 $s$ 在点 $(x, y)$ 处的法线方向：

$$\lambda_1 \frac{\partial T_1}{\partial n} - \lambda_2 \frac{\partial T_2}{\partial n} = L \frac{\mathrm{d}s}{\mathrm{d}t} \tag{5-21}$$

式中：$L$——饱和土体的单位体积相变潜热，J/m³。

**（三）多管冻结情形**

有地下水流存在的情况下，多管冻结是动态的，边界条件（包括相变界面的形状）极其复杂，难以建立在冻土墙交圈前全面考虑冻结管之间相互影响时的速度场及温度场数字模型，尤其是温度场数学模型，故拟在冻土墙交圈后对有地下水流时外壁体发展的极限厚度提出一种近似计算方法，进行近似计算。

设冻结管布置圈半径为 $R_0$，计算时间从冻结开始时计，当 $t=0$ 时相变界面在冻结管布置圈径上并且是封闭的。对冻结管布置圈外区域，可将冻土墙轴面等效成一个大冻结管的外壁面，即 $R_p$ 改为冻结管的布置圈半径 $R_0$，除了计算区域不同及冻结管布置圈径上温度边界条件取轴面平均温度 $\overline{T}$ 外，冻结区、未冻结区的能量守恒方程、边界条件、初始条件、未冻区的连续性方程、冻结区和未冻区的耦合方程均与单管一样。这样计算外壁体的极限厚度时，只需每次近似计算出轴面平均温度 $\overline{T}$，然后将 $\overline{T}$ 作为冻结管布置圈径上的温度边界条件，利用单管冻结的求解方法，进行反复迭代，直至极限。

### (四)网格生成

以冻结相变界面为分界面进行分区，加之冻结管为圆形，因此所研究问题的计算区域为不规则区域。对此采用计算传热学中常用的处理不规则几何边界的方法，以求解椭圆形偏微分方程组为基础的贴体坐标技术来生成网格。解椭圆形偏微分方程的方法就是通过求解边值问题的微分方程来建立物理平面与计算平面上各点间的对应关系。采用这一方法得到的网格如图 5-2 所示。

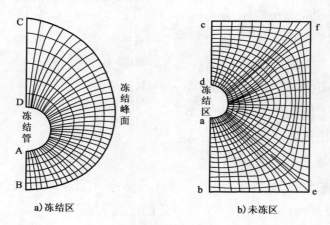

图 5-2　网格示意图

## 二、方程离散及边界条件处理

在所研究的区域内无热源或热汇时，二维控制方程的通用形式为：

$$\frac{\partial(\rho'\varphi)}{\partial t}+\frac{\partial(\rho u\varphi)}{\partial x}+\frac{\partial(\rho v\varphi)}{\partial y}=\frac{\partial}{\partial x}\left(\Gamma\frac{\partial\varphi}{\partial x}\right)+\frac{\partial}{\partial y}\left(\Gamma\frac{\partial\varphi}{\partial y}\right) \tag{5-22}$$

式中：$\varphi$——广义变量（如速度、温度等）；

$\Gamma$——相应于 $\varphi$ 的广义系数；

$\rho$——水的密度;

$\rho'$——对连续性方程及动量方程取 $\rho'=\rho$,对热传导方程取 $\rho'=\rho_l \cdot \dfrac{C_l}{C_\mathrm{w}}$, $l=1,2$,

$C_\mathrm{w}$ 为水的比热。

通过变换 $\varphi$、$\rho'$ 及 $\Gamma$ 可得到连续性方程和能量守恒方程,对动量方程则取 $\Gamma$ 为水的动力黏性系数 $\mu$、$\rho'=\rho$,并在式(5-22)右边添加压力梯度项和达西项。

如图 5-3 所示,运用控制容积积分法,采用全隐迎风格式来离散方程(5-22)。对于离散的方程,则采用 SOR/SUR(逐次超松弛/逐次亚松弛)来迭代求解。

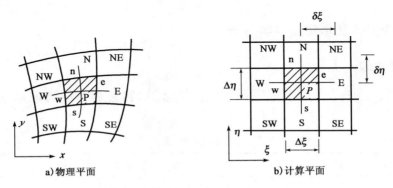

a)物理平面      b)计算平面

图 5-3 有限差分网格

离散动量方程时采用如图 5-4、图 5-5 所示交错网格系统。在交错网格系统中,关于 $u$、$v$ 的离散方程可通过对 $u$、$v$ 各自的控制容积作积分而得出。

a)主控制容积      b)$u$控制容积      c)$v$控制容积

图 5-4 交错网格

对于耦合方程,设相变界面上节点 $i$ 至 $i+1$ 的界面上热流(规定热流流进单元为正)为 $Q_1^l$,$l=1,2$ 分别代表冻结区和非冻结区,在求解温度场后,求出 $Q_1^l$ 的值,按图 5-6 来求解锋面的发展。

对于边界条件,第一类边界条件规定了边界上的值,此时内节点的代数方程组已经封闭,不必再对边界条件作特殊处理;对于第二类边界条件,边界变量为未知值,要使代数方程封闭,必须对边界条件作处理。本文第二类边界条件为左右对称面的绝热边界及下游梯度为零的边界,只需按差分格式展开即可。物理平面上的控制方程转换到计算平面上后,边界条件须作相应的转换。

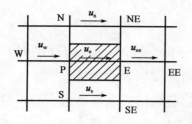

图 5-5　$u_e$ 的 4 个邻点

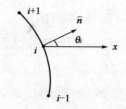

图 5-6　求解锋面发展的示意图

## 三、数值模拟计算步骤及结果分析

### (一)计算步骤

采用单因素法按表 5-1 安排进行数值模拟计算,物性参数的选取基本包含所有土体在内。

计 算 安 排 表　　　　　　　　　表 5-1

| 参　数 | 编号 | $v_0$ | $T_s$ | $T_p$ | $d$ | $\lambda_2$ | $C_2$ | $w$ | $\rho_d$ |
|---|---|---|---|---|---|---|---|---|---|
| $v_0$ | 1 | 15 | 12 | −30 | 159 | 1.873 | 1 380 | 20 | 1 700 |
| | 2 | 25 | 12 | −30 | 159 | 1.873 | 1 380 | 20 | 1 700 |
| | 3 | 35 | 12 | −30 | 159 | 1.873 | 1 380 | 20 | 1 700 |
| | 4 | 45 | 12 | −30 | 159 | 1.873 | 1 380 | 20 | 1 700 |
| $T_s$ | 5 | 25 | 8 | −30 | 159 | 1.873 | 1 380 | 20 | 1 700 |
| | 6 | 25 | 16 | −30 | 159 | 1.873 | 1 380 | 20 | 1 700 |
| $T_p$ | 7 | 25 | 12 | −20 | 159 | 1.873 | 1 380 | 20 | 1 700 |
| | 8 | 25 | 12 | −25 | 159 | 1.873 | 1 380 | 20 | 1 700 |
| $d$ | 9 | 25 | 12 | −30 | 127 | 1.873 | 1 380 | 20 | 1 700 |
| | 10 | 25 | 12 | −30 | 139 | 1.873 | 1 380 | 20 | 1 700 |
| $\lambda_2$ | 11 | 25 | 12 | −30 | 159 | 1.2 | 1 380 | 20 | 1 700 |
| | 12 | 25 | 12 | −30 | 159 | 1.8 | 1 380 | 20 | 1 700 |
| | 13 | 25 | 12 | −30 | 159 | 2.4 | 1 380 | 20 | 1 700 |
| $C_2$ | 14 | 25 | 12 | −30 | 159 | 1.873 | 1 180 | 20 | 1 700 |
| | 15 | 25 | 12 | −30 | 159 | 1.873 | 1 580 | 20 | 1 700 |
| $w$ | 16 | 25 | 12 | −30 | 159 | 1.873 | 1 380 | 16 | 1 700 |
| | 17 | 25 | 12 | −30 | 159 | 1.873 | 1 380 | 24 | 1 700 |

续上表

| 参　　数 | 编　号 | $v_0$ | $T_s$ | $T_p$ | $d$ | $\lambda_2$ | $C_2$ | $w$ | $\rho_d$ |
|---|---|---|---|---|---|---|---|---|---|
| $\rho_d$ | 18 | 25 | 12 | $-30$ | 159 | 1.873 | 1 380 | 20 | 1 600 |
| | 19 | 25 | 12 | $-30$ | 159 | 1.873 | 1 380 | 20 | 1 800 |

注：$v_0$——地下水流速，m/d；

$\quad T_s$——饱和土体原始温度，℃；

$\quad T_p$——冻结管外表面温度，℃；

$\quad d$——冻结管管径，mm；

$\quad \lambda_2$——饱和土体导热系数，J/(m·s·K)；

$\quad C_2$——饱和土体比热，J/(m·s·K)；

$\quad w$——饱和含水率，%；

$\quad \rho_d$——土体的干密度，kg/m³。

## (二)计算结果

### 1.速度场变化

图 5-7～图 5-9 分别是达到极限的速度场、锋面附近的速度以及 $x$ 轴附近 $y$ 方向速度分量的分布。未加冻结管前，整个区域内为一均匀速度场，加入冻结管及形成冻结区后，得如图 5-7 所示的速度场。由图 5-8 可以看出，冻结区的存在改变了水的流向，锋面附近出现了绕流。如图 5-9 所示（图中以相变界面为 $x$ 轴的起点），冻结前及达到极限时 $x$ 轴附近 $y$ 方向速度分量的曲线反映了在 $x$ 轴附近随着冻结锋面的发展，地下水流速是增大的。

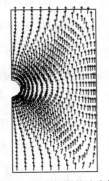

图 5-7　达到极限的速度场　　　　　　　图 5-8　锋面附近的速度

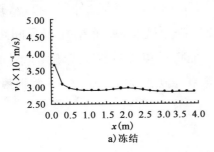
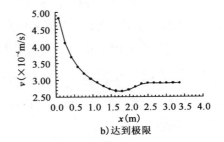

a)冻结　　　　　　　　　　　　　　　b)达到极限

图 5-9　$x$ 轴附近 $y$ 方向速度分量的分布

**2.温度场的变化**

**1)冻结区**

如图 5-10 所示,冻结区的温度场随着冻结时间的推移而变化。上游等温线的间隔要密,下游等温线的间隔则稀疏一些,而且随着冻结的进展,这种变化在上下游表现得更加明显。

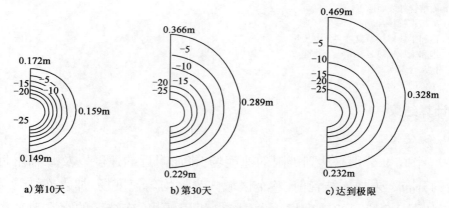

图 5-10 冻结区的温度场($d=159$mm)(温度单位:℃)

**2)未冻区**

图 5-11 分别为第 10 天、第 30 天和达到极限状态时未冻区的温度场。未冻结区等温线在上游密集,下游稀疏。这是因为上游已冷却的水流向下游,换来温度较高的新水,而下游已冷却的水又被水流带走,在这一过程中地下水流将冷量带走,造成上游比下游的温度高,由此决定了上游将比下游发展缓慢,这正是冻土发展不匀的原因。

冻结区的形状、温度分布及未冻结区的温度分布特性表明地下水的流动对相变界面的形状和发展起关键作用,影响着界面的进程。图中标注的尺寸为上、中、下游特征值扣除冻结管外半径所得值分别记为 $E_1$、$E_2$、$E_3$,图 5-12a)~c)的 $E_1$:$E_2$:$E_3$ 分别为:1:1.07:1.15,1:1.26:1.60,1:1.41:2.02。可见,上、中、下游冻结锋面发展是不均匀的,且不均匀性随着冻结时间而增大。以下游每天不超过 1mm 为标准,达到极限的时间为 62d,此时中游的特征值为 0.407m(包括冻结管外半径),从理论上说,在该参数条件下,不考虑冻结管的偏斜时,要使冻土墙交圈,冻结孔布置间距 $l_0$ 之半不应超过该值。图中等温线的形状、间隔及三个特征点处冻结区厚度的不同,说明地下水的流动造成冻土发展不匀。冻结区在上游扩展要慢,中游次之,下游则最快。

**3.极限厚度的变化**

**1)单管冻结**

不同流速条件下冻结区的极限厚度如图 5-12 所示。上、中、下游极限厚度特征值扣除冻结管外半径后分别记为 $E_{lim1}$，$E_{lim2}$，$E_{lim3}$。图 5-12a)～d)中的 $E_{lim1}$：$E_{lim2}$：$E_{lim3}$ 分别为 $1:1.23:1.48$，$1:1.41:2.02$，$1:1.44:2.23$，$1:1.45:2.35$。从这些比值可得出，随着 $v_0$ 的增大，冻土发展的不均匀性增大，尤其是上下游的比值。以下游每天不超过 1mm 为标准，中游的特征值（包括冻结管外半径在内）分别为 0.614m、0.407m、0.326m、0.283m。从理论上说，在同种参数条件下，不考虑冻结管的偏斜时，要使冻土墙交圈，冻结孔布置间距 $l_0$ 之半不应超过对应的值。

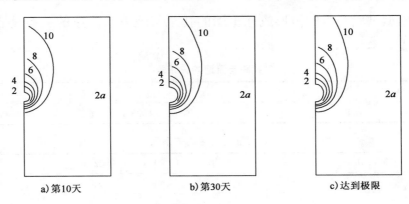

a) 第10天　　　b) 第30天　　　c) 达到极限

图 5-11　未冻区的温度场（$a=4.0$m）（温度单位：℃）

### 2）多管冻结

对于多管冻结，按近似计算方法求得不同流速时外壁体的极限厚度，如图 5-13 所示。达到极限时，图 5-13a)～d)对应的 $E_{lim1}$：$E_{lim2}$：$E_{lim3}$ 分别为：$1:1.16:1.63$，$1:1.24:1.47$，$1:1.25:2.91$，$1:1.27:3.06$。其比值趋势与单管冻结所得比值基本一致。

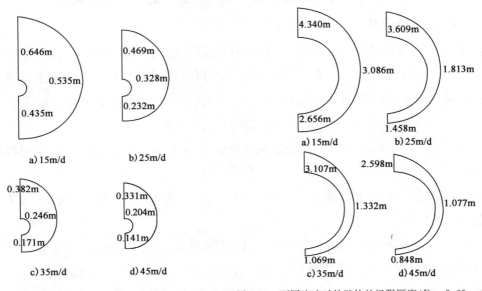

图 5-12　不同流速时冻结区的极限厚度（$d=159$mm）　　图 5-13　不同流速时外壁体的极限厚度（$R_0=5.65$m，$l_0=0.6$m）

不同流速条件下极限厚度的变化,说明地下水的流动对冻结极限厚度有很大的影响,地下水流速越大,冻土发展不均匀性越大,极限厚度越小。

4. 对模型试验及工程实例的模拟计算和验证

由于采用物理模拟试验模拟土体层中地下水流热运移,在目前条件下还有很大难度,加上经费等客观上的原因,对模拟计算的正确性,只能用前苏联模型试验结果及一些工程实例加以验证。

前苏联模型试验获得的可形成冻土墙的孔距与地下水流速的关系见表 5-2,模拟计算结果见表 5-3。

孔距与流速的关系表

表 5-2

| 流速(m/d) | 18 | 22 | 45 |
|---|---|---|---|
| 孔距(m) | 1 | 0.8 | 0.6 |

特征值与流速的关系表

表 5-3

| 流速(m/d) | | 18 | 22 | 45 |
|---|---|---|---|---|
| 特征值(m) | 上　游 | 0.400 | 0.331 | 0.211 |
| | 中　游 | 0.493 | 0.420 | 0.272 |
| | 下　游 | 0.613 | 0.549 | 0.393 |
| $E_{lim1}:E_{lim2}:E_{lim3}$ | | 1：1.29：1.66 | 1：1.36：1.87 | 1：1.47：2.41 |

用表 5-3 的中游特征值的 2 倍与表 5-2 的孔距值相比较可以得出,数值模拟计算的结果与模型试验的结果基本吻合。另外,在地下水流速为 45m/d 时所得到的 $E_{lim1}$：$E_{lim2}$：$E_{lim3}$ 之值与前苏联试验结果得出的 1：1.5：2.5 的"鸭蛋形"吻合。

**(三)结果处理及分析**

对按表 5-1 计算所得数据结果进行处理和回归分析时主要考虑:上、中、下游的极限值 $E_{lim1}$、$E_{lim2}$、$E_{lim3}$ 与各个因素之间的关系;达到极限所需时间 $t_{lim}$ 与各个因素之间的关系;上、中、下游的极限值 $E_{lim1}$、$E_{lim2}$、$E_{lim3}$ 与各因素之间的综合关系以及在单因素条件下,上、中、下游的 $E_1$、$E_2$、$E_3$ 与冻结时间 $t$ 的关系。

1. 不同地下水流速条件下,上、中、下游的极限值 $E_{lim1}$、$E_{lim2}$、$E_{lim3}$ 及达到极限所需时间 $t_{lim}$

不同 $v_0$ 时 $E_{lim}$ 与 $t_{lim}$ 的数据表见表 5-4,$E_{lim}$ 与 $v_0$ 的关系曲线、$t_{lim}$ 与 $v_0$ 的关系曲线分别如图 5-14、图 5-15 所示。

由上述图表结果可知,在所计算的 $v_0$ 范围内,$E_{lim1}$、$E_{lim2}$ 及 $E_{lim3}$ 均随流速增大而呈非线性减小;$E_{lim2}$ 与 $E_{lim1}$ 的比值在 1.23~1.45 之间,$E_{lim3}$ 与 $E_{lim1}$ 的比值在 1.48~2.35 之间,且比值均随流速增大而增大;在流速相同时,$E_{lim1}$、$E_{lim2}$、$E_{lim3}$ 满足 $E_{lim1}<$

$E_{\lim2}<E_{\lim3}$ 的关系,但这种递增的趋势又因流速的不同而不同,$E_{\lim2}$:$E_{\lim1}$ 及 $E_{\lim3}$:$E_{\lim1}$ 的变化趋势能反映出这一点;达到极限所需时间 $t_{\lim}$ 在 47～73d 之间,$t_{\lim}$ 随着流速增大而减小。对图 5-14、图 5-15 中 $E_{\lim}$、$t_{\lim}$ 与 $v_0$ 的关系曲线回归分析表明,地下水流速 $v_0$ 对上游影响最大,中游次之,下游则要小。当 $v_0$ 增加 10% 时,$E_{\lim1}$、$E_{\lim2}$、$E_{\lim3}$ 及 $t_{\lim}$ 分别减小 9.29%、8.07%、5.65%、3.74%。

不同 $v_0$ 时 $E_{\lim}$ 与 $t_{\lim}$ 的数据表 　　　　　　表 5-4

| $v_0$(m/d) | $E_{\lim1}$(m) | $E_{\lim2}$(m) | $E_{\lim3}$(m) | $t_{\lim}$(d) |
|---|---|---|---|---|
| 15 | 0.435 | 0.535 | 0.646 | 73 |
| 25 | 0.232 | 0.328 | 0.469 | 62 |
| 35 | 0.171 | 0.246 | 0.382 | 53 |
| 45 | 0.141 | 0.204 | 0.331 | 47 |

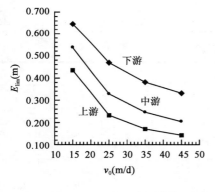

图 5-14　$E_{\lim}$ 与 $v_0$ 关系曲线

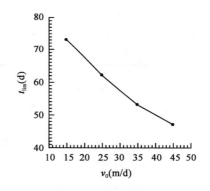

图 5-15　$t_{\lim}$ 与 $v_0$ 关系曲线

**2. 极限值 $E_{\lim1}$、$E_{\lim2}$、$E_{\lim3}$ 与各因素之间的综合关系**

在进行各单因素分析后,得出了各个因素与 $E_{\lim}$ 的关系。其中,表 5-1 中前 5 种因素对极限值 $E_{\lim}$ 有影响。不同影响因素下 $E_{\lim}$ 数据见表 5-5,利用多元幂指数回归方式得到极限值 $E_{\lim1}$、$E_{\lim2}$、$E_{\lim3}$ 与各因素之间综合关系的回归方程及相关系数 $r$ 和均方差 $\sigma$ 见表 5-6。

回归公式计算值与原数据比较,其相对误差只有 2 个在 ±5% 以上,且表中相关系数和均方差均表明采用幂指数的回归方式是可行的。由综合关系式的指数可以得出,极限值 $E_{\lim}$ 随饱和土体原始温度 $T_s$ 的升高、地下水流速 $v_0$ 的增大而减小,随冻结管外表面温度 $T_p$ 的降低、冻结管管径 $d$ 的增大、导热系数 $\lambda_2$ 的增加而增大。当其他参数一定时,$v_0$ 增加 10%,则 $E_{\lim1}$、$E_{\lim2}$ 及 $E_{\lim3}$ 分别减小 9.12%、7.99%、5.63%。

不同影响因素下 $E_{lim}$ 数据一览表 表 5-5

| 因　　素 | $v_0$ | $T_s$ | $|T_p|$ | $d$ | $\lambda_2$ | $E_{lim1}$ | $E_{lim2}$ | $E_{lim3}$ |
|---|---|---|---|---|---|---|---|---|
| | 15 | 12 | 30 | 159 | 1.873 | 0.435 | 0.535 | 0.646 |
| $v_0$ | 25 | 12 | 30 | 159 | 1.873 | 0.232 | 0.328 | 0.469 |
| | 35 | 12 | 30 | 159 | 1.873 | 0.171 | 0.246 | 0.382 |
| | 45 | 12 | 30 | 159 | 1.873 | 0.141 | 0.204 | 0.331 |
| $T_s$ | 25 | 8 | 30 | 159 | 1.873 | 0.356 | 0.499 | 0.705 |
| | 25 | 16 | 30 | 159 | 1.873 | 0.174 | 0.242 | 0.343 |
| $|T_p|$ | 25 | 12 | 20 | 159 | 1.873 | 0.156 | 0.213 | 0.300 |
| | 25 | 12 | 25 | 159 | 1.873 | 0.193 | 0.270 | 0.385 |
| $d$ | 25 | 12 | 30 | 127 | 1.873 | 0.216 | 0.298 | 0.418 |
| | 25 | 12 | 30 | 139 | 1.873 | 0.222 | 0.310 | 0.439 |
| | 25 | 12 | 30 | 159 | 1.2 | 0.175 | 0.245 | 0.360 |
| $\lambda_2$ | 25 | 12 | 30 | 159 | 1.8 | 0.227 | 0.321 | 0.462 |
| | 25 | 12 | 30 | 159 | 2.4 | 0.272 | 0.383 | 0.542 |

$E_{lim}$ 与各影响因素关系表 表 5-6

| 因变量 | 自变量范围 | 回归方程 | 检验量 | |
|---|---|---|---|---|
| | | | $r$ | $\sigma$ |
| $E_{lim1}$ | | $E_{lim1}=0.108\,4v_0^{-1.003\,0}T_s^{-1.022\,3}\cdot$ $|T_p|^{1.080\,6}d^{0.487\,3}\lambda_2^{0.661\,1}$ | 0.993 1 | $1.69\times10^{-2}$ |
| $E_{lim2}$ | $15{\leqslant}v_0{\leqslant}45(\text{m/d})$ $8{\leqslant}T_s{\leqslant}16(\text{℃})$ $-20{\geqslant}T_p{\geqslant}-30(\text{℃})$ $127{\leqslant}d{\leqslant}159(\text{mm})$ $1.2{\leqslant}\lambda_2{\leqslant}2.4[\text{J/(m·s·K)}]$ | $E_{lim2}=0.107\,7v_0^{-0.874\,2}T_s^{-1.040\,2}\cdot$ $|T_p|^{1.087\,1}d^{0.475\,6}\lambda_2^{0.657\,4}$ | 0.998 7 | $2.76\times10^{-3}$ |
| $E_{lim3}$ | | $E_{lim3}=0.056\,0v_0^{-0.608\,0}T_s^{-1.031\,2}\cdot$ $|T_p|^{1.095\,6}d^{0.502\,6}\lambda_2^{2.590\,2}$ | 0.999 6 | $6.17\times10^{-4}$ |

　　5 种因素对冻结区极限厚度的影响从大到小依此为 $T_p{>}T_s{>}v_0{>}\lambda_2{>}d$，其中，前三种因素为影响冻土墙形成的主要因素。对具体工程而言，$T_s$、$v_0$ 及 $\lambda_2$ 是难于改变的，只能通过改变 $T_p$ 或 $d$ 来增加冻结区厚度。因此，在对高流速地下水地层冻结进行参数设计时，应该着眼于降低盐水温度、使用大管径冻结管、缩小冻结孔间距等措施。

　　由综合关系式 $E_{lim2}$ 的方程，按式（5-23）可算出参数取值范围内冻结孔布置间距的极限值。

$$l_0 = 0.215\,4v_0^{-0.874\,2}T_s^{-1.040\,2}|T_p|^{1.087\,1}d^{0.475\,6}\lambda_2^{0.657\,4}+d/1\,000 \qquad (5\text{-}23)$$

**3. 单因素条件下，$E_1$、$E_2$、$E_3$ 与冻结时间 $t$ 的关系**

为反映不同因素条件下冻结区的发展变化趋势，把按表 5-1 的设计参数计算后得到的 3 个特征点的 $E_1$、$E_2$、$E_3$ 与冻结时间 $t$ 的数据绘制成曲线，进行分析。以 $v_0$ 为例，图 5-16 为 $v_0=25\text{m/d}$ 时上、中、下游的 $E$ 与 $t$ 关系曲线，对图 5-16 的曲线回归关系式进行一阶求导得上、中、下游冻结锋面发展速度 $v_e$ 与 $t$ 关系曲线，如图 5-17 所示。由图 5-16 可见，流动水造成冻土不均匀发展，随冻结时间上、中、下游厚度的差别变大。由曲线的趋势可知，冻结锋面发展速度随冻结时间而变慢，直至达到极限。

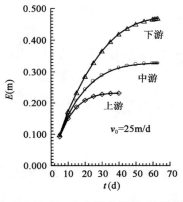

图 5-16　上、中、下游的 $E$ 与 $t$ 关系曲线

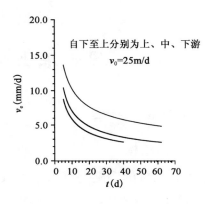

图 5-17　上、中、下游的 $v_e$ 与 $t$ 关系曲线

图 5-18 分别在同一坐标中给出了上、中、下游不同 $v_0$ 时的 $E$ 与 $t$ 关系曲线，得到上、中、下游不同 $v_0$ 时的厚度、发展速度及达到极限所需时间上的差异，图 5-19 对应为上、中、下游不同 $v_0$ 时的 $v_e$ 与 $t$ 关系曲线。图 5-18 及图 5-19 表明，冻结区厚度及冻结锋面发展速度均随流速增大而减小。

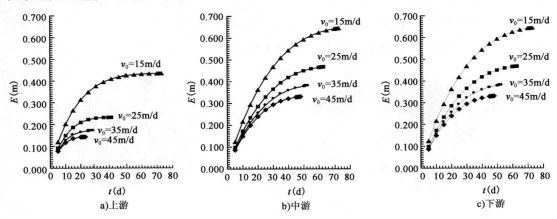

图 5-18　上、中、下游不同 $v_0$ 时的 $E$ 与 $t$ 关系曲线

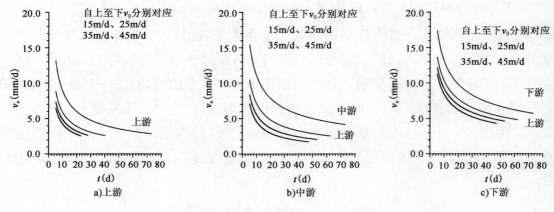

图 5-19  上、中、下游不同 $v_0$ 时的 $v_e$ 与 $t$ 关系关系曲线

# 第二节  圆形冻土墙与内衬相互作用数值模拟

## 一、模型建立与求解

### (一)模型结构

采用某大桥的锚碇基础为基本数值模型。该锚碇基础为一直径 65m 的圆柱形结构,底面位于微风化岩顶面,基础埋深 48.5m。冻土墙平均厚度为 5.5m,平均冻结温度为 $-12℃$,内衬结构厚度为 2.0m。基坑所处的土层分布自基坑的顶面向下依次为亚黏土、细砂土、粗砂土、强风化花岗岩、微风化花岗岩等。

根据结构对称性,并参考相关数值模拟的研究及其应用成果,取 1/4 结构建立计算模型。其有限元网格划分如图 5-20 所示,模型的径向取 120m,下卧基岩层 30m。其中,对原状土(岩)、冻结土(岩)体采用三维实体单元,对混凝土内衬结构采用壳单元,如图 5-21 所示。鉴于有限元的求解过程是建立在连续介质力学的基础上的,在有限元建模过程中假设冻土墙和内衬结构在接触面处紧密接触并保持变形协调。

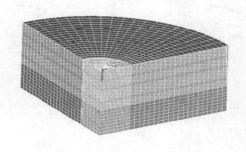

图 5-20  实体单元网格划分

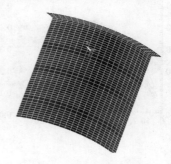

图 5-21  内衬结构网格划分

**(二)模型边界条件**

**1.荷载条件**

施加在模型上的荷载是恒定的荷载,即自重荷载。模型中的重力加速度取值为 $9.8\text{m/s}^2$,计算中不考虑地面的施工荷载。

**2.边界条件**

模型上边界为基坑上表面(地表),取自由边界。刚性基岩的底面取固定端约束。两个对称平面上都施加对称约束,约束它们在平面内的转动和水平方向上的位移,但在竖向保持自由边界。1/4 圆弧平面上施加径向约束,约束其水平位移和转动,但在竖向也保持自由边界。

**(三)材料力学特性与参数**

**1.弹塑性数值模型**

冻土、混凝土、原状土以及基岩 4 种材料均选用 ANSYS 程序材料库中提供的 DP (Drucker-Prager)材料进行弹塑性分析。该材料类型符合 Drucker-Prager 屈服准则。计算中不考虑温度场的分布及其影响,只作冻土墙和内衬相互作用的结构分析。所有的材料参数都取为常数,并在整个模拟过程中保持不变。弹塑性模型材料力学参数见表 5-7。

弹塑性模型材料力学参数 表 5-7

| 材料名称 | 弹性模量 $E_0(\text{MPa})$ | 泊松比 $\mu$ | 重度 $\gamma(\text{kN/m}^3)$ | 内摩擦角 $\varphi(°)$ | 黏聚力 $c(\text{MPa})$ |
|---|---|---|---|---|---|
| 亚黏土 | 4.81 | 0.35 | 18.9 | 14.5 | 0.007 |
| 细砂土 | 14.1 | 0.32 | 19.7 | 15.5 | 0.006 |
| 粗砂土 | 16.3 | 0.30 | 20.3 | 30.0 | 0.005 |
| 强风化花岗岩 | 18.4 | 0.28 | 24.4 | 35.0 | 0.40 |
| 冻结亚黏土 | 139.2 | 0.15 | 18.8 | 20.0 | 2.2 |
| 冻结细砂土 | 150 | 0.14 | 18.5 | 23.5 | 1.8 |
| 冻结粗砂土 | 294.5 | 0.15 | 18.0 | 22.1 | 1.7 |
| 冻结强风化岩 | 300 | 0.15 | 24.4 | 24.0 | 1.6 |
| 微风化花岗岩 | 8 000 | 0.25 | 26.1 | 43.0 | 4.0 |
| 混凝土(C40) | 32 500 | 0.17 | 25.0 | 38.0 | 2.0 |

**2.蠕变模型及计算参数**

根据蠕变试验以及冻土蠕变本构关系的研究成果,确定锚碇基础冻结土体的蠕变数学模型符合公式(5-24),具体如下:

$$\varepsilon_c = \frac{A_0}{(|T|+1)^K}\sigma^B t^C \tag{5-24}$$

式中:$\sigma$——应力,MPa;

$\quad\varepsilon_c$——应变,无量纲;

$\quad A_0$——试验确定的冻土蠕变常数,$(\text{MPa})^{-B}\text{h}^{-C}(^{\circ}\text{C})^K$;

$\quad B$——试验确定的应力影响常数,无量纲;

$\quad C$——试验确定的时间影响常数,无量纲;

$\quad K$——试验确定的温度影响常数,无量纲;

$\quad T$——冻土负温值,$^{\circ}\text{C}$;

$\quad t$——冻土蠕变时间,h。

其蠕变模型中的各试验参数见表5-8。

蠕变数学模型试验参数  表5-8

| 参 数 名 称 | $A_0[(\text{MPa})^{-B}\text{h}^{-C}(^{\circ}\text{C})^K]$ | $B$<br>(无量纲) | $C$<br>(无量纲) | $K$<br>(无量纲) | $T$<br>($^{\circ}\text{C}$) |
|---|---|---|---|---|---|
| 参 数 取 值 | 1.597 | 1.86 | 0.21 | 3.03 | −12 |

引入等效应力($\sigma_i$)和等效应变($\varepsilon_i$),可以得到复杂应力状态下人工冻土三轴蠕变本构方程:

$$\varepsilon_i = A\sigma_i^B t^C \tag{5-25}$$

根据推导计算得到公式(5-25)中参数$A$的计算式如下:

$$A = 3^{-\frac{B+1}{2}} A_0(|T|+1)^{-K} \tag{5-26}$$

其他参数含义同上。

公式(5-26)中对时间求一阶导数,就得复杂应力状态下用等效应力和等效应变表示的人工冻土三轴蠕变速率公式:

$$\dot{\varepsilon}_i = \frac{\partial \varepsilon_i}{\partial t} = AC\sigma^B t^{C-1} \tag{5-27}$$

在有限元蠕变计算中取应力单位为帕斯卡(Pa),时间单位为小时(h),并按照三轴蠕变本构方程(5-25)及蠕变速率计算公式(5-27)进行。根据冻土的蠕变数学模型的试验参数(见表5-8)以及上述参数转化计算公式(5-27)得到蠕变数值模拟计算参数见表5-9。

蠕变数值模拟计算参数  表5-9

| 参 数 名 称 | $A$<br>$[(\text{Pa})^{-B}\text{h}^{-C}(^{\circ}\text{C})^K]$ | $B$<br>(无量纲) | $C$<br>(无量纲) |
|---|---|---|---|
| 参 数 取 值 | $2.38\times10^{-15}$ | 1.86 | 0.21 |

而在求解蠕变位移时,ANSYS有限元程序的处理方法是按显式欧拉法求解蠕变应变,即

$$\varepsilon_n^{cr} = \varepsilon_{n-1}^{cr} + \varepsilon^{cr}(\sigma_{n-1}, \varepsilon_{n-1}, t_n)\Delta t \tag{5-28}$$

该公式实质是把蠕变时间分成有限个时间间隔,在每一时间间隔内假设应力保持不变,按前一步应力水平进行蠕变计算,把非线性蠕变计算分段线性化。为减小误差和保持数值计算的稳定性,有限元计算需要选择合理的时间步长,在计算初始阶段更是如此。在蠕变求解计算过程中取时间步长为0.1h,蠕变时间为168h(7d)。

### (四)数值模拟实现过程

弹塑性模型计算主要分两步:

(1)土体自重应力场的模拟;

(2)基坑开挖和衬砌过程模拟。

蠕变模型是模拟最不利荷载情况,即基坑开挖到底部时,让一个段高暴露而不支护,研究冻土墙和内衬结构的相互作用规律。

## 二、数值模拟结果与分析

### (一)弹塑性模型结果

#### 1. 冻土墙和内衬结构位移

冻土墙位移,包括现场实测的位移,均是基坑开挖引起的位移。本章分析时已从计算结果中扣除重力场引起的初始位移,得到由开挖卸载应力释放引起的位移(以下简称位移)。在不同的段高下,冻土墙径向累积位移分布如图5-22所示。

从图5-22可以看出,基坑在段高一定条件下分段开挖、分段支护时,冻土墙水平位移基本上随着施工循环的增加而增加,径向位移变化规律基本一致,沿着深度方向呈现内收敛趋势,在深度方向中下部(−30～−40m)径向位移最大。但是,由于没有考虑冻土的蠕变特性,此时冻土墙径向位移与段高关系不是非常明显,自基坑顶面向下20m,随着段高的增加,基坑的径向位移有所增加,但再往下径向位移随着段高增加变化不大。

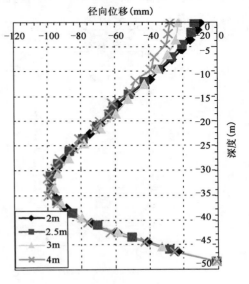

图5-22 最终累积径向位移沿深度的分布

内衬结构径向位移和竖向位移基本上与冻土墙位移协调一致,但总体上呈下降趋势。进一步分析可知,在半径为 120m 范围以内,基坑的径向位移都受到开挖卸载的影响。这说明在通常的工程实践中,将工程影响范围确定为工程体范围的 3～5 倍是必要的,也是可行的。

2. 内衬结构受力

为了研究内衬结构受力,沿其竖向取单位宽度为研究对象,如图 5-23 所示。在图 5-23 中沿着内衬结构半径方向由内向外靠近冻土墙一侧为外侧,靠基坑一侧为内侧,分别考察位于内衬结构外侧的外表面、中性层以及内侧的内表面上三点 $A$、$B$、$C$ 的竖向应力沿深度的分布。

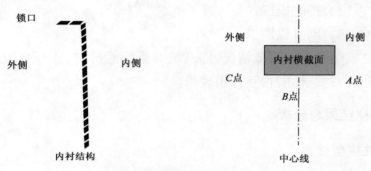

图 5-23　内衬结构及其横断面示意图

不同段高下,内衬结构横截面上竖向应力分布如图 5-24 所示。从内衬结构受力结果看,内衬结构承受弯矩作用。在此弯矩作用下,内衬结构内侧受拉,外侧受压,且内衬结构总体上受压应力作用,这对内衬结构承载有利。

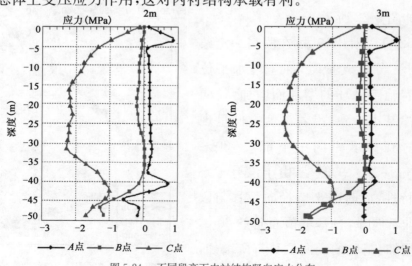

图 5-24　不同段高下内衬结构竖向应力分布

**3. 冻土墙受力**

在基坑施工过程中,冻土墙环向应力、切向应力和竖向应力沿半径方向均不断变化。段高一定条件下,冻土墙径向应力和切向应力都是压应力,最大径向应力发生在冻土墙外边缘,最大切向应力发生在冻土墙内边缘,但最大切向应力要远大于径向应力,故冻土墙受力危险点在冻土墙内边缘。

**4. 冻土墙和内衬结构的相互作用规律**

弹塑性模型中没有考虑冻土蠕变特性,在冻土墙和内衬交界面上,冻土墙由于开挖卸载表现为向基坑内侧位移。此时,冻土墙和内衬结构相互作用主要表现为内衬结构的强度和刚度对冻土墙变形起约束作用。

### (二)蠕变模型计算结果

**1. 冻土墙位移**

蠕变位移结果处理时扣除重力引起的初始位移和开挖卸载引起的位移,只考虑由于冻土蠕变引起的位移增量,为方便起见以下简称为蠕变位移。

暴露段高是影响冻土墙蠕变位移的一个重要因素。暴露段高越大,蠕变位移也就越大。但在不同暴露时间下,暴露段内冻土墙径向蠕变位移沿暴露段分布都是中、下部略大于上部,曲线呈鱼肚形分布,如图5-25所示。

冻土墙暴露段高内最大径向蠕变位移随开挖段高增大而增大,但因外载引起的应力水平小而呈现出衰减型的增长,在暴露30h后蠕变变形速率都基本趋于稳定。蠕变位移变化与我国人工冻土典型的衰减型蠕变曲线相似,如图5-26所示。

从图5-25蠕变位移变化曲线可以看出,蠕变第Ⅰ阶段(见图2-28)内的变形量占总变形量的15%～20%,蠕变变形位移在4～5mm之间。随后蠕变位移进入稳定增长阶段,蠕变变形位移在14～16mm之间。

在整个深度方向上,不同暴露段高下,局部暴露段高内冻土的蠕变对上部已经支护好的冻土墙位移影响较小。随着时间的增长,蠕变位移有所增大,但也仅有1mm左右。而在开挖暴露段,其内壁位移很大,达到几个毫米到十几个毫米不等;在开挖工作面以下,位移随着深度的增加逐渐减小,并具有明显的超前位移。在冻土墙和基岩段结合处以及基岩以下,蠕变位移由于约束作用而变为零。

**2. 冻土墙受力**

各段高下冻土墙径向应力分布规律:冻土墙径向应力在蠕变过程中不断变化,靠近基坑内侧径向应力要小于远离基坑外侧径向应力,冻土墙径向应力随着蠕变时间增长而增大。从总体上看,蠕变模型中径向应力在0.4～0.8MPa之间,表现为压应力,比弹塑性模型数值解小。

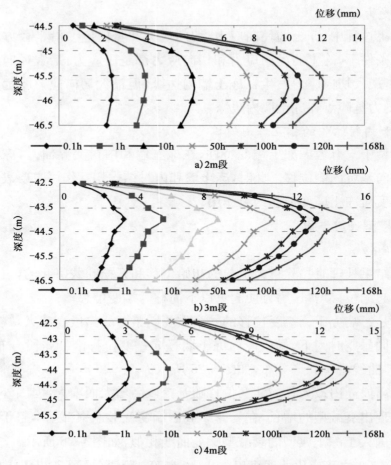

图 5-25   不同暴露段高下冻土墙的蠕变位移

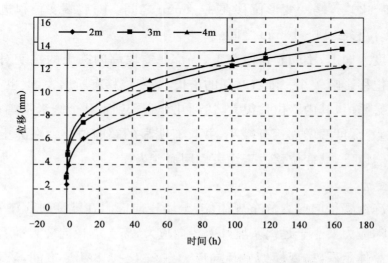

图 5-26   冻土墙内壁最大蠕变位移与时间关系曲线

# 第三节　直线型冻土墙蠕变数值模拟

## 一、数值模拟模型

### (一)模型及单元划分

**1.计算模型简述**

以某拟建地铁明挖段深基坑工程为原型,考虑到基坑工程的对称性,取基坑尺寸的1/4来进行模拟。基坑尺寸及假设如下:

1)基坑尺寸

基坑计算尺寸为长15m、宽7.75m、高12m,计算模型按基坑尺寸的1/4建模。

2)冻土墙尺寸

冻土墙厚3m、深25m,为一个L形支护结构,长边18m、短边10.75m。

3)模型尺寸

模型长50m、宽40m、高40m。

4)边界条件

(1)在侧面边界上,约束水平方向位移,不约束垂直方向位移,即 $u=0,v=0,w\neq0$。

(2)在对称面上,只能在对称面内移动,不能有垂直于对称面的位移,即在 $x=0$ 面上,$v=0,u\neq0,w\neq0$;在 $y=0$ 面上,$u=0,v\neq0,w\neq0$。

(3)模型顶面自由。

(4)模型底面所有位移及转动全固定,即 $u=0,v=0,w=0$。

5)基坑开挖顺序

基坑沿深度方向共分4层,从上到下分别在不同时间分层开挖。开挖顺序为:第2天开挖第1层至3m深处;第6天开挖第2层至6m深处;第11天开挖第3层至9m深处;第17天开挖第4层至12m深处。

**2.单元划分**

图5-27为计算模型及单元划分,图5-28为计算模型单元划分平面图。计算模型中的所有单元均为8结点或10结点的三维固体单元,共计1 970个结点,1 563个单元。

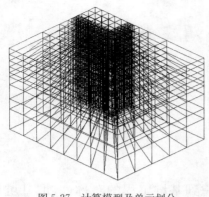

图 5-27　计算模型及单元划分

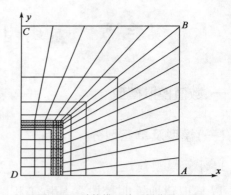

图 5-28　计算模型单元划分平面图

（注：图中充填有黑点的即为冻土挡土墙）

## （二）数值模拟计算参数

模型冻土材料选用服从 Mises 屈服准则等向硬化的蠕变材料。

### 1. 土体参数

钻孔取样得到的地质资料如表 5-10 所示。模型土体参数如表 5-11 所示。

地质资料　　　　　　　　　　　　　　　　表 5-10

| 编　号 | 深度<br>（m） | 名　　称 | $\gamma$<br>（kN/m³） | $w$<br>（%） | $I_p$ | $E_s$<br>（MPa） | $c$<br>（kPa） | $\varphi$<br>（°） | $\mu$<br>（无量纲） |
|---|---|---|---|---|---|---|---|---|---|
| ①-1 | 0～3.8 | 杂填土 | 18.8 | 33.0 | 26.0 | 4.99 | 5 | 20 | |
| ①-2 | 3.8～6.0 | 淤泥土半杂填土 | 17.7 | 51.0 | 16.0 | — | 5 | 20 | |
| ②-2b3～4 | 6.0～10.3 | 淤泥质粉质黏土 | 18.7 | 34.6 | 14.0 | 4.86 | 18 | 18.7 | 0.31 |
| ②-3b4 | 10.3～12.0 | 粉质黏土 | 18.9 | 32.8 | 11.4 | 7.13 | 14.7 | 27.0 | 0.29 |
| ③2b2～3 | 12.0～16.5 | 粉质黏土 | 18.9 | 33.1 | 15.0 | 5.38 | 25.4 | 14.6 | |
| ③2b2 | 16.5～26.5 | 粉质黏土 | 20.2 | 23.3 | 12.7 | 9.04 | 23.1 | 28.1 | 0.31 |

模 型 土 体 参 数　　　　　　　　　　　　　表 5-11

| 编　号 | 深度<br>（m） | 弹性模量<br>$E$<br>（MPa） | 泊松比 $\mu$<br>（无量纲） | 屈服函数<br>参数<br>$\alpha$ | 屈服参数<br>$K$<br>（MPa） | 帽硬化<br>参数<br>$W$ | 帽硬化<br>参数<br>$D$ | 拉端极限<br>$T$<br>（MPa） | 帽初始位置极限<br>$I$<br>（MPa） | 重度<br>$\gamma$<br>（kN/m³） |
|---|---|---|---|---|---|---|---|---|---|---|
| 第1层 | 0～6.4 | 24 | 0.3 | 0.149 | 0.268 | $3\times10^{-4}$ | −0.0126 | 0.01 | −0.3216 | 18.35 |
| 第2层 | 6.4～40 | 24 | 0.3 | 0.179 | 0.87 | $3\times10^{-4}$ | −0.0126 | 0.01 | −0.3216 | 19.5 |

### 2. 冻土墙体参数

冻土蠕变特性主要受其温度的影响。冻土墙作为一种非均值体，其内各点处的温度相差较大，势必导致在划分单元时，单元各结点处的强度及蠕变参数有所差别，从而给有限元数值计算带来困难。因此本计算模型中，只是近似地模拟冻土墙的非均值性，将冻土墙体沿厚度方向划分单元层，每个单元层内各点温度取平均温度，从冻土墙两侧到墙体中心的单元平均温度逐渐降低。

冻土的冻结温度一般均低于0℃,计算模型假设冻土墙最外侧与土层交界处的温度正好是冻土墙的冻土温度,取−2℃;而冻土墙轴线上的温度,也即冻结管所处位置的温度,应基本上与冻结管内的盐水温度相同,这与冻结施工设计有很大的关系。根据现有施工经验,取盐水温度为−22℃,冻土墙内侧到外侧共5层冻土单元层的平均温度分别为−6℃、−14℃、−20℃、−14℃、−6℃,以中间冻土单元层对称分布。计算模型中冻土参数如表5-12所示。

计算模型中冻土参数表 表 5-12

| 冻土墙单元层 | 温度 (℃) | 弹性模量 $E$ (MPa) | 泊松比 $\mu$ (无量纲) | $A_0$ $[(MPa)^{-B}(d)^{-C}]$ | $A_1$ | $A_2$ | 冻土重度 (kN/m³) |
|---|---|---|---|---|---|---|---|
| I | −6 | 89.9 | 0.275 | $2.37 \times 10^{-3}$ | 1.36 | 0.26 | 19.5 |
| II | −14 | 154.4 | 0.234 | $1.468 \times 10^{-4}$ | 1.44 | 0.26 | 19.5 |
| III | −20 | 197.5 | 0.214 | $4.46 \times 10^{-5}$ | 1.58 | 0.164 | 19.5 |

### (三)计算工况

影响冻土墙稳定性的主要因素是冻土墙厚度、冻土墙温度及冻土墙跨度,数值计算模型从这三个方面来分三组加以考虑。为便于比较计算结果,各工况的数值计算模型中单元划分情况大致相同,模型边界条件和开挖顺序与上述模型完全一致。各工况中土体性质均未改变,改变的只是冻土墙的尺寸或冻土墙体的平均温度。

1.第1组工况:不同厚度

冻土墙厚度的大小直接决定了作用于冻土墙上弯矩的大小,当冻土墙厚度增大时,其对强度的要求将有所降低;或者在强度相同的条件下,冻土墙厚度的增加将显著改善基坑的稳定性,从而减小冻土墙及基坑周围土体的位移。计算在基坑尺寸不变的情况下,三种不同厚度的冻土墙支护的情况,冻土墙厚度分别为3.0m、3.5m、4.0m。

2.第2组工况:不同跨度

深基坑在长宽比不是很大的情况下,其空间效应是非常明显的,因为每一个边不仅要起到挡土止水的作用,而且还要对其他边起到支撑作用。故减小深基坑的跨度也就是增加了对基坑的支撑,将能有效地增强基坑的稳定性。计算在基坑宽度及冻土墙厚度不变的情况下,4种不同跨度的冻土墙支护的情况,跨度分别为20m、25m、30m和35m。

3.第3组工况:不同温度

对冻土墙强度有最主要影响的是冻土的温度,降低冻土墙的温度将能有效地提高冻土墙的支护强度,从而可以在其他条件不变的情况下,进一步减小冻土墙的厚度。

计算在基坑尺寸及冻土墙尺寸不变的情况下,3 种不同温度下深基坑的稳定性。这 3 种不同温度是以冻土墙中心线上的温度即盐水温度的改变体现出来的,3 种情况下冻土墙中心处的温度分别设为 $-22\,°C$、$-26\,°C$ 和 $-30\,°C$。

## 二、墙数值模拟结果与分析

### (一)冻土墙应力分析

在有限单元法的数值计算中,应力结果是以单元积分点的应力给出的,各单元积分点的编排与单元局部结点编号关系如图 5-29 所示。为了便于分析说明,以最靠近某一积分点的结点来代替该积分点。

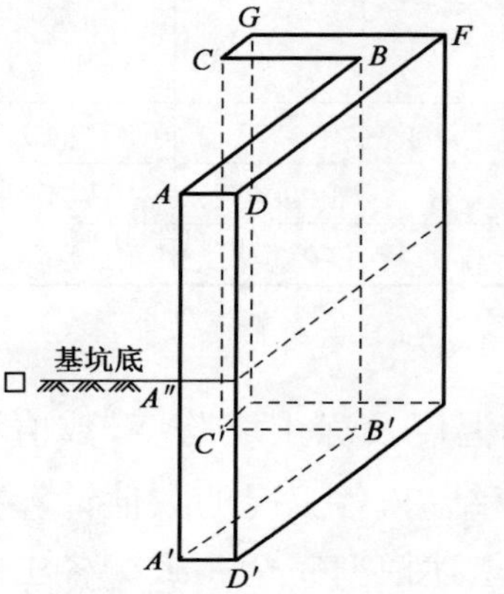

图 5-29 单元积分点的编排与单元局部结点编写关系

对冻土材料,其抗压能力强、抗拉能力较弱。一般来说,对于深基坑挡土墙这种支护体系,其主要承受的是基坑外围的侧向土压力,在这种压力作用下要求挡土墙必须能抵抗较大的弯矩,所以在平面型挡土墙上更有可能发生的是拉破坏。一旦冻土挡土墙体内拉应力超过冻土最大允许拉应力,冻土墙将发生破坏从而导致基坑失稳。图 5-30 是冻土墙外壁(即 $DD'$ 线)上的竖直应力在基坑开挖结束后第 40 天的情况。从图中可见,冻土墙上的最大拉应力产生在距 $D'$ 点 16m 处,即 $D$ 点以下约 9m 处,其值为 0.2MPa。

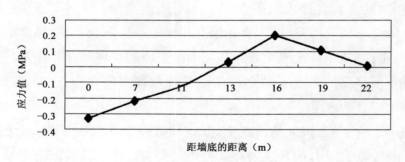

图 5-30 $DD'$ 线竖直应力图

图 5-31 是该点拉应力随时间的变化情况。从图中可以看出,该点的竖向应力在基坑开挖前表现为压应力,但随着基坑的开挖进程,此压应力逐渐减小,直到在开挖第 4 层时,此压应力变为拉应力,其值达到 0.2MPa,此值小于冻土在 $-6\,°C$ 时的最大拉应力值 0.4MPa,所以冻土墙体是安全的。

图 5-32 是冻土墙内壁中线(即 $AA'$ 线)在基坑开挖结束后第 40 天的竖向应力情

况。从图中可见,该线上总的趋势是随着深度的增加竖直应力逐渐增大,但很明显在冻土墙坑底附近发生了应力集中现象。

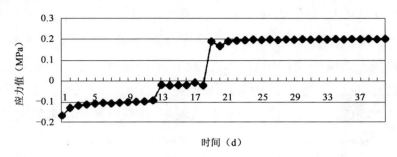

图 5-31 *D* 点以下 9m 处竖直应力变化图

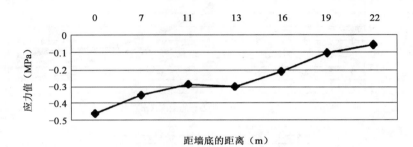

图 5-32 *AA'* 线竖直应力图

在冻土墙内壁与最大拉应力相对应的点上(即 *A* 点下 9m 处的积分点),竖向应力表现为压应力,如图 5-33 所示。从图中可以看出,该点的应力在开挖基坑的第 1 层和第 2 层时,由于冻土墙外壁受到剪应力的作用,基坑开挖侧的应力释放导致该点压力逐渐减小,直到开挖基坑第 3 层和第 4 层时,由于冻土墙向基坑内侧位移,从而压力加大。在开挖结束后,因为冻土的蠕变特性,此压力值随着时间的增长略有减小。关于这一点在 *A* 点下 3m 处的应力变化上表现较为明显,如图 5-34 所示。

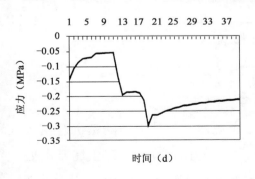

图 5-33 *A* 点下约 9m 处竖向应力变化图

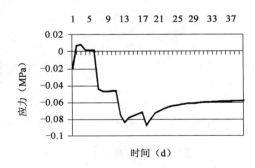

图 5-34 *A* 点下约 3m 处竖向应力变化图

图 5-35 是冻土墙外壁 $DF$ 线下约 9m 处的竖向应力分布图。图中各条曲线分别表示在第 1 天时、第 4 天时、第 8 天时等的应力情况。由图可见,在基坑开挖前,$DF$ 线上的竖向应力情况基本一致,表现为压应力;但随着基坑开挖侧的应力释放,作用在冻土墙上的主动土压力逐渐增大,因此冻土墙在弯矩的作用下压应力逐渐减小,这种趋势最为明显的是冻土墙跨度的中点处。因此在开挖基坑的第 4 层时,冻土墙上 $D$ 点下约 9m 处的竖向应力最终转变为拉应力,但在 $F$ 点下约 9m 处,由于受到另一边冻土墙支撑的作用,弯矩较小,因而应力改变量也较小,在基坑开挖结束后仍然是压应力。

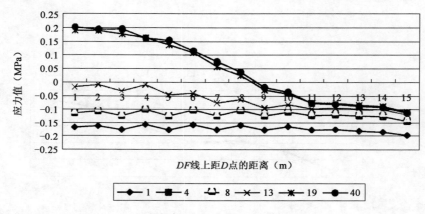

图 5-35　$DF$ 线下约 9m 处竖向应力图

图 5-36 是 $AB$ 线下约 9m 处的竖向应力变化图。从图中可以看出,线上各点的应力变化基本一致。

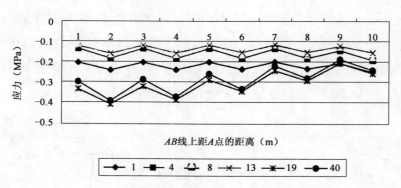

图 5-36　$AB$ 线下约 9m 处的竖向应力图

从以上分析中可以大致看出冻土墙应力分布规律及各处应力随基坑开挖进程和时间的变化情况。基坑开挖结束后,在基坑外围土压力的作用下,冻土墙基本处于外侧受拉内侧受压的受力状态。由于考虑到冻土墙与土层的共同作用,作用于冻土墙上的土压力不仅是侧向的,而且会有竖向的剪力。因此,冻土墙上任一点处的应力都是在这两者和墙体自重下产生的。

随着基坑的开挖进程,冻土墙外侧的应力逐渐由压转为拉,而内侧的应力都有先减小后增大的趋势。而且基坑开挖结束后的第 18 天起,由于冻土的蠕变特性,冻土墙外侧拉应力逐渐增加,而内侧的压应力却逐渐减小。

**(二)冻土墙及土层位移随时间变化**

冻土墙设计应以位移控制为主,并辅以强度校核。在强度满足条件后,应由深基坑冻土墙及土层的变形来指导工程设计。为了便于说明,下面将计算模型的顶面关键点处予以标明,以下在说明各点处位移时将只提关键点处的标号,不再说明是冻土墙外侧或内侧,如图 5-37 所示。

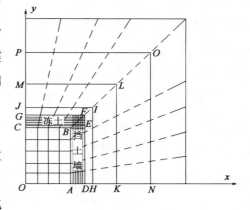

图 5-37　模型表面关键点位置说明

1. 冻土墙内壁中点处的位移

从理论分析中可以知道,最大水平位移发生在冻土墙内壁中点(也即 $A$ 点处的 $x$ 方向)。图 5-38 显示了 $A$ 点水平位移随时间的变化情况。

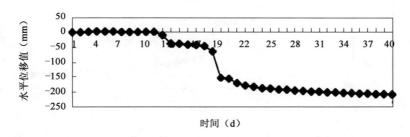

图 5-38　$A$ 点水平位移随时间的变化图

从图中可以看出,$A$ 点的水平位移随着基坑开挖的进行及时间的增长,总体上有逐渐增大的趋势,但在第 1 层开挖之后有一个向基坑外侧的位移。这是因为在数值计算中,由于土体和冻土墙的弹性模量相差较大,从而导致在计算自重应力时土体和冻土墙的变形量也相差较大,在基坑外侧最上层的土体中产生拉应力;而基坑开挖在力学上理解是一个应力释放的过程,所以在开挖基坑第 1 层时土层的拉应力将使冻土墙产生稍许向基坑外侧的位移量。但从计算结果中知道,这个位移量非常之小,只有 2.64mm。从图中还可以看出,$A$ 点水平位移主要是由开挖第 3 层和第 4 层时及开挖结束后的冻土蠕变效应所引起的,对于这一个微小的反方向位移量可以忽略不计。

在没加任何内支撑的情况下,基坑开挖结束后即第 18 天 $A$ 点的水平位移量达到 $-155\text{mm}$,在其后的 22d 中,因为蠕变引起的水平方向位移量有 57mm,致使 $A$ 点在第 40 天结束后有向基坑内侧 212mm 的位移量。根据冻结管的许可挠度,冻结管顶部的最大位移量不能超过基坑深度的 2%。本计算模型中的基坑拟开挖深度为 12m,冻结管最大允许挠度为 240mm。所以本计算结果中 $A$ 点的位移量还在冻结管最大位移量的许可范围之内。

应当指出的是,冻土墙蠕变特性对 $A$ 点水平位移的影响是不可忽略的,从图 5-38 中可以看出,在非基坑开挖时间内,冻土蠕变引起的位移共达 63mm,对 $A$ 点总体水平位移的贡献达 29.8%。这再一次证明了对于冻土这种具有明显蠕变特性的材料,在设计时是不可不考虑其时间效应的。

同样,对于冻土墙短边中点 $C$ 处,其 $y$ 方向的位移量也将是最大的,如图 5-39 所示。但是其 $y$ 方向水平位移比 $A$ 点处 $x$ 方向的水平位移小得多,基坑开挖结束后其向基坑内侧的位移量只有 28.4mm,在模型计算的结束时间即第 40 天其位移量也只有 34.8mm。

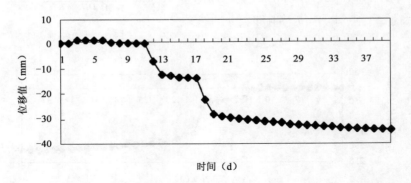

图 5-39 $C$ 点 $y$ 方向的水平位移随时间的变化图

这从一个方面证明了对于作为深基坑工程支护体系的冻土挡土墙,其长边中点处的位移比其短边中点处的位移大得多。也就是说,深基坑短边中点处受到了更加显著的横向效应的影响。因此,以往在用有限单元法计算深基坑工程等问题时,在其边长不是太大的情况下,将其视为平面应变问题来处理,计算结果将大大偏于保守。

由于冻土墙体的弹性模量大大高于周围土层的弹性模量,这使得随着基坑的开挖进程,冻土墙作为一个整体有向基坑内侧的转动,这一点可以从 $A$ 点处的竖直位移图看出来,如图 5-40 所示。

从图中可以看出,基坑开挖结束后的第 18 天,$A$ 点的沉陷量为 48.5mm,而在其后的时间里,在没有支撑的情况下,因为冻土墙蠕变的影响,$A$ 点继续向下沉陷,在第

40 天计算结束时其沉陷量达 65.4mm。开挖结束后由冻土蠕变产生的变形量达到总位移量的 35%。

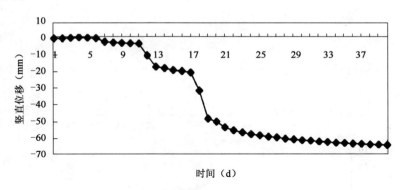

图 5-40　$A$ 点竖直位移随时间的变化图

**2. 冻土墙拐角处水平位移**

对于冻土墙长短边交接的地方（$B$ 点），其水平位移值比 $A$ 点和 $C$ 点都小得多，如图 5-41 所示。

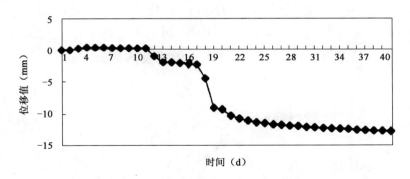

图 5-41　$B$ 点 $x$ 向位移随时间的变化图

从图中可以看出，在基坑开挖结束的第 18 天，$B$ 点 $x$ 向的水平位移只有 9.2mm，即使在第 40 天，其水平位移也只有 13mm。而对于其 $y$ 方向，位移随时间的变化情况与其 $x$ 方向类似，只不过位移量要小得多，在模型计算结束的时间，其 $y$ 方向的位移量为向基坑内侧的 1.5mm。

**3. 土层位移**

因为冻土墙的位移是随基坑的开挖进程和时间发生变化的，这使得基坑外侧土层的位移也随时间发生变化，如距冻土墙外壁 1.95m 处 $H$ 点的 $x$ 方向水平位移情况，如图 5-42 所示。

开挖第 1 层之后，由于受冻土墙的影响，$H$ 点土层也有向基坑外侧的位移，但随着时间的增长及开挖的继续进行,侧向土压力对冻土墙的影响迅速超过土层中的拉应力对其的作用,使得冻土墙很快开始向基坑开挖侧位移。在基坑开挖结束的第 18 天,其位移量达 21mm,在第 40 天,其最终位移达 23.5mm。也就是说,冻土的蠕变特性使得 $H$ 点土层在开挖结束后仍然产生了 2.5mm 的位移量,占总位移量的 10%,远远小于冻土蠕变对冻土墙自身的影响。

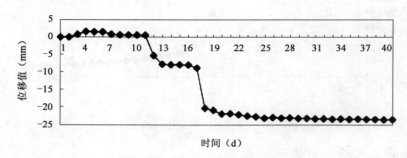

图 5-42　$H$ 点处 $x$ 方向位移随时间的变化图

　　土层在 $H$ 点处的沉陷情况随时间的变化情况如图 5-43 所示。从图中可以看出,$H$ 点处的沉陷量在第 40 天时达到 27.9mm,而在基坑开挖结束的第 18 天,其沉陷量已达到 24.8mm。从这里也可以看出,时间因素对冻土墙的影响远比对土体的影响大得多。这是因为在模型计算中,只考虑了冻土的蠕变效应,而将土层作为塑性材料来计算的缘故。

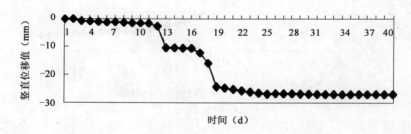

图 5-43　$H$ 点竖直位移随时间的变化图

　　同样,对于深基坑短边,在距冻土墙外壁 2.13m 处如 $J$ 点,其 $y$ 方向的位移随时间的变化情况如图 5-44 所示。从图中可以看出,在基坑开挖结束的第 18 天,其位移量达到 5.8mm,在基坑开挖结束的第 40 天,其位移量为向基坑内侧的 6.8mm。这又一次证明对于深基坑,其长边中点处的位移比其短边中点处的位移大得多,即使是基坑工程周围土层的水平及竖向位移也不例外。这一点也可从 $J$ 点的竖直位移随时间的变化图上看出来,如图 5-45 所示。

　　对于基坑周围土层的沉陷情况,图 5-37 中的 $I$ 点处也是一个关键点,但是可以从

图 5-46 中看出，$I$ 点的最终沉陷量很小，在第 40 天时也只有 4.6mm。

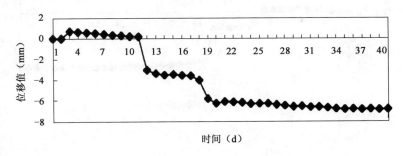

图 5-44 $J$ 点 $y$ 方向位移随时间的变化图

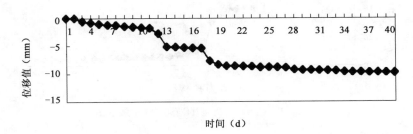

图 5-45 $J$ 点竖直位移随时间的变化图

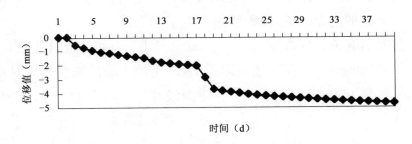

图 5-46 $I$ 点竖直位移随时间的变化图

**4. 地下管线所处位置土体沉降情况**

一般深基坑开挖工程周围都埋有管线之类的地下设施，特别是煤气管或水管之类的管线，其允许挠度不能超过一定的范围，否则容易引起意外事故。计算模型挑出了距冻土墙长边外壁中点处水平距离 1.95m、距地表垂深约 3m 处的一点（可视为地下管线埋设处）来检查其 $x$ 方向的水平位移和竖直位移随时间的变化情况，如图 5-47、图 5-48 所示。

从图中可以看出，基坑开挖的第 1 层和第 2 层对该点的位移影响不是很大，主要是开挖第 3 层和第 4 层以及随后的蠕变才产生了较大的位移，在第 40 天结束时，最大 $x$ 方向的位移量为 15.3mm，而最大沉降量为 27.9mm。

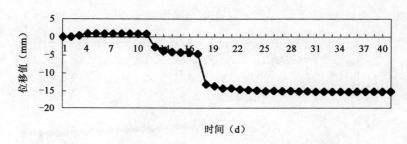

图 5-47 $H$ 点下约 3m 处 $x$ 方向位移随时间的变化图

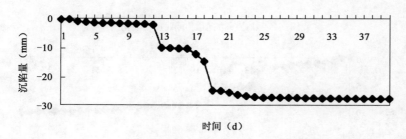

图 5-48 $H$ 点下约 3m 处竖直位移随时间的变化图

**5. 基坑底鼓情况**

图 5-49 反映了深基坑底部中心点处的竖直位移随时间的变化情况。从图中可以看出,基坑开挖导致的应力释放,使得该点产生了向上的位移量。而且开挖第 4 层时产生的位移量最大,其最终底鼓量达 15.5mm(远远小于基坑的允许底鼓量,即基坑开挖深度的 2% = 240mm)。从图中还可以看出,冻土挡土墙的蠕变效应对基坑底鼓的影响非常微小,使得其底鼓量随时间的变化曲线在第 18 天后基本上成为一条水平直线。

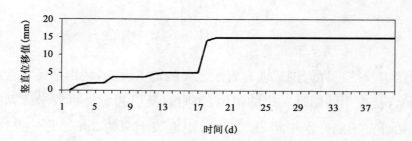

图 5-49 深基坑底部中心点处竖直位移随时间的变化图

# 第六章　冻结法典型工程应用实例

冻结法施工对象主要为横越河川、公路、建筑物下的地铁工程，以及一些城市地下街或地下通道、管道开挖，隧道盾构工程始发端和到达端的地层加固处理等工程，其目的在于强化地层周边、稳定工作面及防止开挖面大量渗水。冻结法常用于处理开挖所遇到的渗水、涌水问题。以前冻结法由于成本相对较高，一般是在用其他工法如高压灌浆、旋喷（摆喷）、各类降水、挤压注浆、地连墙、钻孔桩、挖孔桩等都不可行时才采用的一种工法。随着技术的发展，造价日益降低，冻结法作为一种最好的封水工法，现在与其他工法进行综合对比后也经常采用。本章主要简单介绍一些冻结法典型工程应用实例。

## 第一节　冻结法工程应用的中国之最

### 实例一　我国第一个冻结竖井工程——开滦煤矿林西风井

我国第一个采用用冻结法施工的竖井，是 1955 年开凿的开滦煤矿林西风井。井筒全深 111.95m，净直径 5m。井筒穿过 50.7m 第四纪冲积层。该冲积层有三个含水层：第一含水层厚 2.14m，为黄白色细砂；第二含水层厚 4.8m，由粉砂、细砂组成，颗粒均匀且细，与水混合后流动性大；第三含水层厚 22.03m，其上部为颗粒不均匀的砂粒，下部为中粒砂并夹有杂色砾石，砾石表面光滑，直径为 3～10mm。

1954 年，由于开滦煤矿生产发展的需要，需要在新庄子二带开凿一个通风竖井。按当时技术条件要在这样含水丰富的深表土层中开凿竖井是相当困难的。当时确定的施工技术方案是：在第一含水层中（0～5m）采用一圈 7m 长的木板桩；在第二含水层中（6.5～12.3m）采用两圈各 4m 长的铁板桩；关于第三含水层（22.09～44.12m），拟在地面灌注水泥浆。由于第一含水层离地表较近且水量较少，木板桩施工比较顺利。但在第二含水层的铁板桩施工中，却出现铁板桩弯曲、扭曲和大量偏斜现象，且壁出现空洞，造成大量漏水、漏砂，不得不中止掘进，被迫在板桩外采取加固地层措施。在颗粒均匀的粉砂、细砂中灌注水泥浆或黏土浆显然不会有好效果。因此，不得不试用成本较高的"电动矽化加固土壤法",才通过了上部两个含水层,掘进了 14m 井筒。显而易见,按照原定的施工方案,穿过第三含水层是十分困难的。为了安全快速地建成林西风井,经研究决定原开凿的井筒报废,易地重建风井,由波兰成套引进冻结凿井法,即从设计、施工直至提供设备以及设备安装、运转均由波兰承担,中方则安排相应的技术人员和工人顶岗学习并配合施工。

在井筒掘进前,用人工制冷技术,暂时把将要开挖井筒周围的含水地层冻结成封闭的圆筒形冻结壁,以抵抗地压并隔绝地下水与井筒的联系,然后在其保护下进行井筒掘砌作业。

根据井筒水文地质情况,确定井筒冻结深度为 105m。1955 年 1 月 11 日开始打冻结孔 26 个,冻结孔布置直径 9m,间距 1.087m。在冲积层段,按地下水流方向另加了15 个辅助冻结孔。冻结管采用 $\phi114$、$\phi141$ 和 $\phi165$ 的无缝厚壁钢管。打钻采用 3 台SmSu 型冲击式钻机。冷冻站安装 2 台 L-14 型冷冻机,总工作制冷能力 440kW/38 万kcal/h,冷却盐水最低温度$-25℃$。永久井壁厚 72cm,砌筑 200 号缸砖,壁后充填20cm 厚的素混凝土。打冻结孔、积极冻结和井筒掘砌的施工天数分别为 225d、46d 和143d。井筒凿砌平均进度为 22m/月。冻结法施工成井总成本为 1 万元/m。

林西风井首次采用冻结法凿井是成功的。与其他当时能够采用的特殊凿井方法相比,冻结法尽管工期较长,成本较高,但它的突出特点是显而易见的。富水深表土层的施工难点是防水治水,而冻结法将井筒周围的水变成冰,达到了安全快速"打干井"的目的。同时它克服了其他一般特殊凿井法的施工难点,简化了井筒开凿工艺,改善了施工卫生条件。不仅如此,更重要的一点是,冻结法能适应在水文地质条件复杂、较深的表土层中开凿井角。

开滦矿务局继林西风井后,1956 年在前苏联专家的指导下,利用国产施工设备开始了唐家庄风井(冻深 60m)、范各庄矿井(冻深 85m)的冻结法凿井;1957 年及以后又相继开凿了唐山风井(冻深 153m)、荆各庄矿井(冻深 162m)和徐家楼、只家坨等矿井。由于冻结法的优势,从此它成为我国含水地层凿井的主要施工方法,并从 1994 开始迅速用于地铁等其他市政工程中,成为困难地层施工的关键工法之一。

### 实例二 我国已完成最深冲积层冻结竖井工程——巨野矿区郭屯矿井

山东省巨野矿区郭屯矿井位于郓城县城以南 10km 处,矿井设计生产能力为 240万 t/a,采用立井开拓,分设主、副、风三个井筒,均采用冻结法施工。郭屯煤矿冻结检查孔资料表明,其中主井冲积层底板埋深为 587.40m(我国目前冻结最深的冲积地层),强风化带底板埋深为 609.80m,弱风化带底板埋深为 614.00m。冻结段终止在完整的二叠系粉砂岩中,冻结深度为 702m。主井井筒主要技术特征见表 6-1。

**主井井筒主要技术特征表**　　　　　　　　　　　　　　　　　　　表 6-1

| 序 号 | 项 目 | | 单 位 | 主 井 |
|---|---|---|---|---|
| 1 | 设计净直径 | | m | 5.0 |
| 2 | 设计净断面 | | m² | 19.635 |
| 3 | 表土层厚度 | | m | 587.400 |
| 4 | 井筒垂深 | | m | 858.00 |
| 5 | 井壁厚度 | 480～586.22m 段 | m | 2.300 |
| | | 586.22～628m 段 | m | 1.750 |
| | | 628～685m 段 | m | 1.450 |
| 6 | 强风化带埋深 | | m | 609 |
| 7 | 弱风化带埋深 | | m | 614 |
| 8 | 冻结深度 | | m | 702 |

根据郭屯煤矿主井黏土层含量较大,进行试验的土层在 −10℃、−15℃、−20℃温度条件下的单轴抗压强度普遍偏低,冻土单轴蠕变变形大,土膨胀量较大等特点,故采用有限段高极限状态按强度条件计算冻结壁厚度。设计采用三圈冻结孔加辅助孔冻结方案。冻结设计技术参数见表 6-2。

设计积极冻结期盐水温度为 −34℃(冻结站采用双级压缩制冷),维护冻结期盐水温度为 −28℃。盐水相对密度为 1.27,设备总装机容量为 144 863.28MJ/h(3460 万 kcal/h)。

**冻结设计技术参数表**　　　　　　　　　　　　　　　　　　　表 6-2

| 序 号 | 项 目 | | 单 位 | 数 值 |
|---|---|---|---|---|
| 1 | 地压值 | | MPa | 7.279 |
| 2 | 冻结段井壁最大厚度 | | m | 2.30 |
| 3 | 冻结壁平均温度 | | ℃ | −18 |
| 4 | 积极冻结期盐水温度 | | ℃ | −34 |
| 5 | 维护冻结期盐水温度 | | ℃ | −28 |
| 6 | 冻土极限抗压强度 | | MPa | 4.498 |
| 7 | 冻土允许抗压强度 | | MPa | 2.045 |
| 8 | 冻结壁安全系数 | | | 2.2 |
| 9 | 冻结壁计算结果 | | m | 9.49 |
| 10 | 冻结壁厚度(最终取值) | | m | 11.0 |
| 11 | 冻结深度 | | m | 702 |
| 12 | 井筒掘进段高 | | m | 2.2 |
| 13 | 第 1 圈孔布置 | 圈径 | m | 11.2/12.0 |
| | | 孔数 | 个 | 12 |
| | | 开孔间距 | m | 3.026 |
| | | 深度 | m | 425/610 |

| 序　号 | 项　　目 | | 单　　位 | 数　　值 |
|---|---|---|---|---|
| 13 | 第2圈孔布置 | 圈径 | m | 14.80 |
| | | 孔数 | 个 | 33 |
| | | 开孔间距 | m | 1.407 |
| | | 深度 | m | 702/614 |
| | 第3圈孔布置 | 圈径 | m | 19.60 |
| | | 孔数 | 个 | 26 |
| | | 开孔间距 | m | 2.363 |
| | | 深度 | m | 610 |
| | 第4圈孔布置 | 圈径 | m | 27.00 |
| | | 孔数 | 个 | 50 |
| | | 开孔间距 | m | 1.695 |
| | | 深度 | m | 610 |
| 14 | 无缝钢管冻结管尺寸 | 主冻结管(2、3排) | mm | $\phi159 \times 8$ |
| | | 差异和局部冻结管(1、4排) | mm | $\phi140 \times 7$ |
| 15 | 水文孔布置(深度/个数) | | m/个 | 85/1,335/1,564/1 |
| 16 | 测温孔(深度/个数) | | m/个 | 610/3 702/2 |
| 17 | 冷冻站开机冻结至竖井开挖时间 | | d | 118 |
| 18 | 钻孔工程量 | | m | 78 546 |

冻结施工结果:郭屯主井于2005年5月10日内圈(1、2圈冻结孔)开机冻结,2005年5月20日外圈(3、4圈冻结孔)开始冻结。主井含水层冻结壁交圈时间为67d,较设计提前1d。其中85m以上含水层最大孔间距为1.6m,交圈前冻土发展速度为17mm/d,85~335m含水层最大孔间距为2.23m,交圈前冻土发展速度为25mm/d,335~564m含水层最大孔间距为2.646m,交圈前冻土发展速度为19.5mm/d。冻结于2006年4月29日转入维护运转,2006年6月6日外圈停机,外圈冻结时间为383d,2006年9月8日内圈停机,内圈冻结时间为487d。

### 实例三　我国已完工的最深岩层冻结竖井工程——母度柴登煤矿

母度柴登煤矿位于鄂尔多斯高原东北部,具有典型的高原堆积型丘陵地貌特征,地表全部被第四系风积沙所覆盖,植被稀疏,为沙漠~半沙漠地区。矿井设计生产能力为6.0Mt/a,立井开拓。主井井筒净直径6.5m,井深762m,采用全深冻结方案,冻结深度777m。主井井筒检查孔揭露的地层情况见表6-3,在地表以下3.1m处见水位线。

**主井井筒检查孔揭露的地层情况**                                                    表 6-3

| 地　　层 | 埋深(m) | 厚度(m) | 特　　征 |
|---|---|---|---|
| 第四系、第三系 | 0～128.36 | 128.36 | 主要是粉细砂层，上部有腐殖层 |
| 白垩系 | 128.36～310.73 | 182.37 | 主要是细中砂岩，无隔水层 |
| 侏罗系安定组 | 310.73～400.99 | 90.26 | 以细中砂岩为主，粉砂岩为相对隔水层 |
| 侏罗系直罗组 | 400.99～626.00 | 225.01 | 以细中砂岩为主，粉砂岩为相对隔水层，间隔分布 |
| 侏罗系延安组 | 626.00～726.69 | 100.69 | 以细砂岩和泥岩为主，煤层间隔数层，岩石 RQD≥85% |

母度柴登主井井筒穿过的岩层主要为粉、中、细砂岩，下部含部分砂质泥岩。岩石孔隙率为 0.32%～26.52%，含水率为 0.46%～2.78%，吸水率为 2.50%～8.03%。自然状态下的岩石抗压强度为 23.2～71.0MPa，平均为 38.9MPa；普氏系数为 2.37～7.24，平均为 3.97；抗拉强度为 0.21～2.27MPa，平均为 1.68MPa；抗剪强度为 2.70～34.51MPa，平均为 16.86MPa；软化系数为 0.27～0.86，平均为 0.56。岩石内摩擦角为 19°47′～37°56′；黏聚力为 4.30～16.8MPa，平均为 8.9MPa。多数岩石遇水后软化变形；局部地段的砂质泥岩遇水崩解破坏，岩石软化系数小于 0.75，为软化岩石。岩石质量指标 RQD 值较低，仅为 18%～100%，平均为 61%；下部岩石整体性好，RQD≥85%。

因为围岩基本都是稳定岩石，所以冻结壁设计采用基于黏弹性理论公式计算。冻结壁厚度计算涉及的参数及计算结果见表 6-4。

**冻结壁厚度计算涉及的参数取值及计算结果**                                        表 6-4

| 序　　号 | 项 目 名 称 | 单　　位 | 数　　量 |
|---|---|---|---|
| 1 | 控制层地压 | MPa | 6.216 |
| 2 | 掘进半径 | m | 4.8 |
| 3 | 掘砌段高 | m | 4.0 |
| 4 | 冻结孔最大间距 | m | 2.8 |
| 5 | 冻结壁平均温度 | ℃ | －10 |
| 6 | 盐水温度 | ℃ | －28～－30 |
| 7 | 安全系数 | | 2.2 |
| 8 | 许用抗压强度 | MPa | 10.773 |
| 9 | 下部固定端约束 | | 1.5 |
| 10 | 冻结壁计算厚度 | m | 3.462 |
| 11 | 设计确定的冻结壁厚度 | m | 4.1① |

注：因是岩石掘进必须进行爆破。根据类似井筒施工经验，冻结壁厚度设计取值时，应考虑爆炸冲击波对冻结壁的影响。还因岩石裂隙的存在，冻结壁结构整体虽未达到其极限承载能力，但裂隙中的冰会被爆炸冲击波所破坏，从而可能会导致冻结壁透水，给施工带来很大的安全隐患，故冻结壁厚度计算值在 3.462m 的基础上增加到 4.1m。

井筒穿过白垩系地层时,井帮温度大多为一4～一5℃。井筒掘进到643m处揭露煤及煤系地层时,井帮温度比相邻段高4～6℃,说明冻结0℃线在该地层中推进很慢,即该地层中的冻结壁发展速度很慢,但此时冻结壁实际厚度和平均温度仍均达到了设计值。

基岩段掘砌段高控制为4～6m,每循环装药量超过了400kg,1～5段毫秒延期电雷管起爆。冻结307d时,掘进到冻结设计控制层位762m处,冻结壁承载能力经受住了地压和爆炸冲击波的考验,安全顺利地完成了井筒掘砌外壁施工任务。之后井筒转入内层井壁进行套壁施工,冻结进入维护期。

母度柴登主井井筒为全深冻结,冻结地层以岩石为主,是迄今已建成的冻结井筒中,岩层冻结深度最深的一个井筒。该井筒按爆破方式掘进,没有破坏冻结管,且安全顺利到底,故其岩石冻结壁设计理念和参数选取值得进一步总结和探讨。

### 实例四　我国已完工的最深冻结竖井工程——李粮店煤矿副井

李粮店煤矿副井冻结深度为800m,是我国现在已完成冻结最深的冻结井。李粮店矿井位于新郑市八千乡,设计生产能力为240万t/a,采用立井开拓方案,主、副井部署在同一个工业广场内,北冀部署一个风井。主、副、风井筒净直径分别为5.0m、6.5m、6.0m,井筒深度原设计分别为755.5m、780.5m、546.0m(见表6-5)。主、副、风井分别穿过479.2m、481.5m、460.9m冲积层,选用冻结法施工,主、副井一次冻全深。主、副、风井冻结深度分别为772m、800m、513m,其中副井冻结深度为800m,居国内第一位和世界第三位。

**副井全深冻结井壁结构参数表** 表6-5

| 起止深度(m) | 段长(m) | 荒径(m) | 井壁厚度(mm) | | 混凝土强度等级 | |
| --- | --- | --- | --- | --- | --- | --- |
| | | | 内　层 | 外　层 | 内　层 | 外　层 |
| 0～8 | 8 | 8.5 | 1000 | | 临时砖墙 | |
| 8～120 | 112 | 8.5 | 500 | 500 | C40 | C40 |
| 120～210 | 90 | 8.5 | 500 | 500 | C50 | C50 |
| 210～300 | 90 | 9.4 | 750 | 700 | C60 | C60 |
| 300～350 | 50 | 9.4 | 750 | 700 | C70 | C70 |
| 350～390 | 40 | 9.4 | 750 | 700 | C75 | C75 |
| 390～450 | 60 | 10.2 | 900 | 950 | C75 | C75 |
| 450～522 | 72 | 10.2 | 900 | 950 | C80 | C80 |
| 522～537 | 15 | 10.2 | 1850 | | C80 | |
| 537～547 | 10 | 8.5 | 1000(过渡段) | | C60 | |
| 547～780.5 | 233.5 | 7.8 | 650 | | C50 | |

副井第四系、新近系松散沉积岩组主要由黏土、砂质黏土和细、中、粗砂组成,厚度为 481.49m。上部黏土、砂质黏土中含少量石英岩小砾石和钙质结核,砂层多且层厚;下部砂层较薄且石英岩砾石少,黏土中钙质结核数量减少,力学强度低。设计采用有限段高公式,其冻结方案主要技术指标见表 6-6。

副井冻结方案设计主要技术指标汇总表

表 6-6

| 序　号 | 项　目 | | 单　位 | 数　值 | 备　注 |
|---|---|---|---|---|---|
| 1 | 井筒净直径 | | m | 6.5 | |
| 2 | 井壁最大厚度 | | m | 1.85 | |
| 3 | 井筒最大荒径 | | m | 10.3 | |
| 4 | 冲积层深度 | | m | 481.49 | |
| 5 | 冻结盐水温度 | | ℃ | −28~−32 | |
| 6 | 控制层冻结壁平均温度 | | ℃ | −15 | |
| 7 | 冻结深度 | | m | 800 | |
| 8 | 需要冻结厚度 | | m | 9.0 | |
| 9 | 外排孔 | 圈径 | m | 24.2 | 冻结管深度 800/525 |
| | | 孔数 | 个 | 28/28 | |
| | | 开孔间距 | m | 1.358 | |
| | | 深度 | m | 800/525 | |
| | | 冻结管径 | mm | 159 | |
| 10 | 中排孔 | 圈径 | m | 17.8/15.3 | 冻结管深度 520/459 |
| | | 孔数 | 个 | 16/16 | |
| | | 开孔间距 | m | 3.495/3.004 | |
| | | 深度 | m | 520/459 | |
| | | 冻结管径 | mm | 133/159,(300m 上/300m 下)133 | |
| 11 | 内排防偏孔 | 圈径 | m | 17.8/15.3 | 冻结管深度 395/215 |
| | | 孔数 | 个 | 8/8 | |
| | | 开孔间距 | m | 5.301/4.516 | |
| | | 深度 | m | 395/215 | |
| | | 冻结管径 | mm | 127 | |
| 12 | 测温孔 | 孔数 | 个 | 2/1/1 | |
| | | 深度 | m | 793/492/202 | |
| | | 管规格 | mm | $\phi108\times5$ | |
| 13 | 水文孔 | 孔数 | 个 | 1/1/1 | |
| 14 | | 深度 | m | 138/258/393 | |
| 15 | | 管规格 | mm | $\phi108\times5$ | |
| 16 | 冻结孔工程量 | | m | 58220 | |
| 17 | 钻孔工程量 | | m | 61289 | |

李粮店副井冻结站 2009 年 12 月 9 日正式开机,2010 年 2 月 2 日试挖,2 月 12 日掘砌至 30m 深后转入正式挖掘;5 月 14 日掘砌至 393m 后提前套壁,5 月 15 日~6 月

23 日深 393m$\phi$8m 套壁；7 月 31 日掘砌至冲积层底部，8 月 19 日掘至 537m；9 月 9 日～9 月 19 日深 520m 套壁；2011 年 1 月 9 日掘砌至原井筒深度 780.5m；2011 年 1 月 11 日停冻，1 月 12 日完成副井井底水窝底界深度延伸至 788.5m 工程。壁座施工耽误和延伸部位超过冻结壁保护范围，造成施工时井底渗水，影响下部施工速度。李粮店副井深厚冲积层和含水基岩采用全井深冻结井筒掘砌，包括马头门施工，成井速度为 70.6m/月。

### 实例五　我国目前正在进行的最深冻结竖井(下部冻结)、全球最深冻结井 ——核桃峪矿副井

目前，我国冻结最深也是全球冻结最深的核桃峪矿副井正在进行冻结孔钻进施工。核桃峪矿井位于甘肃省庆阳市正宁县周家乡，矿井建设规模为 1200 万 t/a。副立井井筒施工到 472m 深处发现岩层下部含水率很大而无法继续施工，决定下部施工前先对开挖荒径外进行冻结封水，也就是从 472m 深处往下冻结到深度 955m。目前，冻结孔打钻队伍及 6 台钻机已进场，正按计划进行施工。井筒全深岩层地质柱状图如图 6-1 所示。副井冻结设计技术参数见表 6-7。

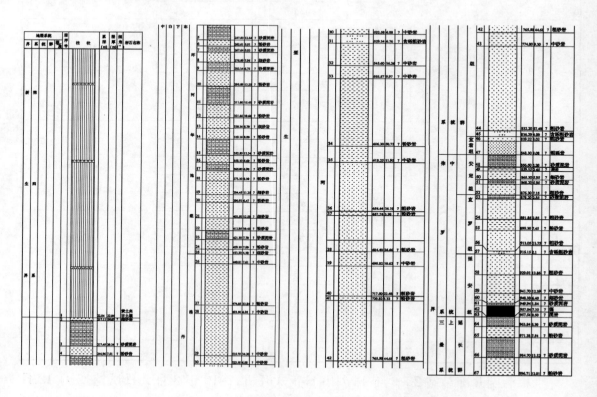

图 6-1　井筒全深岩层地质柱状图

### 副井冻结设计技术参数汇总表

表 6-7

| 序　号 | 项目名称 | 单　位 | 参　数 |
|---|---|---|---|
| 1 | 井筒净直径 | m | 9 |
| 2 | 冲积层深度 | m | 214.6 |
| 3 | 开挖荒径 | m | 10.4～13.4 |
| 4 | 已成井深度 | m | 472 |
| 5 | 冻结孔布置圈径 | m | 19.4 |
| 6 | 冻结孔深度(深孔/浅孔) | m | 955/856 |
| 7 | 冻结孔(深孔/浅孔) | 个 | 22/22 |
| 8 | 冻结孔开孔间距 | m | 1.385 |
| 9 | 冻结管规格 | mm | φ168 |
| 10 | 冻结孔偏斜率 | ‰ | 2.5 |
| 11 | 冻结孔最大孔间距(856m 以上/下) | m | 3.5/5.0 |
| 12 | 温控孔布置圈径 | m | 13.4 |
| 13 | 温控孔深度 | m | 472 |
| 14 | 温控孔 | 个 | 20 |
| 15 | 温控孔开孔间距 | m | 2.096 |
| 16 | 温控孔规格 | mm | φ127 |
| 17 | 外测温孔(2 个) | m | 955 |
| 18 | 内测温孔 | m | 592 |
| 19 | 冻结壁设计厚度 | m | 4 |
| 20 | 冻结壁平均温度 | ℃ | −8 |
| 21 | 盐水温度 | ℃ | −30 |
| 22 | 冻结孔单孔盐水流量 | m³/h | 12 |
| 23 | 需冷量(低温工况) | MW | 5.42 |
| 24 | 设计装机台数 | 套 | 10 |
| 25 | 冷冻站制冷能力(标准工况) | MW | 33.6 |
| 26 | 钻孔工程量 | m | 51784 |
| 27 | 工期 | 施工准备期 | d | 5 |
| | | 打钻工期 | d | 231 |
| | | 沟槽施工、集配液圈安装 | d | 7 |
| | | 积极冻结工期 | d | 82 |
| | | 井筒排水工期 | d | 15 |
| | | 开挖到停机 | d | 240 |
| | | 总工期 | d | 580 |

### 实例六  第一个放射孔(喇叭式)冻结竖井工程——邢东矿主井

放射孔冻结是 20 世纪七八十年代国际地层冻结工程界提出的设想,其主要特点是冻结孔钻进成放射状,即冻结孔浅部离井筒掘进荒径较近,深部向外偏斜,离掘进荒径较远。放射孔冻结的主要优点是:与单圈孔冻结方式相比,可以保证掘进时既不片帮,又不需挖太多冻土,且井筒可以提前开挖;与主、辅孔(防片孔)冻结相比,可避免防片孔底部附近的冻结壁厚度突变,且可显著减小钻孔工程量和冻结需冷量,不但缩短工期,而且节省投资。但是放射孔冻结在国际上一直没有实践过,主要是实施放射孔冻结有很多技术难点:要采取定向钻进系统将冻结孔钻进成放射状;冷冻站运转和掘进速度要实现动态配合,以尽可能地使冻结壁扩展与掘进深度(或地压)增加相适应。为了获得第一个冻结、注浆竖井施工工程,作者根据所在单位具有的所有技术集成,在投标邢东矿主井冻结注浆施工工程标书中第一次采用了这一方案,并中标该项工程,在国际上首次实施了向外放射孔(喇叭式)竖井冻结技术。

邢东矿主井净直径为 5m,表土段采用冻结法施工,冻结深度为 249.6m。冻结井壁为普通双层钢筋混凝土结构,内、外壁厚度均为 0.4m。根据井检孔资料,井筒穿过的冲积层厚度为 231.2m,强风化带厚度为 7.7m,以下为较完整的基岩。冲积层中砂层、黏质土层和砾、卵石层累计厚度分别为 106.8m、87.7m、18.4m。井筒深部黏土层较少,单层厚度最大为 4.73m,但底砾层附近有两层铝质黏土,其冻结性能较差。砾、卵石层主要分布在冲积层浅部和底部。由于受附近大量农用水井抽水影响,浅部含水层地下水流动较复杂。实测显示,冲积层地温较低,约为 15~18℃。放射孔冻结的基本设计原则是要使冻结壁的厚度沿地层深度方向与侧压值成比例,同时使冻结壁扩展与掘进进程相适应(见图 6-2)。

除个别砾石层和中、粗砂层外,整个井筒的井帮温度与冻土净荒径比较均匀。在粉质与黏质土层中,冻土净荒径一般少于 0.6m,井帮温度

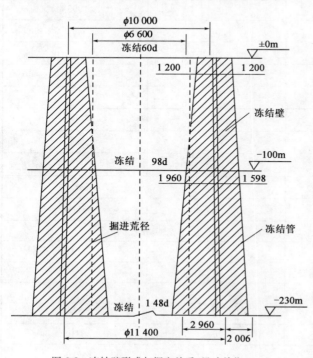

图 6-2  冻结壁形成与掘砌关系(尺寸单位:mm)

在−5℃以上，可保证掘进时既不片帮，又不用挖太多冻土。与类似工程相比，掘砌施工条件比较好，冻结段掘砌速度达到了151m/月，冻结总工期比设计缩短了近1个月，取得了显著的技术经济效益。

### 实例七 我国第一个含水地层全封闭垂直冻结斜井工程——榆树林子煤矿主斜井

冻结法凿井是广泛用于煤矿立井通过流砂、淤泥等复杂地层的一种特殊凿井技术，但在斜井施工中较少采用，原因是斜井冻结技术复杂。内蒙古榆树林子煤矿设计采用一对斜井开拓，但在43.75m厚的表土中，83％是流砂和淤泥，井筒施工先后采用了明槽、板桩、井点、注浆等施工方法，均告以失败，后改用冻结法施工此煤矿主斜井（施工斜长114.8m），顺利通过了表土层，取得了斜井冻结施工的成功经验。

榆树林子煤矿主斜井通过第四系表土厚43.75m，其中流砂占66％，淤泥占17％，黏土占17％。第四系最下部是一层黏土夹砾隔水层。第三系基岩层，垂深43.75~53.37m为粉砂岩，53.37~59.92m为砂质泥岩，59.92~64.47m为粉砂岩。井筒第一次冻结施工段是垂深15.2~53m，但掘进进入非冻结段时，第三系岩层胶结不好，含水易碎，故又延续冻结至垂深63m。因此，冻结段斜长共114.8m。

井筒断面为直墙半圆拱形状，倾角25°，净宽2.4m，采用双层井壁，内壁为250mm厚素混凝土，外壁为300mm厚料石砌。

根据打钻技术，煤矿斜井冻结孔布置可分为地面垂直钻孔、倾斜钻孔、工作面水平钻孔、定向钻孔、上述四种组合形式等五种形式。榆树林子煤矿主斜井冻结孔布置采用了地面垂直钻孔方式（见图6-3、图6-4）。

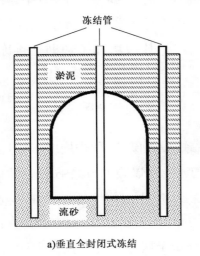
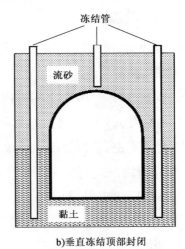

a)垂直全封闭式冻结　　　　　　　　b)垂直冻结顶部封闭

图6-3 榆树林子煤矿主斜井垂直冻结孔冻结方式

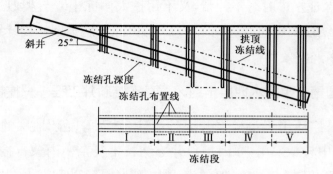

图 6-4　煤矿主斜井冻结孔分段布置示意图

榆树林子煤矿主斜井冻结沿井筒轴向布置 3 排冻结孔,具体又划分成如图 6-4 所示的 5 段,其冻结参数详见表 6-8。

榆树林子煤矿主斜井冻结参数表　　　　　　表 6-8

| 冻　结　参　数 | | | 冻结孔布置分段长(m) | | | | |
|---|---|---|---|---|---|---|---|
| | | | I | II | III | IV | V |
| | | | 28.5 | 16.2 | 18.0 | 23.1 | 18.0 |
| 冻　结　孔 | | 编　　　号 | 0～20 | 21～29 | 30～40 | 41～55 | 56～67 |
| | | 排距(m) | 2.74 | 2.49 | 2.74 | 2.74 | 2.74 |
| | | 间距(m) | 1.5 | 1.8 | 1.5 | 1.65 | 1.65 |
| 冻　结　壁 | 厚度(m) | 顶 | 5 | 5 | 5 | 5 | 5 |
| | | 侧 | 1.7 | 1.7 | 1.7 | 1.7 | 1.7 |
| | | 底 | 3 | 3 | — | — | — |
| | 平均温度(℃) | | —6 | —8 | —6 | —6 | —6 |

I、II 段井筒底部没有可利用的隔水层,井筒顶、帮、底都需冻结,故中排冻结孔需穿过井筒,几乎要将井筒冻实。另外,在 II 段,井筒处在淤泥土层中,淤泥冻结速度慢、强度低。为了加快冻结速度,提高淤泥冻土强度,II 段增加了辅助边排冻结孔,即双边排孔(排距为 0.7m)。

III 段井筒底部有一层黏土夹砾隔水层,IV、V 段已进入第三系岩层,因此这 3 段中排孔都不穿过井筒,冻结壁为非封闭型结构。

榆树林子煤矿主斜井冻结段,开始采用风镐短段掘砌,工程进展缓慢(日成井只有 0.39m)。为了加快掘进速度,采用了钻爆法施工,浅孔爆破、分层掘进,全断面一次成型。冻土内钻眼用煤电钻,钻杆长 1.2m,炮眼深 0.8～1m;用 2 号硝铵炸药,段发雷管起爆,每茬炮炮眼为 28～34 个,总装药量为 9～12kg;每掘进 2～4m,用料石铺底,砌墙接轨,8～12m 后一次料石合拱;整个冻结段分 4 个区段套完内层井壁。这样施工,使榆树林子煤矿主斜井表土冻结段最高成井速度达到了 27.2m/月。榆树林子煤矿主斜井冻结壁设计参照立井冻结施工经验,采用硐室自然平衡拱原理确定冻结壁尺寸,施工实践证明是安全可靠的,但斜井冻结设计方法和理论还有待进一步探讨。

### 实例八　我国第一个深基坑"冻结排桩法"围护工程——润扬长江公路大桥南汊桥南锚碇基坑

润扬长江公路大桥南汊桥采用跨径1490m双塔单跨双铰钢箱梁悬索桥方案,是我国目前跨径最大的桥梁,位居世界第三。悬索桥两根主缆将6.8万t拉力通过锚碇及重力式嵌岩基础传至地基。南锚碇基础尺寸为70.5m×52.5m×29m(长×宽×深),为特大型嵌岩深基坑工程。设计方案经过初步设计阶段、技术设计阶段和带案招标设计阶段等对沉井、地下连续墙、冻结、地下连续墙加冻结、排桩加冻结基础方案的反复论证和比较,最终确定在国内首次采用"冻结排桩基坑围护设计方案"。

南锚碇位于镇江岸农田内,距江边大堤540m,距达标大堤270m,地处下扬子板块前陆褶皱冲断区宁镇冲断带。锚区地面标高为+3.0m,第四系覆盖层主要以软塑淤泥质亚黏土、亚黏土与粉砂互层为主,底层为3~5m粉细砂,总厚为27.80~29.40m。基岩的岩性为二长风化花岗岩,层面总体上较为平缓,标高在-24.80~-26.40m之间,但全风化层和强风化层分布不均匀。在基坑西侧,岩石呈碎裂结构,裂隙发育。南锚碇场区地下水位为+1.8~+2.2m,由于区域断裂构造的叠加影响及长江漫滩冲刷沉积,赋存两大含水层组——第四系孔隙微承压含水层组及基岩裂隙微承压含水层组,其渗透系数分别为2.0m/d和0.006~0.4m/d,两个含水层与长江水系均有不同程度的水力联系。

深大基坑工程施工关键技术是解决封水和挡土问题。南锚碇冻结排桩围护体系是以含水地层冻结形成的冻结帷幕为基坑的封水结构,以排桩及内支撑系统为抵抗水土压力的承力结构,将两者的优势有机结合起来,形成一种新的围护技术,较好地解决了基坑围护结构的嵌岩及封水问题。

排桩结构设计沿基坑四周布置140根$\phi$150cm@170cm(172.5cm)钻孔灌注桩,桩长35m,嵌岩6m。基坑内设7道钢筋混凝土水平支撑,并由29根钢格构作为水平支撑的支承立柱(见图6-5、图6-6)。

冻结帷幕布置在排桩外侧,采用单排冻结孔冻结封水,与排桩插花布置,间距为1.70m(1.725m),距离排桩中心线1.4m。冻结孔数量为144个,孔深40m,冻结帷幕入岩11m。为了保护冻结帷幕不会因地下水绕流冲刷融化,同时增加封水深度并减少基底的涌水量和扬压力,沿基坑一周共设置74个注浆孔,在冻结前,对深度37~45m

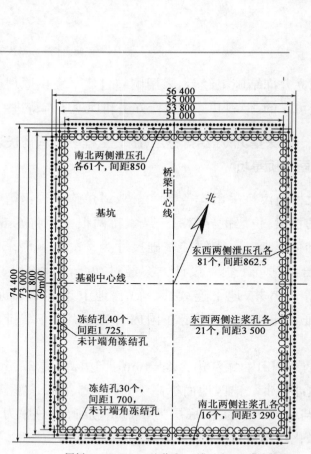

图 6-5 "冻结排桩法"围护工程(尺寸单位:mm)

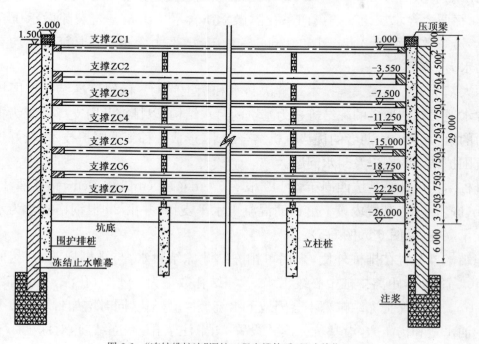

图 6-6 "冻结排桩法"围护工程支撑体系(尺寸单位:mm)

范围内的基岩裂隙进行地面预注浆封堵。含水地层经冻结后产生冻胀,当这种冻胀受到约束时,就会产生冻胀力。为了降低冻胀力对排桩结构的不利影响,设计采取在冻结帷幕外侧覆盖层土体内设置 $\phi 25cm$ 卸压孔。为了有效地释放冻胀力,卸压孔内注满优质泥浆,以防孔壁坍塌(见图 6-5)。

"冻结排桩法"围护新技术在润扬大桥南锚碇基础工程中应用取得圆满成功,是我国岩土工程基础施工方法的一个技术创新。该方法使结构物深基础嵌岩问题变得简单易行,这是地下连续墙、沉井等施工方法难以逾越的。但通过工程实践,该法仍有一些需要解决的技术难题,如如何有效地控制冻结墙体厚度,如何降低冻胀力对结构的影响,以及新的卸压手段的研究等。

### 实例九　我国第一个水厂水池工程冻结地连墙——上海杨树浦水厂地连墙

上海杨树浦水厂位于上海杨树浦路 1000 号,其建于 1920 年的 6 号水池要进行全面重建,面积为 $17.65m \times 10.70m$。该水池南边是黄浦江(用堤坝隔开),西侧是 5 号池(中隔板隔断),水池南侧比北侧高出约 8.0m,东西两侧各为向南倾斜约 $28°$ 的斜坡,水池清理深度为 8.02m。由于工程和水文地质情况,以及场地限制,最终采取三边地下冻结连续墙。冻结地连墙总长度为 37m(西边长 12m,南边长 18m,东边长 7m),深度为 16.46m。冻结孔中心线布置在离水池边 0.8m 处,开孔间距为 0.9m,孔低控制间距为 1m,总共 44 个冻结孔,3 个测温孔。冻结地连墙设计厚度为 1.5m(见图 6-7)。

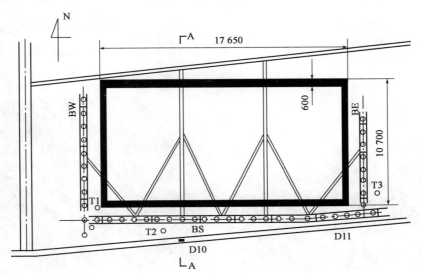

图　6-7

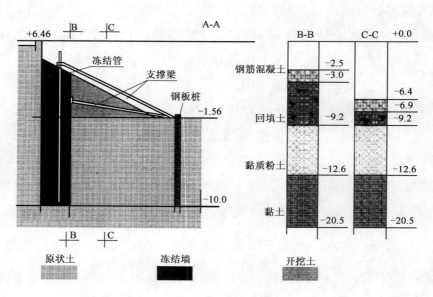

图 6-7　冻土连续墙（帷幕）

冻结 34d 后全部封闭，冻结孔之间冻土发展平均速度为 30mm/d，向内侧发展速度为 28mm/d，向外侧发展速度为 21mm/d（有旋喷桩）。

整个开挖工作全部是人工施作，土渣用 0.3m³ 手推车装运，并用行车直接挂好进行垂直提升。为了保持冻土墙不受大气融化影响（1996 年 3 月），对开挖后暴露出的冻土墙采用塑料板覆盖（见图 6-8）。对冻土墙在开挖过程中南侧的 D10（距冻结管布置中心线 1.2m）和 D11（距冻结管布置中心线 0.6m）处的变形（向内侧沉降/隆起）进行了监测。开挖接近完成的第 28 天，D10 点向内侧位移为 8mm，D11 点向内侧位移为 12mm；隆起分别为 13mm 和 38mm。施工全过程冻土墙安全稳定，整个工程顺利完成。

a)　　　　　　　　　　　　　　　　　b)

图 6-8　开挖过程中冻土连续墙及塑料板保温

### 实例十　我国第一个拱顶水平冻结地铁隧道工程——北京地铁"复八"线—大热区间隧道

作者所在原单位承担了北京地铁复兴门至八王坟("复八"线)的南隧道大北窑车站东侧至热电厂("大热")区间拱顶水平冻结工程。此段隧道正处在国贸立交桥下,是长安街和东三环的交叉要道。"复八"线在由东掘衬至"大热"区间的隔断门(里程为 B248＋12.08)时,隧道顶部遇到了粉细砂层,发生坍塌,并造成地表沉陷。据勘测资料,此段由地面向下,土层依次为杂填土、轻亚黏土、粉细砂、圆砾砂层、轻亚黏土,粉细砂厚 1～2m,鸡窝状赋存,呈流态。据调查,粉细砂的饱和与隧道上面的地下排污水管线渗漏有关。隧道拱顶埋深约 10m,拱顶布置方式如图 6-9 所示。隧道纵断面及各类管线和冻结管的关系如图 6-10 所示。

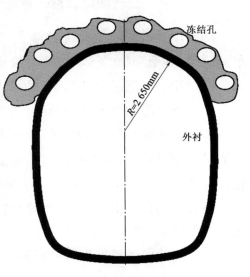

图 6-9　拱顶冻结管布置方式

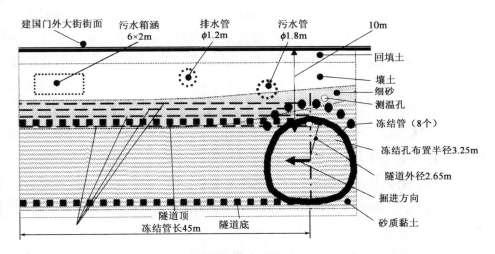

图 6-10　隧道纵断面及各类管线和冻结管的关系

冷冻站和管路于 1998 年 1 月 3 日开始安装,1 月 19 日开始制冷运转,运转 2d 后盐水降至－5℃,10d 后盐水的供冷温度达到－15℃,22d 后达到设计温度－24～－25℃。

30d 后孔深 20m 以内的地层温度为 2～3℃,说明冻土接近隧道掘砌荒径。1998 年 3 月 26 日开挖,地层冻结 38d。在冻结段掘衬到 20m 之后,采取维护冻结盐水温度措施,将温度由-25℃升到-18℃,后又采用间歇式维护冻结。整个阶段施工安全,工序衔接连贯。冻结段的隧道掘衬于1998年4月10日安全完成。

### 实例十一 我国第一个破碎带全封闭水平冻结隧道工程——广州市轨道交通二号线纪念堂—越秀公园区间隧道

广州市轨道交通二号线纪念堂—越秀公园区间隧道是由左右线隧道组成的单线单洞隧道,隧道穿越的区域大部分位于广州市越秀山下,南北端分别与纪念堂站和越秀公园站相接。纪念堂站的里程为YDK14+724.65~YDK14+738.85。区段设置了一个长×宽×深为28m×14.2m×21.7m的隧道风机房,风机房与纪念堂站的距离为49.7m。区间隧道南段长度约150m,位于东风路与应元路之间的连新路的路面下,经过清泉街断层破碎带,上覆第四系土层广泛发育,有砂层分布,地质条件复杂。隧道外轮廓宽6.5m,高6.7m,线间距11.2m,线路埋深约19.8m。

隧道东侧有中山纪念堂,西侧有广东科学馆和粤王井。其中,中山纪念堂是国家级文物保护单位,目前正在申报世界文物保护遗产。此段采用矿山法施工。

本区间的构造现象为清泉街断裂。清泉街断裂通过纪念堂—越秀公园区间,并在纪念堂站所在的连新路与线路斜交,交角约为50°。断裂走向为290°~300°,倾向SW,倾角为60°~75°,为正断层,沿线路方向在第四系地层之下。钻孔表明,在线路上清泉街断裂南侧至北侧距离约为145m,南侧和北侧均为断层破碎带,宽度分别为30m和50m。隧道洞身全断面通过北侧破碎带,南侧破碎带位于隧道下部,局部存在于隧道和纪念堂车站中。南侧破碎带的母岩为砾岩和白云质灰岩,北侧破碎带的母岩为碳质页岩。层间挤压带的母岩为碳质页岩和白云质灰岩。断层破碎带由断层角砾岩、硅化角砾岩、断层泥组成,胶结性差,呈强风化岩状和全风化土状。层间挤压带中的碳质页岩受到较强烈的挤压破碎,呈全风化土状;白云质灰岩为中等风化岩和微风化岩,其中受挤压部分的岩心呈碎块状,裂隙发育,有溶蚀现象。本区间地下水按赋存方式分为第四系孔隙水、基岩裂隙水、岩溶水以及断裂带的裂隙水四种。分层抽水试验表明,北侧破碎带的渗透系数为4.47m/d,属于中透水性。

若断裂较宽,隧道施工期较长,且在施工期间遇上降水或地下管线渗漏,则断裂中的破碎带和层间挤压带就是非常好的透水带。沿地铁线路,清泉街断裂以北为越秀山,降水时大量地下径流和地表径流顺坡而下,亦会沿清泉街断裂北侧破碎带下渗。而国家重点文物保护单位中山纪念堂坐落在清泉街断裂带上,隧道施工时,必须切实防止断裂破碎带的地下水沿隧道大量渗出,以保证地面建筑物的安全。因此,隧道施工必须解决下述两个问题:

（1）安全通过断裂带，避免出现大量渗水、坍塌现象。

（2）中山纪念堂和粤王井需要良好保护，以防止出现显著沉降。

为确保断裂带范围内地层的稳定性和隧道施工的安全性，减少隧道施工引起的地下水流失对中山纪念堂和粤王井等文物的不利影响，经过对全帷幕注浆法、水平冻结法等方案的安全、经济、实施性等进行全面对比分析，最终决定采用冻结加固方法。该法在洞周形成一个稳定的、具备足够强度的冻结壁，在冻结壁的保护下进行土方开挖和隧道结构的施工。包括左右线在内，冻结法施工的设计总长度为165m（实际冻结长度为115m），单根冻结管的长度最长为62m（实际最长为63m）。

对于全断面穿过破碎带的风机房北侧的隧道，隧道施工采用全断面冻结辅助施工方案（见图6-11a）；对于右线风机房南侧的隧道，因局部地段隧道中下部存在强度和硬度较高的石灰质灰岩，冻结保护措施可以只用在隧道拱部，在隧道顶部的冻结圈的保护下进行隧道的掘进施工，而隧道中下部可不采用冻结辅助措施（见图6-11b）。沿隧道衬砌外缘0.7m处布置一圈冻结孔，冻结孔间距为0.8m，均布28个。另外，在冻结孔内外侧各布置一个测试孔，测试孔的长度略短于冻结孔。冻结壁设计厚度按平面应变的厚壁拱梁计算，取1.2m；冻结壁平均温度为−8℃，其强度大于5MPa。钻孔的偏斜要求控制在0.8%之内，终孔间距不得大于1.1m。

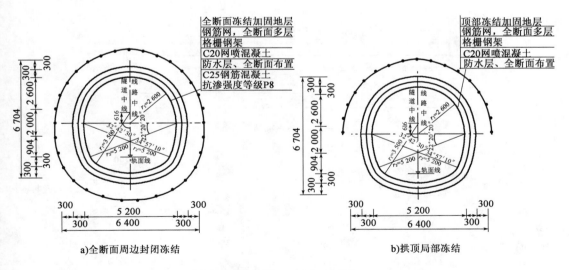

a)全断面周边封闭冻结　　　　　　　b)拱顶局部冻结

图6-11 冻结管布置方式（尺寸单位：mm）

清泉街断裂破碎带的右线隧道冻结施工于2001年5月开始，2001年7月冻结结束；左线隧道冻结施工于2001年9月开始，2001年11月冻结结束。包括隧道掘进和衬砌施工在内的隧道施工于2001年12月底全部顺利完成。

## 实例十二 我国最长全封闭水平冻结隧道工程——广州市轨道交通
## 三号线天河客运站折返线工程

广州市轨道交通三号线天河客运站折返线位于广州市天河区广汕公路下方,折返线斜穿广汕公路和沙河立交桥。该区段道路两侧地下管线纵横交错,类型较多,如电信管线、给水管线、电力管线、排水管线和煤气管线等。另外,广汕公路是连接广州与汕头、增城之间的重要交通干道,交通繁忙,不能封路施工,因此只能采用暗挖法施工。折返线长度为 147.8m(折返线设计起始里程为 SK0+102.60,终点里程支 SK0+250.40),隧道顶面距离地表最小约为 8m。隧道净断面为马蹄形,隧道净高为 9 146mm,净宽为 11 400mm。隧道临时支护为厚 350mm 的 C20 格栅钢架网喷混凝土,内衬为厚 450mm 的 C30P8 模筑钢筋混凝土。

根据上述工程特征,并结合水平冻结施工经验,采用"水平孔冻结加固土体,隧道内开挖构筑"的施工方法。即在隧道周围布置水平冻结孔,并在冻结孔中循环低温盐水,使冻结孔附近的含水地层结冰,形成强度高、封闭性好的冻结壁(冻土帷幕),然后在冻结壁的保护下运用矿山法进行隧道开挖与构筑施工。折返线双线隧道地层冻结长度约为 138.8m,采用隧道四周帷幕冻结(见图 6-12~图 6-14)。

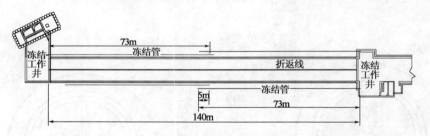

图 6-12 折返线冻结纵剖面

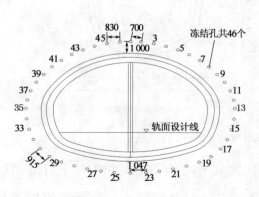

图 6-13 折返线暗挖隧道南端冻结孔口布置图
(尺寸单位:mm)

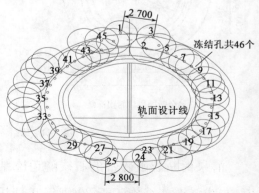

图 6-14 隧道水平冻结管断面布置图
(尺寸单位:mm)

冻结孔开孔间距,顶板部位取 0.8～0.9m,侧壁和底板部位取 0.9～1.0m。开孔孔位偏差不应大于±50mm,若需避开障碍物,则应调整开孔角度进行回归。冻结孔开孔布置轴线距隧道开挖边沿设计为 1.0m。根据冻结孔布置设计,单断面冻结孔数为46 个。

### 实例十三　我国第一个河流下全封闭水平冻结联络通道泵站工程——上海地铁 2 号线陆家嘴站—河南中路站区间隧道联络通道

作者所在原单位承担了我国第一个河流下全封闭水平冻结联络通道泵站工程——上海地铁 2 号线陆家嘴站—河南中路站区间隧道联络通道(以下简称联络通道)。它位于两站区间隧道中部、黄浦江下,是地铁运营中隧道的集、排水泵站及上、下行隧道间的安全联络通道。其结构由两个分别与上、下行隧道相交的喇叭口、通道及泵站组成(见图 6-15)。按设计,上、下行隧道中心标高分别为−26.301m 和−26.337m,中心线间距为 12.394m,联络通道开挖区顶面标高为−23.958m,泵站开挖区底面标高为−31.891m。

涉及联络通道施工范围内的土层为灰色粉质黏土,其土质均匀、透水性差、含水率高、孔隙比大、强度低、灵敏度高,呈软塑～可塑状态,在动力作用下易产生流变。在该地层内进行联络通道开挖构筑,必须先对开挖影响范围内的土体进行加固处理。采用单侧放射冻结孔进行冻结,有利于另外一侧进行隧道铺轨等作业。该水平冻结放射式冻结孔布置方式如图 6-16 所示。

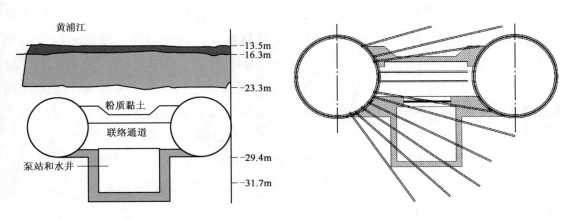

图 6-15　联络通道在江底的位置示意图　　　图 6-16　水平冻结放射式冻结孔布置方式

在方案论证阶段,曾提出在联络通道隧道两端设置防淹门,以防冻结孔施工过程中或冻结开挖过程中上部黄浦江的水涌入隧道。作者作为该项目技术负责人,根据该处冻土物理力学性质,结合作者所在单位的冻结孔钻井设备研制了孔口逆止阀,提出取消这两道防淹门方案,并获得各方同意。该联络通道是国内用冻结法施工的第一个江底联络通道,没有类似施工经验可以借鉴,技术难度比较大。施工各方通过紧密配合,克服各种技术难题,并严格按设计进行施工。该工程于 1998 年 12 月 11 日正式供水供电开钻。钻 X42 和 X53 号孔时出现出水冒泥现象,用孔口密封阀止水,并注浆治理。到 1998 年 12 月 24 日完成 58 个冻结孔和 8 个补孔的全部施工工作。1998 年 12 月 30 日开冻,1999 年 2 月 2 日隧道管路正式开挖,2 月 22 日施工全部结束,工期提前 15d,为铺轨创造了条件。在业主、设计、施工、监理共同配合下,该工程取得了圆满成功。

### 实例十四　我国第一个全断面水平冻结地铁联络通道集水井工程——上海地铁 2 号线杨高路站—中央公园站区间隧道联络通道和泵站工程

作者所在的原单位北京中煤矿山工程公司 1998 年 2 月在国内首次采用全断面水平冻结法施工了上海地铁 2 号线杨高路站—中央公园站区间隧道联络通道和泵站工程(简称旁通道),并获得圆满成功。根据旁通道开挖尺寸,冻土帷幕采用直墙半圆拱形。考虑到施工可行性、冻结帷幕结构和掘砌施工顺序要求,冻结孔布置成放射状,集中在下行线一侧隧道钻孔,并根据旁通道结构采用上仰、近水平和下俯三种形式。

水平冻结孔施工于 1998 年 2 月 20 日开钻,3 月 15 日完成全部钻孔。施工采用钻孔、铺管合一的技术方案,配用机械组合式无芯钻头。采用灯光测斜,钻孔偏斜率均不大于 0.15%。施工中钻孔开孔需避开钢筋混凝土管片主筋和钢管片横肋,部分孔位因此作了适当调整。所有钻孔经试压验收全部合格。冻结系统于 1998 年 3 月 28 日调试运行,3 月 30 日冷冻机正式运转,4 月 3 日盐水即达到−25℃。根据测温孔测温数据分析,冻结壁于 4 月 24 日已交圈,并已达到设计厚度。但由于开挖改为从上行线冻土帷幕最薄弱处施工,为安全起见,积极冻结期稍作延长。5 月 8 日从开挖侧作探孔触探后,打开钢管片进行开挖,冻结加固开始转入维护期。开挖过程中发现联通道拱顶及两侧冻土进入荒径 300mm,下部进入荒径 800～1200mm,而集水井全部冻实,整个冻土帷幕强度较高,且发展均匀,起到良好的超前支护作用。5 月 29 日停止维护冻结,地层冻结加固工期提前 14d。联络通道两侧管片预注浆部分如图 6-17 所示。联络通道一侧放射孔贯通冻结示意图如图 6-18 所示。

施工过程中,主要解决冻结法施工冻胀融沉对地面建筑和隧道结构的影响。首先,为控制冻结过程中冻胀对地表及隧道的影响,在两侧隧道开挖断面内分别设置两个卸压孔,以缓释冻结过程中产生的冻胀压力;在对侧隧道沿冻结壁方向密布测温孔,监测冻结壁薄弱处的冻结状况,并及时了解冻结壁发展速度,以控制冻结壁冻胀程度;

采用小开孔间距、较低温度盐水、较大盐水流量加快冻结速度；在维护冻结过程中采取措施，尽量减少冻胀量。其次，旁通道施工时，在混凝土中预埋注浆管，必要时采用跟踪注浆，以减小冻土融化时造成的地表沉降。该工程工后效果基本达到设计要求。

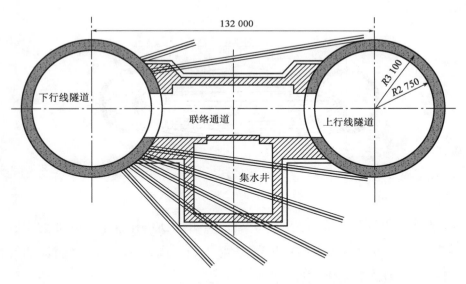

图 6-17　联络通道两侧管片预注浆部分

图 6-18　联络通道一侧放射孔贯通冻结示意图(尺寸单位:mm)

## 实例十五　我国第一个盾构隧道双向水平(放射孔)冻结长间距联络通道——南京地铁二号线油坊桥盾构井—中和村站区间一号联络通道

南京地铁二号线油坊桥盾构井—中和村站区间一号联络通道地貌单元属长江低漫滩，联络通道埋深为 14.06m，所处地层呈二元结构，上部主要以淤泥质粉质黏土为主,下部以砂性土为主(见图 6-19),含水率丰富。工程区域内受影响的地下水为潜水。

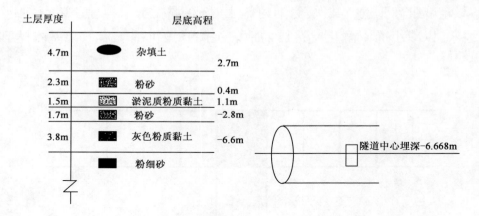

图 6-19　联络通道地质和所处位置

根据工程地质条件及水文条件,确定采用"隧道内钻孔,冻结临时加固土体,矿山法暗挖构筑"的施工方案。联络通道采用在两条隧道内双向打设冻结孔,在通道中部交叉 1.5m,并分别在两侧隧道内安装冻结站的冻结加固方法对联络通道周围土体进行加固(见图 6-20)。

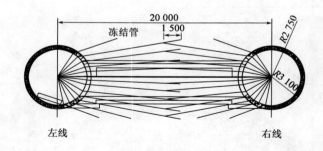

图 6-20　联络通道两侧双向放射冻结孔布置方式(尺寸单位:mm)

设计联络通道两端开口部分为 1.5m×2.1m 的矩形洞门,中间断面为半圆拱直墙形式:直墙结构宽 2.0m、高 2.1m,拱形部分宽 2.0m、高 0.7m。联络通道的开挖尺寸为 13.8m(长)×3.4m(宽)×4.28m(高)。

由于联络通道两侧隧道内直径为 5.5m,施工空间不足,为了保证联络通道冻结壁的均匀性和完整性,冻结孔按上仰、近水平、下俯三种角度布置在通道的四周[冻结管长度及俯(仰)角度见表 6-9]。冻结孔在水平方向按 900mm 间距布置,在竖直方向按 450mm 间距布置。左线隧道内冻结孔 64 个,右线隧道内冻结孔 62 个,共 126 个(含 2 个对穿孔)(见图 6-21)。

**冻结管长度及俯(仰)角汇总表** 表 6-9

| 冻 结 管 编 号 | 长度(mm)/角度(°) | 冻 结 管 编 号 | 长度(mm)/角度(°) |
|---|---|---|---|
| D1-1～D1-6 | 4 246(20.5) | D1′-1～D1′-6 | 4 246(20.05) |
| D2-1～D2-7 | 9 799(9.67) | D2′-1～D2′-7 | 8 280(9.17) |
| D3-1～D3-7 | 9 290(8.02) | D3′-1～D3′-7 | 7 787(7.52) |
| D4-1～D4-2 | 8 972(4.47) | D4′-1～D4′-2 | 7 468(3.97) |
| D5-1～D5-2 | 8 815(2.42) | D5′-1～D5′-2 | 7 311(1.92) |
| D6-1～D6-2 | 14 508(0) | D6′-1～D6′～2 | 对穿孔(0) |
| D7-1～D7-2 | 8 770(−2.43) | D7′-1～D7′-2 | 7 284(−1.93) |
| D8-1～D8-2 | 8 867(−4.66) | D8′-1～D8′-2 | 7 363(−4.16) |
| D9-1～D9-2 | 9 155(−5.6) | D9′-1～D9′-2 | 7 649(-5.1) |
| D10-1～D10-7 | 9 623(−8.82) | D10′-1～D10′-7 | 8 108(−8.32) |
| D11-1～D11-7 | 10 040(−10.87) | D11′-1～D11′-7 | 8 476(−10.37) |
| D12-1～D12-7 | 6 845(−14.86) | D12′-1～D12′-7 | 5 980(−14.36) |
| D13-1～D13-7 | 3 534(−21.48) | D13′-1～D13′-7 | 3 584(−21.48) |

注:表中正值代表仰角,负值代表俯角。

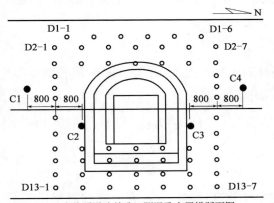

a)左线隧道冻结孔、测温孔布置横断面图

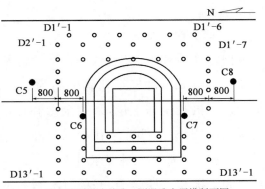

b)右线隧道冻结孔、测温孔布置横断面图

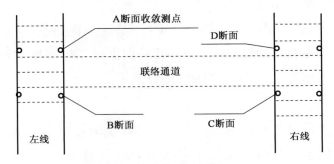

c)隧道收敛测点平面图

图 6-21 双向放射冻结孔、测温孔和收敛测点布置图(尺寸单位:mm)

### 实例十六　我国第一个水下冻结桥墩基础——湖口大桥主塔东塔基础工程

湖口大桥位于江西省九江市湖口县城境内,横跨鄱阳湖至长江入口处。大桥主桥长 636m,是九江至景德镇高速公路上的特大斜拉桥。该桥主塔的东塔为 4 根直径 4m 的灌注桩,桩基嵌岩深度为 7m。原设计施工方案为钻孔灌注桩,但因地层条件复杂,国内现有钻机能力不能满足工艺要求,经多次专家论证比较,改用冻结法加人工挖孔桩施工方案。该工程是我国第一个水下冻结桥墩基础工程。

湖口的湖水位受长江水位和鄱阳湖上游水位影响,变化较大。施工期间水位标高在+13~+19m 波动,水深为 5~10m,流速在 1.8~2.5m/s 之间。通过实测得知,在主航道位置,水的流动对护筒周围的土层冲刷深度达 1.5~3m。

结合煤矿冻结法凿井的经验,采取如下方法确保冻结工程的顺利实施:

(1)在水中搭建冷冻站作业平台(标高+21m 左右),以解决高水位波动对冻结的影响;

(2)在桩基上部下放直径 4.8m 的钢护筒(护筒上口标高+20m),以确保高水位时湖水不涌入开挖工作面,同时起到对未冻土层的支护封水作用;

(3)在护筒口(标高+20m)位置搭临时施工平台,以满足人工挖孔和混凝土浇灌作业要求。

1. 冻结深度及方案

根据地质及水文地质资料,结合桩基本身结构,确定冻结深度超过桩基底部(桩底标高-18m)5m,即冻结孔底标高为-23m。同时,为了既能确保冻结工程施工安全,又能减少桩孔内冻土量,采用全深和局部冻结相结合的冻结方案,即桩外部冻结孔用全深冻结法,桩内部冻结孔用局部冻结法。

2. 冻结壁厚度及冻结孔布置

为了提高开挖效率,开挖时冻结壁不支护。冻结壁厚度按无限长弹性厚壁圆筒计算,每桩共布置 27 个冻结孔。

设计单机制冷,盐水温度为-25~28℃,冻结壁平均温度取-6℃,淤泥质亚黏土冻土抗压强度根据冻土试验结果取 3.46MPa;根据冻结壁弹塑性理论,按无限长厚壁圆筒计算的冻结壁厚度为 1.83m(见图 6-22)。

3. 冻结需冷量

设计冻结盐水温度为-25~-28℃。冻结冷量消耗分为冻结土层冷量消耗、护筒在水流动下的冷量消耗及制冷设备在空气中的冷量消耗三部分。通过计算得到的冻结总需冷量为 423.1kW。

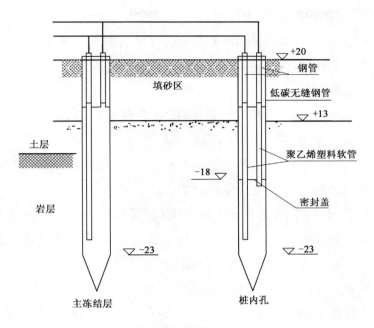

a)冻结器构造图

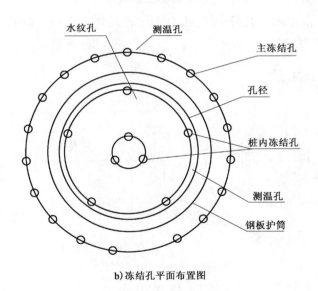

b)冻结孔平面布置图

图 6-22 冻结管布置图

## 4.冻结钢护筒下放深度

冻结钢护筒下放深度的确定要考虑以下因素:

(1)浮淤流动产生未冻土的厚度;

(2)水的流动与护筒热交换对护筒刃脚未冻深度的影响;

(3)水的垂直渗透性对未冻土深度的影响;

（4）水的流动对护筒稳定性的影响。

考虑这些影响因素，根据热传导及河床水力学有关原理进行计算，确定护筒进入淤泥层深度不小于 5m 时，即可满足安全施工要求。

5.冻结制冷设备

根据设计盐水温度及冻结需冷量要求，选择 2 台 KY-2KA20C 螺杆冷冻机组。设计工况情况下的制冷量为 627.86kW，满足工程要求。

冷冻站于 1998 年 4 月 15 日开始冻结制冷，2 台冷冻机组同时运转，4 根桩冻结孔同时供冷。积极冻结期盐水温度最低达 −28℃。

冷冻站运转期间，盐水温度分三个阶段进行控制：第一阶段为桩孔开挖前期，积极冻结期盐水温度控制在 −25～−28℃ 之间；第二阶段为桩孔开挖接近岩石时，盐水温度控制在 −22～−25℃ 之间；第三阶段为桩孔开挖进入岩石后，盐水温度控制在 −22℃ 左右。桩孔刷帮和绑扎钢筋时，应停止冻结。

表土段桩孔开挖采用人工掘进，平均日进尺 1.2m 左右；岩石段采用钻眼爆破掘进，光面爆破，平均日进尺 1.2m 左右。放炮使用 2 号岩石硝铵炸药，秒表延期雷管引爆，施工过程中对冻结管没有任何损害（爆破图见图 6-23）。辅助眼装药量为 0.5～0.8kg/眼，周边眼装药量为 0.3～0.5kg/眼，正向装药，爆破参数见表 6-10。

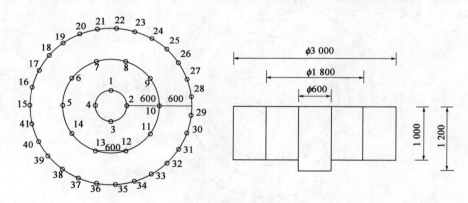

图 6-23　爆破图(尺寸单位:mm)

**爆 破 参 数 表**　　　　　　　　　　　　　　　　　　表 6-10

| 圈别 | 炮眼名称 | 炮眼号 | 眼数(个) | 眼深(m) | 眼距(m) | 每眼装药量 圈数 | 每眼装药量 质量(kg) | 每眼装药量 小计 | 角度(°) | 起爆顺序 | 联线方式 | 备注 |
|---|---|---|---|---|---|---|---|---|---|---|---|---|
| 1 | 掏槽眼 | 1～4 | 4 | 1.2 | 0.45 | 5 | 0.75 | 3 | 90 | 1 | 串联 | |
| 2 | 辅助眼 | 5～14 | 10 | 1.0 | 0.6 | 4 | 0.6 | 6 | 90 | 2 | 并联 | 中空眼 1 个 |
| 3 | 周边眼 | 15～41 | 24 | 1.0 | 0.4 | 2.5 | 0.38 | 10.125 | 87 | 3 | 并联 | |
| 合计 | | | 41 | | | | 12.75 | | 19.125 | | | |

## 第二节　冻结法在国内隧道工程中的应用

### 实例一　盾构始发垂直冻结工程

上海大连路过江圆隧道优化为两台盾构机同步由浦东向浦西掘进。该工程于2001年5月25日由浦东工作井率先开工,西线盾构机于2002年3月25日顺利出洞始发掘进,2002年9月23日抵达浦西工作井;东线盾构机于2002年6月17日出洞始发掘进,2002年12月6日抵达浦西工作井。浦东侧连接通道于2002年12月8日开始钻孔,2003年4月10日混凝土浇筑完成;浦西侧连接通道于2002年12月24日开始钻孔,2003年5月2日混凝土浇筑全部完成。两岸的暗埋段和引道段于2003年6月实现隧道土建结构贯通,整个工程于2003年9月竣工通车,比合同工期提早8个月,创黄浦江大型越江隧道施工最快纪录。

选用由日本三菱重工设计和制造的$\phi$11.22m大型泥水平衡式盾构机。该盾构机分为掘进机、掘进管理、泥水输送、泥水处理和同步注浆五大系统。

为确保在破洞门过程中暴露的土体具有稳定性和可靠性,对洞门外土体采用冰冻加固处理,以形成冻结帷幕墙。为减少冻胀和融沉及合理利用冷量,采用了局部垂直冻结加固的方式。为增加泥水平衡式盾构机始发掘进时的可靠性和减小对已建地铁明珠线区间隧道的影响,在整体板块之外,沿盾构推进线路上方增加了一定长度的顶棚加固。为保证盾构机进洞的安全、可靠,洞门外土体加固也采用了厚度为2.8m的板状全深冻结帷幕墙加固方式(见图6-24~图6-26)。

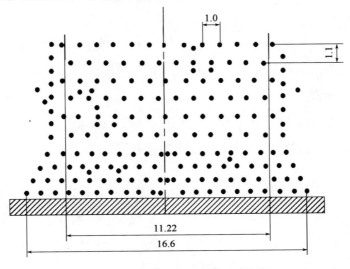

图6-24　垂直冻结孔布置方案图(尺寸单位:m)

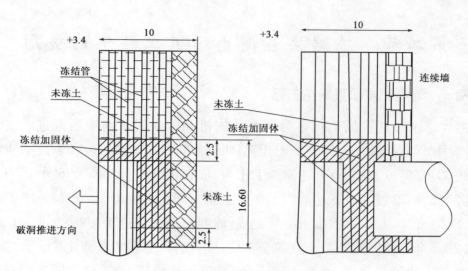

图 6-25　冻结结构剖面图(尺寸单位:m)

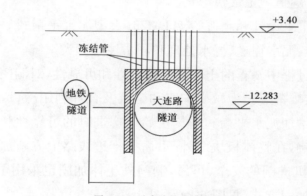

图 6-26　垂直冻结形成拱的形式

　　紧贴洞门地下连续墙的是宽 16.6m、高 16.6m(标高－7.38～－23.98m)、厚 3.1m 的冻土板,它是通过冻结深度 23.98m 的 4 排 78 个冻结孔(孔距和排距都为 0.8m,梅花状布置)形成的。再往外是长 6.9m、宽 14.4m、高 2.5m 的顶棚冻结拱,它是通过 6 排 75 个冻结孔(孔距 1.0m,排距为 1.1m,梅花状布置)形成的。另外,在盾构两侧各增加一排深度 23.98m 的 8 个冻结孔(间距 0.9m),以确保西侧 6m 远的地铁隧道安全。整个冻结效果完全达到设计要求,并成功实现了始发。

### 实例二　盾构进洞井下水平冻结

　　上海地铁 10 号线 10.8 标是上海地铁 10 号线一期工程的重要组成部分。该工程由高安路车站、华山路车站、11 号线淮海路车站、凯旋路车站、宋园路车站、高安路站—华山路站区间、华山路站—凯旋路站区间、凯旋路站—宋园路站区间、宋园路站—古北路站区间5站4区间组成。4段区间隧道总长为6 987.452m。其中,高安路站—华山路站区间隧道长955.926m,由2台φ6.34m土压平衡式盾构机先后分别从高安路车站西端头井出洞,沿淮海中路向东推进,途经吴兴路、宛平路、余庆路,至华山路站东端头井进洞。华山路进洞上行线地基加固采用搅拌桩和高压旋喷桩加固,下行线地基加固采用水平冻结加固。该区间于2008年3月开工,至2009年1月13日隧道实现贯通。

周边环境状况:华山路车站位于上海市中心闹市区的华山路和淮海西路交叉口处,该车站东端头井下行线一侧地下连续墙外2m处有一备用电缆线,中心线附近处有一根φ700mm上水管闷头。此外,在距离地下连续墙4m外有很多管线,依次为φ300mm上水管、φ300mm煤气管、φ500mm煤气管(见图6-27)。

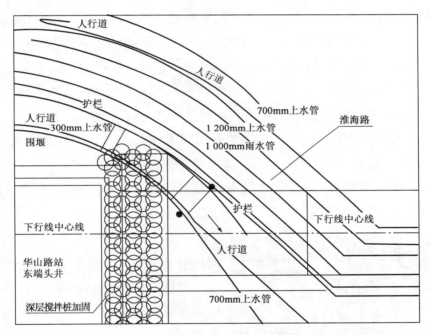

图6-27 原华山路站东端头井洞门加固设计及周边环境

地基加固方式的选择:华山路东端头井上、下行线进洞地基加固原设计为φ850mm搅拌桩和φ650mm高压旋喷桩加固,加固范围为纵向由端头井外井壁向外3.5m,横向以隧道向左、右两侧各延伸3m,深度为隧道向上、下各延伸3m。其中,深层搅拌桩加固范围为3m,旋喷桩加固范围为车站地下连续墙和搅拌桩之间的500mm夹层。由于下行线洞门距离φ300mm上水管、电车架空线杆、消火栓、围墙较近,如实施搅拌桩和高压旋喷桩加固,须对加固区内的管线、构筑物和加固施工要求范围内的管线和障碍物进行搬迁。鉴于华山路站东端头井是在淮海路地面道路半侧封闭、地下管线和地面架空线改道的基础上建成的,已对周边道路机动车通行造成相当大的压力,如按原设计方案实施搅拌桩和高压旋喷桩加固,势必要求对端头井外 $\phi300mm$ 上水管、电车架空线杆、消火栓、围墙等进行二次搬迁,对淮海路再封闭一条车道,造成周边道路车辆通行瘫痪,严重影响周边人民群众的日常出行和生活,并直接导致该标总工期延后 5 个月而直接影响 10 号线一期工程全线的总工期,使交通组织费用大大增加。经各方研究和分析,一致认为华山路站东端头井下行线地基加固不宜采用原设计方案,而要采用井下水平冻结地基加固施工方案。经原设计院变更设计后,华山路东端头井下行线进洞地基加固修改为工作井内钻孔水平冻结加固。

根据冻结帷幕设计,冻结孔按近水平角度布置。圆柱体加固区冻结孔沿槽壁开洞口 $\phi7.5m$ 圆形布置,开孔间距为 0.76m(弧长),冻结孔数为 31 个,长度为 6m。板块加固区冻结孔沿槽壁开洞口 $\phi5.1m$、$\phi2.7m$ 圆形布置,开孔间距为 1.14~1.21m(弧长),冻结孔数为 21 个,长度为 3.2m;开洞口中心布设 1 个冻结孔,长度为 3.2m。测温孔共布置 11 个(其中 4 个布置在盾构半径上,$R=3.17m$),深度为 3m,主要是测量冻结帷幕范围不同部位的温度发展状况,以便综合采用相应控制措施,确保施工安全。泄压孔为 9 个,深度为 6m,主要用于冻结期间释放土体冻胀压力。

华山路站东端头井下行线水平冻结地基加固于 2008 年 11 月 12 日开始,使用 1 台冷冻机冻结加固,至 11 月 19 日(第 7 天)盐水进、回路温度分别为 $-28.5℃$ 和 $-26.5℃$,以后始终稳定在 $-28℃$ 以下,盐水进路和回路温差小于 2℃。至 2008 年 12 月 25 日盾构机进洞为止,连续实施冻结 34d,洞门外表面已结霜(见图 6-28)。

图 6-28　洞门在冻结后结霜的情况

盾构机进洞期间对冻结区的温度控制:洞门开设探孔,探查冻结效果;盾构机刀盘进入外圈圆柱体冻结加固区后,在刀盘距离内圈板块冻结加固区 1m 时,从板块冻结加固区的外圈向内圈逐圈拔除冻结管。拔除外圈冻结管时,内圈冻结管应维持冻结,直到拔除板块上的所有冻结管。拔管结束后,应及时对洞门进行凿除,以防冻结帷幕融化。通过对正面冻土注盐水和对盾构机正面土体喷蒸汽和加注热盐水等,解冻相应设备和物资等。盾构机成功进洞后,根据环境监测情况,利用工作井壁上的冻胀泄压孔和隧道内进洞段管片上的注浆孔(进洞区域管片上可多设置一些注浆孔)及时进行跟踪注浆。融沉注浆总量一般约为冻土体积的 15％便可以控制融沉。本方案最终取得圆满成功。

### 实例三　盾构到达（接收）水平冻结补充加固工程

南京地铁 2 号线集庆门车站北端头盾构进洞范围内主要分布土层为淤泥质粉质黏土、粉砂土和粉土。由于工作井北端作为集庆门大街站—茶亭站区间盾构到达端头，已对长 6m、宽 22.2m 范围进行过三轴深层搅拌机加固，但在下部砂层中的加固效果不理想。其后又进行过高压旋喷试桩、化学注浆试验，但在下部砂层中的加固效果仍不理想。为了确保长度为 9.03m 的盾构机破开洞门土体时后方带承压水的粉砂不沿着盾体与土体之间的缝隙涌出，决定将 6m 长的原加固区长度延长到 12.3m，将加固深度加深至隧道底部以下 5m。老加固体两侧面的隔水帷幕和延长加固区采用三轴深层搅拌桩加固，对原加固区的处理采用压密注浆的工艺进行注浆施工，新老加固区交界部分采用高压旋喷桩进行施工，在洞门处采用冷冻加固方法进洞。

针对本工程实际情况，洞门口布置 3 圈水平冻结管，局部无法施工（洞门两侧距侧墙仅 300mm，无法打钻）处布置 2 排垂直冻结孔，进行冻结加固。由于盾构进洞加固区已经采取了深层搅拌桩加固，因此，人工水平冻结加固仅按照封水要求进行设计。由于隧道中心线下 1m 以上加固质量较好且水泥土取芯完整，而在中心线下 1m 以下砂土层中水泥土无法成桩，因此，最外圈水平冻结管在洞门中心线以下水平冻结深度设计为 6m，中心线以上水平冻结深度设计为 3m，选用 25 个 $\phi89mm \times 8mm$ 的 20 号低碳无缝钢管，冻结孔间距为 0.784m；两侧垂直冻结管深度设计为 14m，以使之能与水平冻土柱交圈，形成封闭环，选用 16 个 $\phi127mm \times 4.5mm$ 的 20 号低碳无缝钢管，冻结孔间距为 0.7～1.0m；中圈和内圈水平冻结管深度都为 2m，选用 $\phi89mm \times 8mm$ 的 20 号低碳无缝钢管，冻结孔间距为 1.03m。该冻结设计方案能够确保当盾构机进入 3m 冻结环时外圈冻结环密贴盾壳，同时下部 6m 的水平冻结壁能有效防止水砂由盾壳与土体间的缝隙窜入盾构机内部。中圈和内圈冻土柱交圈后形成 2m 的冻结板块，有效支撑洞门后方水土压力，防止洞门底部水土压力过大而涌入盾构井（见图 6-29）。

左线隧道洞门加固工程于 2008 年 11 月 8 日开机冻结，2009 年 1 月 14 日停止外圈水平冻结管和垂直冻结管冻结。右线隧道洞门加固工程于 2008 年 12 月 6 日开机冻结，至 2009 年 3 月 1 日停止冻结。综合各项因素指标证明，本次冻结设计各项参数设计合理，其冻结效果能够满足盾构机进洞时无水作业的要求。

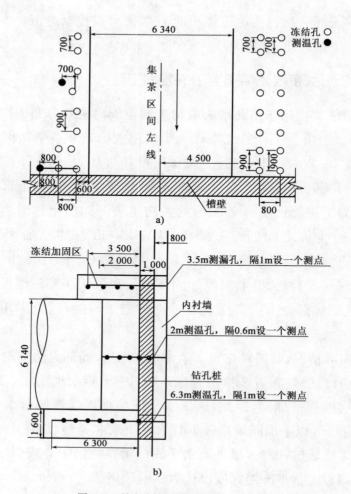

图 6-29　补充冻结加固方式（尺寸单位：mm）

　　另一个例子是上海地铁 10 号线溧阳路站—曲阳路站区间盾构曲阳路进洞，已经对进洞处土壤进行了搅拌和旋喷加固。因为土壤主要为砂质粉土、粉质黏土和粉质砂，加固效果不好，试钻时有水和砂流出，又因地处繁华地段，周边建筑物密集，为了确保盾构机进洞安全，决定采用水平冻结对进洞地层进行加固。两个洞门各设置 57 个水平冻结孔，分 4 个圈径布置（洞门外圈 32 个、洞门内 3 圈共 25 个）（见图 6-30、图 6-31）。

### 实例四　盾构从车站一端始发液氮冻结补充加固

　　某地铁区间盾构从车站一端始发，端头井位于富水砂层，盾构始发地层土体加固采用旋喷桩＋搅拌桩的方案，即在端头井侧墙外先施工两排 1.6m 宽的三重管高压旋喷桩，在旋喷桩外侧用双头深层搅拌桩加固，加固深度为 18.5m，纵向长度为 8.4m，横向范围为盾构直径外侧上下左右各 3m。加固后经抽芯检测，符合要求。但在始发洞门混凝土凿除时,发现隧道中心线以下范围内加固效果较差,出现大量涌砂,立即采取补救措施,用聚氨酯发泡剂止水砂,用混凝土重新封闭洞门。

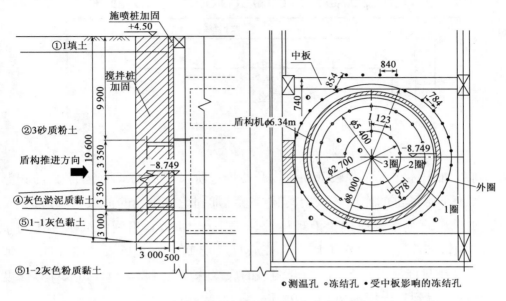

图 6-30 洞门加固区域和冻结孔布置方式(尺寸单位:mm)

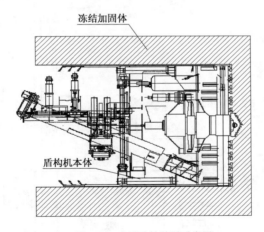

图 6-31 水平冻结效果示意图

紧临车站始发井西侧 3.4m 处是一幢 6 层居民楼,车站施工时曾出现流砂,且该楼房已发生较大沉降,出于安全考虑,结合工期要求,决定采用液氮快速冻结加固盾构始发地层。采用单排冻结孔全断面局部冻结。冻结孔深度为 16m,冻结孔数为 13 个,冻结孔中心间距为 0.675m,冻结孔距连续墙外侧 0.4m,最外边的冻结孔离盾构外轮廓线 0.7m,冻结管采用 $\phi 159mm \times 7mm$ 无缝钢管,材质为 20 号低碳钢。地面布置温度监测孔 3 个,出洞口壁面布置测温孔 4 个,详见图 6-32。

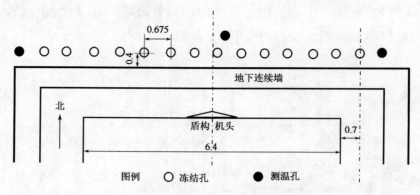

图 6-32　冻结孔布置示意图(尺寸单位:m)

　　洞口冻结加固体在工作井破壁和盾构开始推进阶段起到抵御水土压力、防止洞周土体塌落和地下水涌进的作用。该始发洞口冻结加固土体承受的荷载、计算模型及冻结管布置如图 6-33 所示。应用重液理论计算水土压力时,其出洞口的水土压力 $p=0.013H$。其中,$p$ 为计算点的水土压力,MPa;$H$ 为计算点深度,m。出洞口中心埋深为 11.00m,当开洞直径为 6.70m 时,开洞口的底缘深度为 14.35m。如取计算深度为 14.35m,则计算得到水土压力 $p \approx 0.19$MPa。

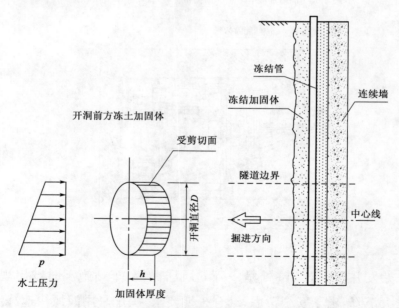

图 6-33　冻土加固体承受的荷载、计算模型和冻结管布置

　　假定加固体为整体板块而承受水土压力,利用弯拉应力计算加固体的厚度,其计算公式如下:

$$h = \left[ \left( \beta \cdot p \cdot \left( \frac{D}{2} \right)^2 / \sigma \right) \cdot \kappa \right]^{\frac{1}{2}} \tag{6-1}$$

式中：$h$——冻结加固体厚度，m；

　　　$\beta$——系数，一般取 1.2；

　　　$D$——加固体开挖直径，取 6.70m；

　　　$\kappa$——安全系数，取 2.5；

　　　$\sigma$——冻土弯拉强度，当冻土平均温度为 $-20℃$ 时，冻结粉细砂的弯拉强度取 8.0MPa。

将上述参数代入公式，计算得到冻土体计算加固厚度 $h=0.89$m，可取 $h=1.0$m。

冻土体本身处于加固过的土层中，且其前方为深层搅拌桩加固过的地层，稳定性充足，可不作校验。参照国外经验，为有效封水，应使冻结加固体的深度大于洞口底部的深度 $1\sim2.0$m，该工程加固体深度大于洞口底部 1.65m。

冻结管总长 $13×16=208$m；测温管总长 $16+7.6+16=39.6$m；地面连接长约 20m；解冻拔管加温用管路长 20m；供液管长 310m，采用 $\phi57$mm×4mm 无缝钢管。钻孔总长 $15×16+7.6=247.6$m；冻土总体积 $8.7×8.1×1.0=70.47$m$^3$；1m$^3$ 冻土需冷量约为 125 600kJ，1kg 液氮变为 $-60℃$ 气体氮时吸收冷量约为 342kJ，则 1m$^3$ 冻土需液氮量为 $125\,600/342≈368$kg，考虑 25% 损耗，为 460kg，则总需要液氮量为 $460×70.47=32\,416$kg，约 32.5t。维护冻结视冻结时间的长短而定，如果按 48h 计算，1h 需液氮量约为 200kg，则维护冻结需液氮量为 $200×48=9\,600$kg。

解冻用高温盐水循环，需要 2m$^3$ 盐水箱、管路、阀门、盐水泵等。加温盐水使用电加热器，总功率约为 80kW。解冻盐水加热温度在 80℃ 以上，循环方式为单孔循环，循环时间在 1h 以上。试拔起拔力为 $5\sim8$t，如果起拔困难，切不可强行起拔以免将冻结管拔断。盾构边缘两侧的 2 根冻结管在其他冻结管解冻期间继续工作，待盾构机顺利出洞后另行处理。

液氮冻结由于温度极低（$-196℃$），冻土的发展速度也较快，根据液氮在冻结管中单位时间的蒸发量不同，冻土的发展速度为 $1\sim5$cm/h，结合其他工程冻结经验，冻土的发展速度取 24cm/d。冻结孔边对边距离为 0.516m，加上 0.5% 的偏斜，最大孔间距 $L=0.676$m，据此推算冻土交圈时间 $t=676/2/240=1.5$d(36h)，冻土达到设计厚度需 45h。总工期估算：钻孔 8d，冻结管及附件安装 2d，积极冻结 2d，破除洞门 2d，解冻拔管 1d，共 15d。

加固冻结从 3 月 28 日 12 时开始，其中东侧 1、2 号孔和西侧 13、14 号孔的液氮循环于 27 日 24 时开始试运行。地面连接没有问题后继续其他孔的连接工作，连接好一个孔循环一个孔，直到全部孔的连接完成。冻结至 4 月 2 日 8 时，系统共运转 116h，比预计多36h。从测温等资料分析，冻结交圈已经形成，开始凿除洞门，4月3日22时盾构靠上槽壁，开始解冻拔除冻结管。4月4日拔管过程中出现断管，只好暂停拔管进行处理。试用胀管器等方法后没有成功，最后采用从地面向下开挖6.5m将焊缝处露出的处理方法，至4月8日4时冻结管全部拔除。由于地温高（24～25℃），实际冻结时间比设计多2d；因处理断管，实际拔管时间比设计多3d。消耗液氮量约为120t。该工程冻结时间比原设计延长了48h，最终达到了设计要求，保证了盾构机出洞及居民楼的安全（盾构机出洞后，西侧居民楼最大沉降仅为8mm）。

### 实例五　大流速地下水底层中的冻土帷幕工程

深圳地铁4A标段暗挖隧道，位于深圳市闹市区和平路与解放路交叉路口，茂业百货附近，区间由东向西先后穿越广深铁路桥、人民桥和布吉河。其开挖段曾是古河道回填，地面上又有广深铁路桥通过，水文地质条件极为复杂，地下水流速大，地层透水性强，地层结构松散，自承力极差。因地层极不稳定、地下水流速大，而地面设施又对其扰动要求高，故在工程开工前就对其地层进行了旋喷桩施工。在竖井开挖时，遇到了前所未有的困难。因地下水极大，原旋喷桩封水不起作用，开挖时产生几次大的突水涌砂事故，直接威胁广深铁路桥的安全。为保证工程的顺利进行，经有关专家多方论证，决定在铁路桥下（SK013～SK056段）采用冻结法施工。在冻结施工中，因地下水水力坡度大、流速大，通过对测温数据的分析判断，采取一系列行之有效的措施，在最短的时间内顺利地完成了冻结施工任务，开创了常规冻结法解决大流速地层的先河，解决了在复杂水文地质条件下冻结法成功实施的技术难题，为地铁工程采用冻结技术积累了宝贵经验。冻结设计参数见表6-11，冻结止水帷幕布置如图6-34所示。

冻结设计主要技术参数表　　　　　　　　　表6-11

| 序　号 | 参 数 名 称 | 单　位 | 设 计 数 量 | 施 工 数 量 |
|---|---|---|---|---|
| 1 | 冻结深度 | m | 25 | 25 |
| 2 | 冻结壁厚度 | m | 1.0 | 1.0 |
| 3 | 开孔间距 | m | 0.7 | 0.7 |
| 4 | 终孔间距 | m | 0.85 | 0.85 |
| 5 | 偏斜率 | ‰ | ≤3 | ≤3 |
| 6 | 水文孔 | 个 | 2 | 3 |
| 7 | 测温孔 | 个 | 12 | 14 |
| 8 | 冻结孔数 | 个 | 149 | 173 |
| 9 | 钻孔工程量 | m | 4 047 | 4 619.8 |

| 序　号 | 参数名称 | 单　位 | 设计数量 | 施工数量 |
|---|---|---|---|---|
| 10 | 积极期盐水温度 | ℃ | −24～−28 | −26～−30 |
| 11 | 维护期盐水温度 | ℃ | −18～−20 | −22 |
| 12 | 冻结站装机容量 | MW | 145.5 | 176 |
| 13 | 帷幕长度 | m | 104 | 108 |

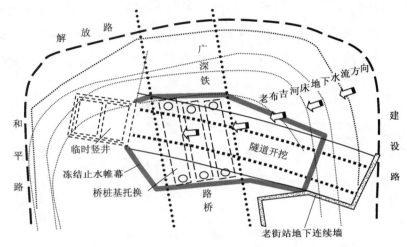

图 6-34　冻结止水帷幕布置

冻结孔纵向温度反映，在 8～14m 水平温度明显偏高，说明在该水平地下水流速都很大，其带走的冷量很多。其中最严重的是 E25～E30 号冻结孔和 A18～A22 号冻结孔温差达 8～9℃，说明该位置是暗河的两个主要进出口，因暗河的存在使该水平 E25～E30、A18～A22 号冻结孔冷量散失严重，致使冻结孔纵向在该水平明显升高，造成该水平冻土发展缓慢。根据测试，8～12m 水平温度偏高，说明该区段地下热交换很大，致使冻结管冷量散失严重，但地下水流速太大是该地层降温缓慢的主要原因。原资料所提地下水最大流速为 15m/d，根据冻结管冷量散失情况，流速实际达 40～60m/d，远远大于 15m/d，致使 8～12m 水平冻结缓慢。更有甚者，在 E 线 E1、E2 测孔 10m 水平十多天温度一直不降，且偶有回升趋势，长此下去冻土根本无法发展。2003 年 2 月 17 日组织冻结、注浆、地质等专家进行了论证分析。大家一致认为，造成 8～12m 水平交圈困难的原因是由地下水流速太大所致，故采取封、堵、泄以及加大制冷能力等措施减小地下水流速。降水前，从测温数据可看出 E2 号 10m 水平，2 月 13 日、2 月 17 日温度分别为 19.6℃、19.1℃，5d 只降了 0.4℃。降水后，2 月 19 日、2 月 24 日其温度分别为 17.2℃、14.9℃，5d 下降了 2.3℃，其降温速度是原来的 6 倍，到 3 月 20 日 E2 号 10m 水平温度已达 −5.3℃，冻结壁厚度达到 1.25m。最后区间成功实现了在"8.30"

贯通的目标。

### 实例六　江边盾构隧道塌方冻结工法处理工程

川气东送管道工程——武汉(大咀)长江穿越隧道投影长度为 1923m,隧道内径为 3.08m,采用盾构法施工。2008 年 9 月 19 日,盾构机主机到达接收井,在拼装管片的过程中,突发涌水涌砂事故,造成接收井井口至长江大堤一侧隧道轴线方向地表塌陷,该区域隧道损坏约 89m。隧道坍塌后被砂土和水充填,为将完好隧道内的充填泥水排出,必须在好坏隧道连接处设垂直冻结帷幕,隔绝好坏隧道之间的联系,将完好隧道内的充填泥水排除,然后进行完好隧道与临时工作井的对接,如图 6-35 所示。

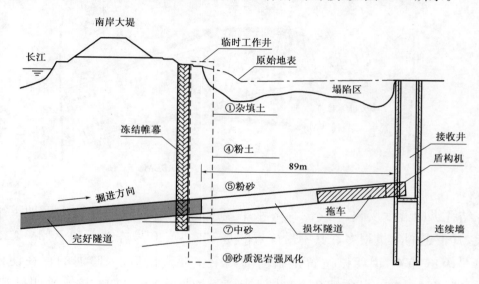

图 6-35　隧道损坏断面和冻结加固示意图

利用冻结孔冻结加固地层,形成强度高、封闭性好的冻结帷幕,然后在冻土中采用矿山法进行隧道开挖构筑施工,其主要施工顺序为:施工准备→冻结孔施工→冻结、监测→探孔试挖→隧道与临时工作井对接→融沉注浆充填。施工前,根据地质状况,在实验室进行冻结试验,为冻结施工提供理论依据。冻结帷幕施工分两期进行,第一期冻结帷幕用于隔绝好坏隧道之间的联系,第二期冻结帷幕用于连接段隧道与临时工作井对接施工。冻结施工共设计 6 排 38 个冻结孔,其中 B、C、D、E 排冻结孔形成冻结帷幕,A 排冻结孔将冻结帷幕与井壁完整胶结,F 排冻结孔作为保护孔;测温孔共计 8 个。冻结和测温孔孔位布置如图 6-36 所示。

冻结孔采用钻机进行钻孔施工,隧道外围冻结孔采用 $\phi$171mm 三翼刮刀钻头一次成孔。测温管孔采用 $\phi$150mm 三翼刮刀钻头成孔。穿过隧道管片的冻结孔分别采用

$\phi$219mm 三翼刮刀钻头、$\phi$150mm 金刚石取芯钻头分三次成孔。

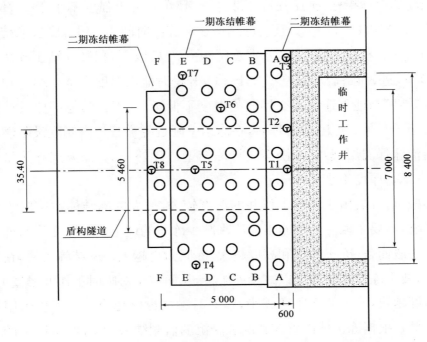

图 6-36　冻结和测温孔孔位布置示意图(尺寸单位:mm)

主要技术要求如下:

(1)冻结孔开孔位置误差不大于 100mm;

(2)冻结孔最大允许偏斜 100mm,最大偏斜率不超过 0.25%,冻结孔偏斜超过设计值时应补孔;

(3)冻结孔有效深度不小于冻结孔设计深度;

(4)每个冻结孔施工结束后,应进行测斜,并根据测斜数据按 10~15m 间隔绘制冻结孔成孔偏斜图。

所需理论制冷量 $Q=22.78\times10^4$ kcal/h,所需标准制冷量 $Q_{标}=76\times10^4$ kcal/h。盐水温度为 $-28\sim-30$ ℃,蒸发温度为 $-33\sim-38$ ℃。冷却水温度为 $+23$ ℃,冷凝温度为 $+35$ ℃。根据需冷量选用 YSLGF243A1(M1)型螺杆机组 1 台,YSLGF465M型螺杆压缩机 3 台,其中 2 台备用;配备标准制冷量 $144\times10^4$ kcal/h,设备备用系数为 2.0。盐水泵选用 IS200-150-315 型 3 台,冷却水循环选用 10sh-19 型清水泵 2台,冷却塔选用 GBNL3 型 3 台。冻结管选用 $\phi$127mm×5mm 的 20 号低碳钢无缝管,采用坡口对焊连接;供液管选用 $\phi$38cm×3.5mm 的钢管;测温管选用 $\phi$89mm×4mm 的无缝钢管。冻结管打压完成后,必须用盲板将管口焊死,冻结前须进行复核试压。

冻土强度的设计指标:抗压强度不小于 2.4MPa,抗折强度不小于 1.7MPa,抗剪强度不小于 1.5MPa(−10℃)。垂直冻结壁积极冻结时间为 45d。要求冻结孔单孔流量不小于 4m³/h。积极冻结 7d 盐水温度降至−20℃以下;积极冻结 15d 盐水温度降至−25℃以下,进、回路盐水温差不大于 2℃;开挖时盐水温度降至−28℃以下。在开挖过程中,冻结壁与地下连续墙交界面处温度不低于−8℃。其他部位设计冻结壁平均温度不大于−10℃。原隧道清理后,在冻结壁附近隧道管片内侧敷设阻燃(或难燃)的软质塑料泡沫保温层,敷设范围至设计冻结壁边界外 2m。保温层导热系数不大于 0.04W/(m·K),厚度不小于 30mm。

冻胀和融沉控制:由于临时工作井的深度较大,过大的冻结体对临时工作井井壁产生不利影响,需要采取一定的施工措施来减少冻胀的产生。冻胀变形与冻土体积成正比关系。一般而言,冻土体积和高度越大,冻胀力也越大。冻结施工时,在保证满足设计要求时,减小冻土体积就可以减少冻胀量,从而减小对临时工作井槽壁的冻胀力。土层冻结速度越快,冻土的冻胀率越小,解冻时融沉也就越小。本工程采用快速冻结以减少冻胀量。根据冻土体的解冻状况和融沉的监测结果,对冻结范围内的土体进行融沉注浆(跟踪注浆),以控制融沉。

### 实例七　冻结法在地铁等市政工程中的应用实例

冻结法在地铁等市政工程中的应用实例详见附表 3。

# 第三节　冻结法在国外隧道工程中的应用实例

### 实例一　两台盾构机对接段冻结工程

隧道长 3.3km,绝大部分处于日本的 Kei hin 大运河下,是一条公共管沟,其中要架设一条专用管道将未处理的污水运输到某污水处理厂。两台泥水平衡式盾构机相距 800mm,采用冻结法贯通剩余工程。该贯通部分盾构机对接地质情况和冻结示意图如图 6-37 所示。

根据图 6-37 冻结加固区域地层情况和所处深度对应的地层压力,设计时将冻结土体简化为计算模型(见图 6-38)。

(1)设计模型:在隧道纵向上冻土结构简化为双支承固定梁,承受均匀荷载(按受弯计算),有效断面长 $l=2.3$m,厚 $t=1.9$m。

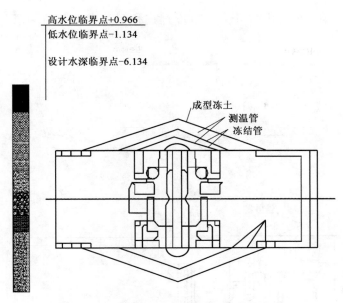

图 6-37 两台盾构机对接地质情况和冻结示意图

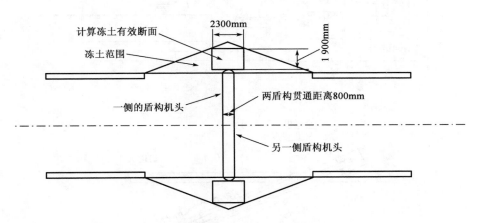

图 6-38 水下盾构机对接贯通冻结有效断面计算图

（2）该处冻结粉砂含盐量为 $2.5\%$，平均温度为 $-10℃$，其允许抗弯强度 $\sigma_b = 93t/m^2$。

（3）容许安全系数 $S_a = 3.0$。

（4）荷载（地层静压）$p = 40.7t/m^2$。

（5）最大计算应力 $\sigma_{max} = \dfrac{1}{2} \times \dfrac{pl^2}{t^2} = \dfrac{1}{2} \times \dfrac{40.7 \times 2.3^2}{1.9^2} = 29.8t/m^2$。

（6）安全系数 $S_t = \dfrac{\sigma_b}{\sigma_{max}} = \dfrac{93}{29.8} = 3.1 > S_a = 3.0$。

冻结孔和测温孔布置形式如图 6-39 所示。

图 6-40 为盾构内冻结孔钻机钻进布置方式和钻孔密封装置(孔口止逆阀)。

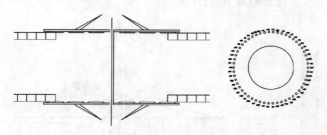

图 6-39　冻结孔和测温孔布置形式

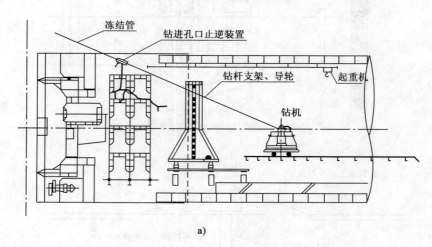

a)

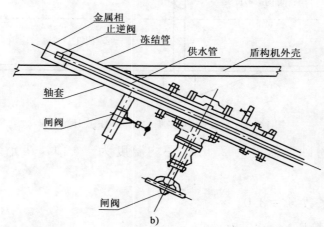

b)

图 6-40　盾构内冻结孔钻机钻进布置方式和钻孔密封装置(孔口止逆阀)

## 实例二　机场下两条平行隧道连接通道冻结工程

在比利时布鲁塞尔机场下 30m 深处的 Diabolo 两条平行隧道之间,要修建两条长度分别为 12m 和 20m 的连接通道。因为地层属于不稳定含水地层,经评估后利用冻结法施工。冻结站放在盾构始发井处的地面,通过单向长为 300m、全部用保温材料包裹好的盐水供液管(回液管)向隧道内 24 根冻结管供液并回液形成循环,盐水温度为 $-36℃$。该工程如期安全完成。图 6-41 为两条平行隧道连接通道冻结和开挖施工图。

图 6-41 两条平行隧道连接通道冻结和开挖施工图

### 实例三 接近河床下水平隧道冻结工程

作为发展苏黎世城市快速轨道交通系统的一部分,采用冻结地层的挖掘方法,在 Limmat 河底建设一条双线隧道。冻结法也用于连接单线隧道,并沿切线分叉。河底

及地面冻结法的主要优点如下:

(1)可以最大限度地保持河流畅通;

(2)可以避免干扰主交通干线;

(3)不必砍伐树木。

Limmat 河底隧道的横断面为宽 15m、高 10m,河床的覆盖层厚度为 2.5～3.5m。在承受地下水压的条件下,采用钻探安装长达 40m 的冻结管道。

在填方下可以发现由类似冰碛石的 Limmat 砂砾与非均质湖沉积物组成的岩层,以及由冰堆石、底碛、淡水磨砾层表面岩石形成的 10～20m 的地质层。

在一些地段遇到明显不同的条件。为减少 Limmat 河谷砂砾层中的地下水流,设计了防透水方案,桩墙必须沿隧道夯实直到湖沉积处为止。此外,在墙间装填了振捣过的密封材料。由于河床上为极薄的覆盖岩层,采用聚氨酯板层作为隔热层,以减少与 Limmat 河的热交换。河底与聚氨酯板层之间的间隔,用水泥砂浆灌注,以防止潜流,如图 6-42a)、c)所示。在冻土墙形成之前,在两个单线隧道上面用人造浆砌屏障拦阻地下水流,以确保冷量不会被带走。冻土墙的温度用多个传感器进行监测。利用超声波测定出地质条件引起的渗漏位置,立即灌注水泥浆封闭。冻结施工全过程安全顺利,如图6-42b)、d)、e)所示。

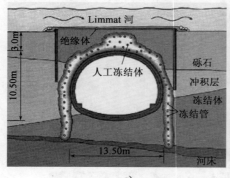

a)                                    b)

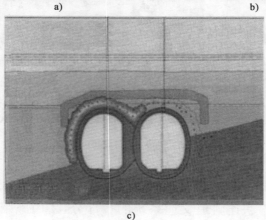

c)

图 6-42

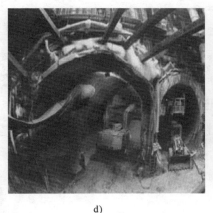

d)　　　　　　　　　　　　e)

图 6-42　Limmat 河下冻结隧道（单洞、双洞）工程实况

### 实例四　建筑物下水平隧道冻结工程

维也纳地铁在长途电信大厦下的一段隧道是 U6/3 段最具有挑战性、最困难的一

段。长途电信大厦不仅建筑年代已久，而且在楼内安装有十分灵敏的设备，用以处理 11 万个电话接头，致使隧道掘进成为一项难以处理的施工项目。这个地方隧洞的顶部或是处在冲积层内，或是靠近冲积层，且离楼房地基只有 1.5m，在任何情况下，都要避免施工对电话通信系统的影响。隧道 U6/3 段地质和水文情况剖面图如图 6-43 所示。

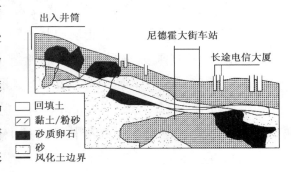

图 6-43　隧道 U6/3 段地质和水文情况剖面图

为了满足业主提出的要求，不得不采用其他施工方法。主要要求如下：

（1）邻近承重墙的差异沉降不得超过 5mm；

（2）最大倾斜变形不得超过 1:500。

为了满足上述要求，采取的措施如下：

（1）采用在压气下掘进的新奥法；

（2）两条隧道同时连续施工；

（3）开挖长度从 1.0m 减为 0.8m；

（4）采用预应力的圆形格构梁；

（5）采用喷射混凝土方法支护迎头；

(6)在隧道上方做一层1m厚的冻结板。

由于考虑到声传播问题,技术要求规定长途电信大厦不得采用注浆法稳定冲积层,因而选择了冻结法,认为冻结法在冲积层中是控制地下水并提供结构支撑和防止压风损失及控制喷出条件的最好方法。在长途电信大厦地层冻结系统最终设计完成之前,先设了两个试验场地,以验证设计的准则和冻土的状态。奥地利维也纳的格鲁恩和比尔芬格公司与德国多特蒙特的戴尔曼·哈尼尔公司合资经营组织提出采用普通盐水冻结的工程建议被接受,并被认为是成本低、效益高最好的方法。

## 一、工前试验分析工作

施工前试验分析工作从第三纪表土层取未扰动土样,在地铁车站开挖过程中从冲积层取扰动土样进行实验室试验。

### 1. 冻结冲积层的瞬时无侧限抗压强度 $q_u$

该地区冲积层是分级良好的卵石和砂混合物(GW),无细砂,含37%和63%卵石。其他指标参数:重度2.67Mg/m³;干重度2.03Mg/m³;含水率10.5%;饱和度0.89;孔隙度0.24。对从上述第三纪表土取原状土和在地铁开挖过程中取扰动土进行了$-10℃$温度下的瞬时无侧限抗压强度和弹性模量$E_{50\%}$(50%强度下的切向模量)试验,得$-10℃$下$q_u=5.08MPa$,$E_{50\%}=770MPa$。根据1986年Jessberger教授文章,推断出$-5℃$下$q_u=2.54MPa$,$E_{50\%}=385MPa$;$-3℃$下$q_u=1.52MPa$,$E_{50\%}=230MPa$。蠕变试验表明这类围岩低温下蠕变特性不是十分显著。

### 2. 冻胀状态分析

对各种岩层的冻胀特性采用离析位势(SP)进行评价(Konard,Morgcnstern 1983)。SP定量地表示在冻结过程中土壤维持冰晶体形成的能力。试验表明这类土壤易冻胀,但在有压和控制冻结情况下冻胀有所抑制。

### 3. 热力分析

冻胀试验表明第三纪地层是易冻胀的,故需要找出抑制或减少冻胀的冻结方案。过去的经验表明,在维持冻结壁的消极冻结过程中,采用间歇冻结能最好地抑制冻胀问题。因此,采用有限元法对冻结试验现场V1进行热力分析,其目的是:确定在不同冻结管间距情况下形成1m厚冻结壁的预冻结时间;确定在间歇冻结期间冻结壁内温度的分布,分析时采用2h冻结和12h停机的周期。在间歇冻结期,冻结壁芯部温度从$-9℃$增加到$-5℃$,与此同时缓慢形成冻结壁。这一过程使冻结前沿的温度较低,从而减少了冻胀量。

4.地下水流量测量

在设计地下冻结系统时所关心的问题是冲积层中地下水的侧向流量。采用单钻孔法测量地下水流量。放射性踪迹仪表明地下水流量小于 0.5m/d,其大小还不致对冻结造成有害影响。此外,化学分析表明地下水不含影响水冰点的任何物质。

## 二、长途电信大厦下地层冻结

处在长途电信大厦下的该地铁隧道是南北方向。在南端冻结管容易穿过部分施工冻结站的帷幕,并进行安装。在北端最初计划在压气下从主隧道掘进一条辅助隧道以安装冻结管。经过进一步研究后,决定将出入隧道从大厦进一步向后移 4m,并从另一个辅助出入井筒在常压下用局部疏干的方法施工该隧道。通过把隧道实际施工与冻结管安装工作分开,主隧道的施工可不中断地进行,并且总的冻结时间可以减少,降低产生冻胀危险的可能性。在北端现场总共安装了 25 根冻结管,而在南端现场安装了 28 根冻结管。地层冻结过程始终通过 5 根水平和 6 根垂直温度监测管进行监测,总共安装了 46 个温度传感器。在电信大厦内具有战略意义的重要地点安装了 24 个冻胀标记测点,并安装了一个专用警告系统以指示冻结过程中发生盐水损失现象(该系统从未动作过)。长途电信大厦地层冻结系统布置如图 6-44 所示。

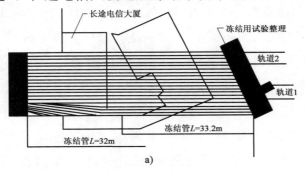

a)

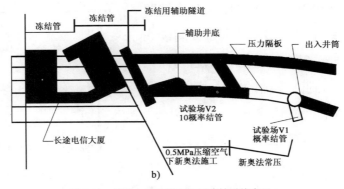

b)

图 6-44　长途电信大厦下地层冻结系统布置

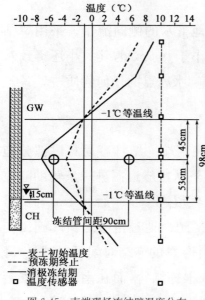

图 6-45　南端现场冻结壁温度分布

北端现场和南端现场的冻结工作同时开始,以避免差异冻胀,并且提前足够时间使隧道掘至电信大厦时冻结壁已形成。南端冻结现场显示出较均匀冻结状态,这是由于大多数冲积层在此不得不冻结。冻结9d 之后,形成了所需的冻结壁,然后开始消极冻结,每天操作 3h,在几天之后,进一步减到每天 2.5h。在预冻结之后,以及消极冻结 20d 之后,冻结壁内的温度分布如图 6-45 所示。

北端冻结现场可分为两部分:东侧在 10d 后冻结,间歇冻结每天工作 3h;西侧与长途电信大厦加热器相连接的基础底板下的排风道,在此处测得的温度接近+100℃,而冻结壁位置上方大约 0.5m 处土的温度建议为+40℃。显然为了实现冻结壁交圈,该地区的冻结方案必须加以修改。在排风道场内安装冷水系统,使温度下降至低于+40℃,并连续冻结 5d,直到冻结壁交圈。然后采用间歇冻结每天运行 5～7.5h,直到隧道通过该地区。此时整个北端冻结场每天运行时间减至 2～3h。承重墙的冻胀在南端典型冻胀量少于 10mm,北端在 10～13mm 之间。最大冻胀量为 24mm,发生在安装加热器的地下室,其表压力最低。冻胀标桩 SP277(西侧)和 SP281(东侧)是北端冻胀发展的典型实例,如图 6-46 所示。

冻结 15d 后,长途电信大厦下的掘进工作开始。两条隧道同时掘进,24h 连续工作,一周工作 7d。最初日进度为 1.6m,逐步增加到 2.4m,平均日进度为 2.0m。在开挖隧道过程中,从隧道工作面打探测孔验证了北端冻结场的冻结壁,而在南冻结场冻结壁进入隧道开挖处。隧槽中的热压风对北现场的冻结壁影响甚微(第三纪黏土起到隔热作用),而只有在南端现场热压风对冻结壁有较轻的影响,其结果是在最后几天每天间歇冻结时间不得不增加到 3h。隧道掘进未遇到任何困难,大约在五周后到达车站的帷幕,并在到达前 3d 冻结工作结束。总共挖掘土方 5 100m³,喷射混凝土 1 000m³,安装 30t 加筋、120t 格构梁。

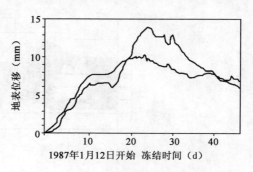

图 6-46　北端现场典型地表变形曲线

在解冻后,隧道减压,安装最终支架。测得

的最大差异沉降是 3.7mm,大大低于技术要求的 5.0mm。最大的倾斜率为 1∶1 285,也大大低于规定的 1∶500。

本工程事实表明,在一定的地质和水文条件下,可形成一个薄冻结壁,在覆盖层最小的建筑物下也可掘进隧道,并且在相当长时间内维持此冻结壁而不显著增长。在采取适当的短冻—长停间歇式消极冻结方式后,即使在冻敏性表土基础下,冻胀量也可以限制在 13mm。该工程顺利完成的前提条件是:

(1)对表土进行广泛调查研究,其中包括实验室试验和现场冻结试验;

(2)热力分析;

(3)对冻结过程进行连续和广泛监测,并每天调整以适应变化了的条件;

(4)业主、设计人员和施工单位密切合作。

# 第七章  地层冻结法风险与控制

冻结法应用将近150年，是一个很成熟的地层加固方法。它除了有其他工法应用的一定风险外，还因其主要材料——冻土必须在施工过程中维持，而因维持其稳定材料冰的特殊性又增加了比其他工法多的变数。正是由于冻土和维系冻土强度的冰的存在，冻结法应用的安全可靠性取决于整个勘察、设计和施工的全过程的每一个环节，其风险也存在于全过程的每一个环节。

图7-1为地层冻结法流程框图。

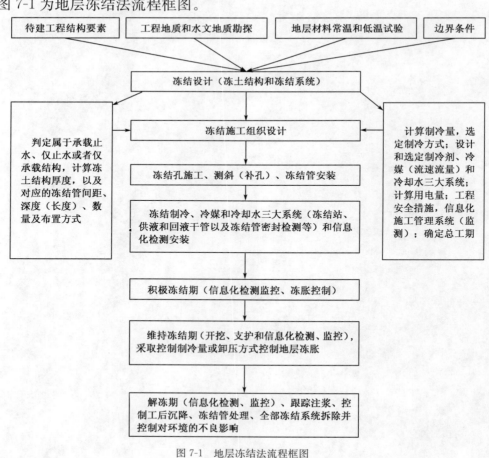

图7-1  地层冻结法流程框图

地层冻结的主要风险是水的侵入。要解决防水的问题，主要是确保冻土结构的可靠性、稳定性。而它们取决于以下几点：

（1）工程地质和水文地质资料的可靠性；

（2）冻土结构计算模型的正确性；

（3）冻土结构和其他结构联合体封水共同受力的可靠性；

（4）冻土物理力学试验方式与现场冻土结构施工过程工况的一致性；

（5）开挖过程冷媒供应的可靠性（含冻结管和冷媒监测）；

（6）开挖过程冻土结构安全的稳定性（含变形监测）；

（7）地层冻胀和融沉对周边建构筑物安全的影响程度；

（8）地层冻胀和融沉对本身永久结构的影响。

# 第一节　　地质勘探和调查

与其他工法相比，全面掌握工程地质和水文地质情况对冻结法的成功应用尤为重要，因为它们决定了冻结设计的各个参数。影响地层冻结设计的主要因素是各地层中的含水率、水流速、流向、水温、含盐量、地下水位变化情况、与周围其他水系的水力联系、隔水层厚度及其物理力学性质、地层的可钻性、是否是扰动土层等。土的基本物理力学性质对于地层冻结法的影响比其他工法可能更大些，如导温系数、导热系数、渗透系数、土的颗粒级配、土的界限含水率、土的类型、地层温度和热容量以及可能作为临时结构（如作为隔水层）地层的基本物理力学参数（抗剪强度参数、标贯参数、渗透系数等）。

## 一、水的影响

### 1. 地层含水率

冻结范围地层的含水率及其含盐量、温度等是影响冻土强度的主要参数之一。含水率大小决定了冻结后的含冰量多少。一般而言，黏性土的含水率低于其本身的液限含水率，含水率增加不会降低冻土强度；当超过液限含水率后，含水率增加会降低冻土的强度。对于砂性土，其含水率在饱和水量以下，含水率增加不会降低冻土强度；当超过饱和水量后，含水率增加会降低冻土的强度，再增加时就降为冰的强度了。冻土力学试验时，要充分考虑不同土层含水率的影响。在冻结结构设计时，必须考虑不同土层的含水率和冻结的关系因素。

含盐量决定地层结冰温度，进而决定冻土强度。含盐量越高，地层冻结时冰点越低,冻土强度越低;同样负温下,含盐量高的冻土强度低。含盐量增高,导温系数变小,冻结时间增长,有时甚至无法冻结,且含盐量过高使所需冻结冷量增多进而使成本增高。所以必须对冻结范围内的各地层的含盐量进行仔细的测试。同时,含盐量还决定地层冻结交圈(封闭)的时间。若不熟悉这一点,并在没有冻结到交圈就开始开挖,则会发生水力贯通而导致开挖失败的风险。对于含盐量不高的地层,一般采用适当降低冻结温度的方法来解决;对于个别含盐量高的地层,可以采取适当灌水或者注浆等方式解决。如果注浆,则还需考虑地温可能增加的因素。

地层原始温度(水温)高低决定了冻结所需要冷量的多少。如果这种原始地温不受冻结范围外的影响,所耗冷量是比较有限的。但是,也要对冻结范围内各地层的温度进行测定,因为它决定了冻结交圈时间。当有各层交圈时间不同进行开挖时,会产生强度不够或者水力侵入而导致开挖失败的风险。冻结范围内外的地下水温度对冻结有直接影响,如果遇到有外给热源(如热电厂等高温水的排放),会给冻结带来困难,有时甚至难以冻结。因此,必须全方位调查清楚地下水温度以及其与外部的水力联系,以便能控制由此带来的难以冻结的风险。

2. 含水层的流速、流向及其与冻结范围外的联系

由于地层冻结是靠外界不断供给地层冷量、维持冻结,确保冻土结构在施工过程中稳定可靠,如果冻结范围与外界有动态水力通道或水的流速很大,则会有冻结效果不好或者根本冻不住,进而存在所谓"天窗"漏水而失败的重大风险。

在冻结某一井筒时,按常规经验冻结时间应该已交圈,但是冻结范围内测温管所测数据表明没有冻住,继续冻结 20 多天后,测温数据显示还是没有交圈。经过进一步研究工程地质和水文地质资料,进一步了解周边情况,发现附近有一钢铁厂将冷却后的水直接排放至水渠里,而这条水渠又与冻结井的地下水有水力联系。这一水力联系使该层的冷量不断交换对流以致分散,从而导致冻结时间超过常规的时间很多。经过隔断这一水力联系后,不到 6d 时间全部交圈。

第六章所说的深圳地铁一期工程广深铁路桥下冻土帷幕也是经过长时间冻结后,地下 8～14m 水平温度明显偏高以致无法冻结交圈,这说明在该水平地下水流速都很大,其带走的冷量很多。原资料所提到的地下水,根据冻结管冷量散失情况,流速实际达 40～60m/d,远远大于 15m/d 流速,致使 8～12m 水平冻结缓慢。经过对该处工程地质和水文地质资料以及施工广深铁路桥时的施工资料进一步研究,并结合冻结状况,发现这个层深处是古布吉河床,一直有动水不断流动。其经过广深铁路 6 个桥墩施工,减小了水流宽度,再经过冻结帷幕不断扩大,进一步减小了地下水流通道,使原

来水最大流速由 15m/d 增大到 40～60m/d。如此大的水流速度会带走相当多的冻结管所供冷量而无法交圈。后经过在其上游钻 3 个抽水井，抽上游水并通过水管从地面排到下游，以此大大减小了 8～10m 水平处的地下水流速。7d 后冻结圈形成并开始开挖工作。整个工期因此耽误了近一个月，但因处理得当，最终实现了隧道贯通的工程目标。

上述例子说明，充分掌握冻结范围的地下水的流速、流向及其与外部的水力联系对地层冻结是极为重要的，它决定着冻结工法应用的成败。因此，在地质勘察时，必须掌握好所要冻结范围及周边的地下水流速、流向以及与周边的水力联系（通道），尤其是该地周边建（构）筑施工对地下水流的影响历史等，并绘制出地下水流流网图。在进行冻结结构设计时，特别是冻结孔布置时，要充分考虑地下水流对冻结结构形成产生冷量损失的影响。在水流速度不大时，可以适当增加冻结管多提供冷量，冻结交圈后可适当减少供冷。必要时要采取特别的措施，如在水流上方打孔进行地面排水，或者做挡水帷幕，或者先注浆减少水流速度等。

3. 地下水位变化

地下水位变化对冻结法成功应用非常重要。这种水位变化会直接影响冻结结构的形成。水位低时，冻结壁形成；水位涨高时，水会直接灌入到开挖区内进而导致被淹的风险。在冻结工程开始前，要对冻结周边地下水位变化的历史和现状充分了解。如果在地下水位低时冻结，应适当灌入地下水以提高水位，或者采取水位上注浆堵水，并检测封闭后再开挖。同时要设置地下水位观测点，及时把握水位变化情况，确保冻结施工安全。

4. 承压水

如果在冻结范围内及直接接触下部有地下承压水，在施工冻结孔时，有可能产生进浆喷水而无法施工；冻结孔施工完后产生各含水层水力联系导致冻结困难。在地质勘探时，要彻底掌握承压水的压力以及其与外部水源的水力联系。如果有承压水存在，施工冻结孔时，要采用钻孔止逆装置防止进浆喷水。一般在地面比较好处理，排出一定水后压力会下降；但在地下如隧道里，则必须采取有效措施进行密封止水。要特别注意隧道衬砌和钻孔间的密封（防止把冻结管顶出来），以及钻进过程中本身的密封。在设计时，要对比一下承压水压力和所计算土压力值，取其大者作为冻结结构设计的荷载值。

5. 隔水层

根据地质检查孔和要建的结构分析，对可能要利用作为冻结结构一部分的地层

（隔水层、承载结构等）的物理力学性质全部进行试验，获得必要的设计计算参数。其中地层的抗剪强度参数、标贯参数、渗透系数、地层重度以及其厚度等极为重要。

### 二、地层信息和杂物（孤石、回填垃圾和乱石等）

对冻结范围，尤其是对冻结管可能布置范围等地层要进行详细的地质勘探、钻孔取芯，完全掌握地层内的情况，特别是诸如孤石、杂物等影响冻结孔钻进的物体，以便在冻结孔布置时考虑这些地层因素。勘探钻孔的深度要超过冻结范围并穿过可能作为隔水或者围护结构的地层，以便全面掌握关键的地层物理力学资料。对所有钻孔要完全密封，防止冻结后开挖涌水。对于影响冻结孔布置的地方，要适当增加冻结管或者适当移动位置，确保冻结管分布达到或者高于设计要求，同时要避免冻结结构出现没有冻住的地方（开窗）。

把所有钻孔获得的工程地质、水文地质等各项资料汇集于柱状图上，并逐一描述清楚，以便冻结设计时把所有可能不利于冻结的因素考虑周全。

## 第二节　冻土物理力学性质及参数选取

### 一、冻结范围地层物理力学性质

冻土力学试验在我国开展初期，相关的规范或标准还没有。作者带领的课题组于1993 年参照国际地层冻结大会组委会（ISGF）推荐的规范制定了中华人民共和国煤炭行业标准——《人工冻土物理力学性能试验》（MT/T 593—1996）。国内可按此标准做人工冻土物理力学性能试验的机构不多，设备也有限。如前所述，因试验方法不同会直接影响冻土的力学数据准确性，故在力学指标选用时一定要全面了解试验方法和数据的离散性，依所得数据可靠程度适当调整安全系数大小。当存在不同性质的冻土时，对不同层位要进行校核（强度和变形）。还要考虑的是，多数冻土瞬时力学指标的试验加载方式和冻土结构实际受力工况并不相同。如深冻结井冻土墙（冻结壁）实际是一个卸载过程，而多数力学指标是经加载过程获得的。此外，随着土层冻结深度的增加，土压力不断增大，冻土力学参数试验应该是先对试样按所在地层侧压力大小进行排气不排水固结，达到固结点后，冻结到试验温度并恒温至少 24h 以上，再进行加载或卸载剪切试验。如果先冻结再固结，所得强度指标（黏聚力和内摩擦角）与实际相差较远。引用时一定要仔细分析试验加载方式与现场实际开挖冻土墙受力变化方式是否接近，否则一定要仔细分析并慎重采用，并对要采用地层冻结范围的各地层物理力学性质有充分全面的把握。这些物理力学性质主要是导温系数、导热系数、热容量、含水率、含盐量、地层温度等,它们直接影响冻结孔的布置和冻结交圈时间,并决定冻土墙的稳定性。而冻结范围与周边的水力联系、该处地下水流速和流向则决定冻结的成败。此外,这些因素也决定着冻结法的费用高低。一般在设计时,取最不利条件作为设计的参考值。如果某些数据不准确或者缺失,会导致冻结成本增加,有时甚至失败。因此,有时有必要参考周边地层的数据资料,有时还有必要适当提高设计指标。

### 二、试验温度和物理力学参数选用

试验温度根据待建结构的埋深、受力体系等按照现行《人工冻土物理力学性能试验》(MT/T 593)选定,根据实际情况有时也会增加若干试验温度。

在选用物理力学参数时,一定要结合现场冻土结构实际受力状况、施工过程冻土结构受力状况变化、地层温度和地下水位变化等情况综合考虑后选定。如果选用不当,会给工程安全带来危害。对于重大工程,事前的物理模拟试验对于判断设计和施工的可靠性有较大的参考价值。

# 第三节　冻　结　设　计

### 一、冻土墙的设计

在冻土墙的设计中,首先是考虑待建结构形式下的冻土结构受力体系和计算模型的建立。正确的建模是工程成败的关键。冻土结构按功能方式划分,一般分为主要是止水和既承载又止水(见表4-1)两种。分清冻土结构的功能方式后,就可以建立冻土结构计算模型,进而获得清晰的冻土结构受力体系,并可根据冻土结构受力体系选取冻土物理力学试验层位和范围以及所需要的物理力学指标。

由于冻土的抗拉强度低于抗压强度,在空间允许条件下宜将冻土直墙改为拱墙,这样既安全又经济。若长宽比大于2.0,则椭圆形冻土墙比矩形冻土墙更有效合理。若空间或其他条件限制,也可选重力墙、锚拉直墙或有内支撑的直墙,或组合选用这几种方式。

浅层冻结时,冻土墙设计多数情况下还需要与隔水地层结合起来考虑。如果设计考虑把冻土墙与底板下不透水的地层冻在一起形成一个封闭体,则基坑底板下的地质情况务必须要充分了解,同时一定要按第四章设计要求进行安全复核。坑底抗隆起是浅层工程冻结法应用成败的关键之一,必须按式(4-9)校核;当基底位于饱和水砂层或砂质黏土层时,对基底要按式(4-11)进行抗管涌验算;坑底利用黏土等渗透系数很小的地层作隔水层时,要按式(4-12)计算基坑总渗水量,看是否满足要求。同时,还要考虑冻土墙开挖后暴露时热量损失而强度降低、开挖后支护体的力学性质与冻土墙的相互关系、冻结管(孔)间距不均匀而导致的冻土墙局部强度低、冻土墙平均温度计算误差等因素。在一些关键地段,尤其是在江河等水底下或重要建筑物下,冻土墙的设计,一定要考虑万一停电或冻结管断裂时,冻土墙要能安全承受所有外载直到重新冻结到设计强度或掘砌完成、内衬达到所需要强度。在设计时,必须要认真考虑各种可能发生的问题和边界条件,仔细研究所取指标是否可靠正确。上海地铁 2 号线黄浦江底水下 8m 冻结工程的成功和 4 号线黄浦江岸边联络通道冻结工程事故,就是显然易见的对比。

对于黏粒含量多的冻结黏土,当土压力大到使冻土结构内应力达到冻结黏土瞬时无侧限抗压强度的 1/4～1/3 时(即达到发生非衰减型蠕变的临界值),则有必要考虑蠕变变形稳定计算。尤其在深部地层中,这一点尤为重要。

因为冻土和混凝土类似——抗拉强度远远低于抗压强度,故应尽量避免使冻土结构受拉。比如,直墙可以设计成多个小曲拱连接,而在拱脚处增加冻结孔而成为拱柱。有时场地有限或因地下条件而冻土墙不得不受拉时,开挖后应尽快及时支护而使冻土裸露时间尽可能地短一些。由于冻土抗拉强度试验设备有限且抗拉试件制作和试验设备安装困难,这方面的数据积累不多。多数冻土的抗拉强度只有其抗压强度的 1/6～1/4。必要时可在抗拉处增加土钉或锚索,从而可减少抗拉冻土墙的设计厚度。

设计上极为重要的准则主要包括开挖基坑的几何形状、土层及地下水的情况、相邻街道、设施与基坑之间的距离。其中最重要也是最难了解的是地表下的情况。这些资料对确定所受荷载及冻土墙允许应力是至关重要的。地表下的资料主要是土工参数,如钻孔柱状图、力学分析资料、重度、含水率、液塑限、内摩擦角、不排水剪切强度,以及低温下冻土抗压、抗弯、抗剪强度及弹性模量,泊松比和蠕变特性等。地质检查孔最好深些,它往往决定冻结深度及确定加固方案,在一定程度上对工程有事半功倍之作用,但如果把握不准确,很容易导致冻结失败。

## 二、冻结壁的承载力和变形验算

如前所述,冻土墙结构分析可参照现有的其他挡墙进行,但应注意不同的是,冻土墙的应力、应变总是随时间和温度而变化的,因而也就无简单值结果。一般说来,基于弹性假设和刚性设计概念将得出过于保守的结果。对于非正规几何形状、锚拉式墙、变曲线型墙,二维或三维非线性黏弹性有限元分析方法是最有用的冻土墙分析方法。虽然它不是很精确,但能获得最实用的结果。目前比较成熟结构分析主要有以下三大类:

1. 冻土墙水平面二维模型

主要内容是:

(1)冻土墙周边未冻土简化成变刚度的弹簧;

(2)模拟泊松比及线性或非线性模量的冻土;

(3)初始压力作为静土压是通过代表未冻土的弹簧作用在冻土墙上;

(4)不考虑冻土墙自重和非水平面应力。

2. 冻土墙垂直面二维模型

主要内容是:

(1)未冻土如上述 1.(1)一样;

(2)如上述 1.(2)模拟冻土;

(3)如上述 1.(3)取初始压力,或取重力和侧压通过未冻土作用在冻土墙上;

(4)考虑重力,但忽略非垂直面上的应力。

3. 三维模型

主要包括上述 1 和 2 的内容,若采用有限元数值分析,单元划分及其数量都要仔细,同时费用也会增加。

在上述分析中,时间与温度都间接反映在变形模量内,或直接应用于冻土流变模型。这方面的数值分析已有不少程序可用。

### 三、热力分析

冻结墙的热力分析很难达到准确的程度,这是因为土是一种非均质多孔介质,且由非冻土变成冻土发生相变,温度场是一个变化场,而水分迁移场等复杂不定,目前还没有一种分析程序能包罗这些因素。另外,整个冻结系统(包括冻结孔间距、集/供液干管距离、冷却水温度、冷冻机的运转等)是一个非稳定因素,也使得热力分析难以达到准确。不过对冻土墙的热力分析并非是束手无策。通过大量现场实测数据以及所积累的大量经验,在现有理论的框架里还是可以得到有参考价值的预计结果的。它们可为冷冻机的合理组合和运转、冻土墙的形成以及冻胀提供有益的预测。这些已被实践所应用。

## 第四节　冻结系统风险预防

### 一、冻结系统安装

冻结系统主要包括冻结孔施工、冻结管安装和密封、供液和回液管路安装和密封、盐水系统等。

冻结孔钻进必须确保满足设计要求。浅层冻结中主要是水平或者倾斜孔的角度保证问题，深井冻结主要是确保冻结孔在设计的靶域内不出现问题。如果孔距没有达到设计要求，会延长冻结时间，或者冻结难以交圈，有时即使交圈了而冻土墙厚度达不到设计要求，会导致开挖后冻土墙被击穿或者破坏。所以在孔距没有达到设计要求的地方，要进行补孔或增加冻结管来保证冻土墙厚度。因此，冻结孔施工过程中或者完成后，对冻结孔进行测斜，获得其与设计之间的误差，对冻结成败是关键的。

冻结孔的施工必须达到设计要求，要有测斜数据；没有达到设计要求的，要补救（如增加孔数等），并经过监理的严格验收，合格后再进行冻结管的安放。对每根冻结管要按规范进行打压试验，在规定的时间内不泄漏且自检合格后，报监理验收。验收合格后再进行供液管（内管）的下放工作（下放长度要有监理见证），然后进行集配液干管的安装和与冷冻站的连接。

冻结孔的深度（长度）必须达到设计要求，以使冻结管底部能够安放到设计要求的地方，从而使冷媒传递到需要的地方。这里需要强调的是，冻结管内的供液（或回液）管只有伸到冻结管的底部附近，才能使冻结管底端的冷媒循环，并通过与地层热交换带走地层热量，达到制冷的效果。尤其是在需要与地铁隧道管片冻结在一起形成止水帷幕时，这一点就显得非常重要。否则，该处就成为冻结最薄弱处，开挖后可能就是被突破的窗口。

无论是浅层冻结还是井筒冻结的冻结管安装，都必须参照现行《旁通道冻结法技术规程》(DG/TJ 08-902)（上海市工程建设规范）或者《煤矿冻结法开凿立井工程技术规范》(MT/T 1124)，对冻结管进行打压试验，确保密封可靠。凡发现有渗漏的必须更换。浅层冻结中，冻结管不宜串联太长。因为太长，冻结施工过程中一旦出现渗漏或者破裂，影响面积大，从而无法弥补或抢救。同样，也不宜多管互通，多管互通也会出现类似风险。

对于供液和回液管路，也要分别进行必要的打压试验，确保没有任何渗漏现象。

所有制冷管路连接好以后，还要进行打压的耐压试验，确保制冷管路系统不渗漏。

冷冻站内所有设备(包括检测监控系统)的安装和盐水的配置必须严格按规程进行。全部安装工作完成后,需经监理验收签证确认合格,再进行调试、检测、试运转。对于向上倾斜的冻结管,必须将管顶头的气体排完,否则就会造成局部没有冻结或冻土强度偏低。自检合格后再报监理验收。获得监理和业主的同意后,施做管路的保温层。最后,报监理全面验收合格后,由监理在开机申请书上签字同意后,方可开始冻结。

冷冻站的设备选型确定后,针对工程的重要程度,必须考虑冷冻机组、盐水泵和冷却水泵的备用数量。同时,供电必须有备用电源(一级供电)。因为冻土墙完全靠冷冻站供冷来维持,站内任何设备故障导致供冷停止,都有可能使冻结工程失败。温度检测监控系统、报警系统都要有备用系统。尤其对那些人命关天和会危及重大财产损失的工程,这一点尤为必要。

### 二、冻结效果检验

冻结壁交圈时间可按式(4-36)估算,达到冻结壁设计厚度的冻结时间可按式(4-35′)估算。

此外,还可根据水文孔中水位的变化情况判断冻结状况。水文观测孔对于冻结井筒有重要作用,其一是可以利用水文孔的水位变化和冒水等了解含水层中冻胀水的上升情况,从而能准确报导冻结壁的交圈情况;其二是通过对水文孔纵向测温可以较好了解井筒中部在冻结壁形成期井中地温的降温过程;其三是由于通过水文孔可以排走冻胀水,因此可以减轻井中因土的冻胀而发生的附加压力产生的压作用。要防止水文观察孔施工、设计不妥而引起含水层之间串通产生纵向对流,影响冻结。因此,水文孔的花管位置设计及结构十分重要,如果设计位置不当,或者事先对地层中各含水层深度判断不准,就可能使水文孔成为各含水层导水的连通器。不同水压头的含水层通过水文花管互相串通,在地下形成流动,从而对冻结壁正常形成造成很大的隐患,甚至造成冻结壁永不交圈。位村副井、东欢坨二号井等均发生过因水文孔花管穿透数层有不同水压头的含水层,造成地下水串流,使冻结壁长期不交圈的情况。发生该类情况时,一般通过堵塞部分花管,阻断水流方法来处理。

浅层冻结中冻土墙作基坑临时围护结构时,可在坑内外各设若干水位观测孔(根据坑的大小,孔的数量可调整),以此观测地下水位的变化情况,以便判断冻土墙是否交圈(合拢)。当冻土墙作其他封闭体时,除了内外设水文观测孔外,建议在冻土封闭体内设花管引出地下水压管并装上水压表。通过观测水压表数字的变化,研判冻土墙冻结交圈情况。通过测温孔温度变化、去回路温差变化、水文孔水位变化、冷冻站运转等情况,就可基本判断冻土墙发展的情况。对于封闭式冻土体,冻结过程中除了用水文变化判断冻结交圈外,还可以根据水压力表的变化情况判断冻结交圈情况。一般交圈封闭后,封闭体内的水压要升高。同时,这种压力表还可以卸压,进而减小因冻结产生的冻胀压力。

## 第五节　施工安全和监测监控

在冻结工程中,冻结范围内及其附近都应设置一定数量的不同地层水平的测温传感器,把所有数据实时传递到冷冻站的监控室内。当各方面数据显示冻土墙达到设计要求后,施工方就可以向监理申请试挖。得到批准且试挖成功后,正式开挖需经各方会签同意后,再进行正式开挖和支护工作。施工过程中,应对冻土墙位移等各方面进行全面的观测和观察,及时处理异常情况。同时,监理要旁站到位。

首先是冻土墙的变形监测。变形大小标志着冻土墙的稳定性程度,因此冻结工程中的开挖和支护必须严格按设计和规范进行,确保冻土墙变形控制在设计允许的范围内。

同时,对站内盐水液面要进行不间断检测;对盐水温度和去回路温差、冷冻机等站内设备运转状况等进行无间断人工看守。如果发现盐水水位有变化,一定要进行检查,确认地层内冻结管是否渗漏盐水。

再就是冻结过程中,有的地层因冻结膨胀而产生冻胀推力,有可能对相邻结构产生附加力。多数情况下,这种冻胀产生在粉质砂或砂质淤泥中,其冻胀力可以通过地层被动或主动排水而减小,其他土层冻胀力几乎可以忽略不计。当有重要建筑物或地下结构受冻胀影响敏感时,就必须采取地层主动排水或冻前注浆对冻敏土层进行改性处理。一般停止冻结后地下冻土化冻时间在 3 个月到半年,有时甚至更长,主要取决于地层温度和冻土体积大小。完工后对融沉的处理措施主要有跟踪注浆等,它可以减少融沉对周边建(构)筑物的不良影响。

对于有些特别重大工程,必要时应该备用液氮槽车和输送管道到冻土墙处,或确保有多个专用液氮瓶可将液氮送到所需地方,以防止万一涌水出现意外事故。一般情况下,若完全履行了上述工作,应急措施可以不用。

总之,冻结法是一项既古老而又对技术和管理要求严谨的工法。任何一个环节的疏忽或不严谨,都会酿成大事故。这一点在上海地铁 4 号线黄浦江边冻结工法应用的重大事故中已经被证明,但也有上海明珠线黄浦江底下 8m 处同样用冻结工法施工联络旁通道成功的案例。后者比前者风险大的程度不可同论却提前完工,前者几乎没太大的风险却出了重大事故,并且是同一个设计和施工单位。因此,只要工程技术人员严格按规程办事,以严谨的科学态度应用冻结法,冻结法就同其他工法一样安全可靠。

　　鉴于我国目前没有地层冻结设计的完整规程和专业设计单位,一般冻结工程的设计工作多由承包人自己做。因此,认真详细建立健全冻结工程全过程的操作程序、质量管理程序、安全监控程序、承包人/监理/业主审查和分层级闭环管理程序是非常必要的。做好这一点可以确保地层冻结工法应用成功。

# 附　录

中国矿山竖井冻结工程统计表　　　　　　　　　　附表 1

| 序　　号 | 井 筒 名 称 | 净直径(m) | 冲积层深度(m) | 冻结深度(m) | 开 钻 日 期 |
|---|---|---|---|---|---|
| 1 | 林西风井 | 5 | 65 | 105 | 1955.10 |
| 2 | 唐家庄风井 | 5 | 56.31 | 60 | 1956.07 |
| 3 | 唐山风井 | 5 | 148 | 153 | 1957.02 |
| 4 | 河溪沟副井 | 5 | 45 | 47.5 | 1957.09 |
| 5 | 河溪沟主井 | 5 | 45 | 47.5 | 1957.10 |
| 6 | 台吉一坑东风井 | 3 | 14.3 | 22.5 | 1957.12 |
| 7 | 徐家楼副井 | 5 | 115.4 | 125.5 | 1958.01 |
| 8 | 范各庄副井 | 6.5 | 78.7 | 85 | 1958.06 |
| 9 | 范各庄主井 | 5.5 | 81.6 | 85 | 1958.08 |
| 10 | 荆各庄主井 | 5.5 | 154.84 | 162 | 1958.08 |
| 11 | 徐家楼主井 | 5 | 116.43 | 125 | 1958.09 |
| 12 | 荆各庄副井 | 6.5 | 157.26 | 162 | 1958.11 |
| 13 | 范各庄风井 | 4.6 | 90.3 | 154/93 | 1959 |
| 14 | 吕家坨风井 | 4.6 | 48.7 | 90/70 | 1959 |
| 15 | 孔集主井 | 5.5 | 20.9 | 26 | 1959.03 |
| 16 | 孔集副井 | 6.5 | 20.9 | 25.5 | 1959.04 |
| 17 | 吕家坨主井 | 5.5 | 61.71 | 75 | 1959.06 |
| 18 | 吕家坨副井 | 6.2 | 58.89 | 77 | 1959.08 |
| 19 | 吴庄主井 | 4 | 48.5 | 38 | 1960 |
| 20 | 张庄副井 | 4.4 | 51.6 | 43 | 1960.01 |
| 21 | 芦岭副井 | 6.5 | 130.3 | 135 | 1960.01 |
| 22 | 孔集风井 | 4 | 25.5 | 28 | 1960.02 |
| 23 | 芦岭主井 | 5.5 | 130.3 | 135 | 1960.03 |
| 24 | 邢台副井 | 5.5 | 240.9 | 260 | 1960.04 |
| 25 | 朱仙庄老主井 | 5.5 | 137.4 | 135 | 1960.05 |
| 26 | 马庄主井 | 4 | 76.69 | 67 | 1960.10 |
| 27 | 柴里副井 | 5.5 | 83.2 | 89 | 1961 |

续上表

| 序　号 | 井　筒　名　称 | 净直径(m) | 冲积层深度(m) | 冻结深度(m) | 开　钻　日　期 |
|---|---|---|---|---|---|
| 28 | 芦岭南风井 | 5 | 141.1 | 142 | 1961.01 |
| 29 | 沈庄主井 | 4.5 | 48.5 | 49 | 1961.03 |
| 30 | 马庄副井 | 4.5 | 70.58 | 75 | 1961.04 |
| 31 | 马庄风井 | 3.5 | 66.9 | 68 | 1961.05 |
| 32 | 岱河副井 | 4.5 | 81 | 72 | 1961.05 |
| 33 | 杨庄副井 | 6 | 69.7 | 73 | 1961.10 |
| 34 | 杨庄主井 | 5 | 68.9 | 73 | 1961.12 |
| 35 | 柴里主井 | 5 | 82.6 | 89 | 1962 |
| 36 | 岱河北风井 | 3.2 | 69.82 | 72 | 1962.07 |
| 37 | 邢台主井 | 5 | 237.6 | 260 | 1963.04 |
| 38 | 杨庄西风井 | 3.5 | 68.3 | 75 | 1963.06 |
| 39 | 桃园副井 | 5 | 99.1 | 83 | 1964 |
| 40 | 徐州桃园主井 | 4.5 | 78.5 | 83 | 1964 |
| 41 | 夹河西风井 | 5 | 81.5 | 96 | 1964 |
| 42 | 张庄东二风井 | 3.5 | 52.22 | 62 | 1964.05 |
| 43 | 夹河副井 | 5 | 79.1 | 83 | 1964.10 |
| 44 | 夹河新副井 | 7 | 74.14 | 95 | 1964.12 |
| 45 | 桃园风井 | 4 | 72.36 | 83 | 1965 |
| 46 | 夹河风井 | 4 | 72.3 | 83 | 1965.03 |
| 47 | 芦岭西风井 | 5 | 235.2 | 240 | 1965.06 |
| 48 | 立新副井 | 7 | 30 | 37 | 1966 |
| 49 | 立新主井 | 6 | 3 | 37 | 1966 |
| 50 | 南屯主井 | 5.5 | 85.4 | 235/100 | 1966.02 |
| 51 | 南屯副井 | 6.5 | 86.5 | 235/100 | 1966.05 |
| 52 | 南屯风井 | 5 | 63.7 | 235/100 | 1966.06 |
| 53 | 朔里副井 | 5 | 60.1 | 65 | 1966.08 |
| 54 | 唐山新风井 | 6.2 | 139.9 | 165 | 1966.09 |
| 55 | 朔里主井 | 4.5 | 59.8 | 67 | 1967.01 |
| 56 | 沈庄新主井 | 4.5 | 47 | 52 | 1967.04 |
| 57 | 红阳2号主井 | 6 | 113.6 | 129 | 1967.07 |
| 58 | 朱庄新副井 | 6 | 50.26 | 65 | 1967.08 |
| 59 | 东新城主井 | 4.5 | 69 | 76 | 1968 |
| 60 | 平八东风井 | 5 | 324.4 | 330/210 | 1968.04 |
| 61 | 红阳2号北风井 | 5 | 113 | 113 | 1969.07 |
| 62 | 徐家楼新井 | 7.7 | 98 | 110 | 1969.08 |

| 序　号 | 井筒名称 | 净直径(m) | 冲积层深度(m) | 冻结深度(m) | 开钻日期 |
|---|---|---|---|---|---|
| 63 | 陈四楼主井 | 5 | 369 | 423/400 | 1969.09 |
| 64 | 昌黎主井 | 4.5 | 37.8 | 50 | 1969.10 |
| 65 | 红阳2号副井 | 7 | 113.8 | 127 | 1969.10 |
| 66 | 水城主井 | 4.5 | 169.36 | 175 | 1969.10 |
| 67 | 红阳4号副井 | 5 | 40 | 55 | 1970.03 |
| 68 | 集贤主井 | 5 | 40 | 55 | 1970.03 |
| 69 | 夹河主井 | 4.5 | 78.47 | 83 | 1970.04 |
| 70 | 红阳2号南风井 | 5 | 113.1 | 124 | 1970.05 |
| 71 | 水城副井 | 3.5 | 169.36 | 175 | 1970.05 |
| 72 | 红阳1号主井 | 6 | 93.2 | 112 | 1970.06 |
| 73 | 石台副井 | 5 | 48.02 | 60 | 1970.07 |
| 74 | 集贤副井 | 5 | 40 | 55 | 1970.08 |
| 75 | 红阳1号副井 | 7 | 93.2 | 116 | 1970.08 |
| 76 | 三河主井 | 5 | 115.5 | 140 | 1970.08 |
| 77 | 石台主井 | 4.5 | 48.02 | 60 | 1970.09 |
| 78 | 三河副井 | 5 | 115.5 | 143 | 1970.09 |
| 79 | 石台东风井 | 3.5 | 42 | 60 | 1970.10 |
| 80 | 李楼主井 | 4.5 | 76.22 | 86 | 1970.11 |
| 81 | 张集副井 | 5 | 104.6 | 128 | 1970.12 |
| 82 | 金童桥主井 | 4.5 | 168 | 180/90 | 1970.12 |
| 83 | 坨城风井 | 3.5 | 70.9 | 80 | 1971 |
| 84 | 北宿南风井 | 4.5 | 75 | 94 | 1971 |
| 85 | 张集风井 | 3.5 | 104.2 | 130 | 1971 |
| 86 | 金童桥副井 | 3 | 168 | 180 | 1971 |
| 87 | 林南仓主井 | 5 | 176.36 | 200 | 1971 |
| 88 | 林南仓副井 | 6.5 | 177 | 210/200 | 1971 |
| 89 | 坨城副井 | 5 | 70.5 | 75 | 1971.01 |
| 90 | 张小楼风井 | 3.5 | 95 | 96 | 1971.01 |
| 91 | 前岭副井 | 4.5 | 102.4 | 114 | 1971.02 |
| 92 | 前岭主井 | 4 | 102.4 | 114 | 1971.02 |
| 93 | 厚余副井 | 4 | 108 | 115 | 1971.03 |
| 94 | 张集主井 | 5 | 104 | 128 | 1971.03 |
| 95 | 原余主井 | 5 | 118 | 131 | 1971.03 |
| 96 | 坨城主井 | 5 | 70.5 | 75 | 1971.04 |
| 97 | 红阳1号东风井 | 5 | 88 | 95 | 1971.04 |

| 序　号 | 井筒名称 | 净直径(m) | 冲积层深度(m) | 冻结深度(m) | 开钻日期 |
|---|---|---|---|---|---|
| 98 | 刘一副井 | 6 | 126.53 | 145 | 1971.09 |
| 99 | 姚桥主井 | 5 | 460.5 | 175 | 1971.09 |
| 100 | 姚桥风井 | 4 | 162.47 | 176 | 1971.09 |
| 101 | 三河风井 | 4.5 | 137.5 | 181/165 | 1971.09 |
| 102 | 北宿副井 | 5 | 87 | 130/90 | 1971.10 |
| 103 | 张小楼主井 | 5 | 105 | 95 | 1971.11 |
| 104 | 晓南副井 | 7 | 30.4 | 38 | 1971.12 |
| 105 | 刘一主井 | 4.5 | 126.53 | 145 | 1971.12 |
| 106 | 姚桥副井 | 6 | 460.5 | 175 | 1971.12 |
| 107 | 李楼副井 | 3.5 | 76.22 | 86 | 1972.01 |
| 108 | 徐庄主井 | 5 | 152 | 166 | 1972.10 |
| 109 | 潘一主井 | 7.5 | 159.4 | 200 | 1972.11 |
| 110 | 刘一风井 | 4 | 126.53 | 170/144 | 1972.12 |
| 111 | 前常主井 | 5 | 103.31 | 147/122 | 1973.01 |
| 112 | 前常副井 | 4.5 | 103.98 | 155/125 | 1973.05 |
| 113 | 潘一副井 | 8 | 154.4 | 200 | 1973.09 |
| 114 | 兴隆庄西风井 | 5.5 | 186.4 | 207 | 1973.12 |
| 115 | 兴隆庄主井 | 6.5 | 188.7 | 220 | 1973.12 |
| 116 | 晓青副井 | 7 | 29.7 | 50 | 1974 |
| 117 | 晓青主井 | 5.5 | 29.4 | 50 | 1974 |
| 118 | 张庄东一风井 | 4 | 53 | 72 | 1974.02 |
| 119 | 兴隆庄副井 | 7.5 | 188.2 | 220 | 1974.04 |
| 120 | 百善主井 | 4 | 148 | 180/155 | 1974.07 |
| 121 | 潘一东风井 | 6.5 | 292.5 | 320 | 1974.09 |
| 122 | 范各庄新提升井 | 7.8 | 74.6 | 130/85 | 1974.11 |
| 123 | 百善副井 | 5 | 148 | 180/155 | 1974.11 |
| 124 | 潘一中央风井 | 6.5 | 167.9 | 224/178 | 1975.03 |
| 125 | 朱仙庄主井 | 5.5 | 257 | 284 | 1975.05 |
| 126 | 东庞主井 | 6 | 186.1 | 220/120 | 1975.07 |
| 127 | 东庞副井 | 7.2 | 187.1 | 227/152 | 1975.08 |
| 128 | 兴隆庄东风井 | 5 | 173.08 | 220 | 1975.09 |
| 129 | 朱仙庄中央风井 | 5.5 | 254 | 297/265 | 1975.10 |
| 130 | 张庄新副井 | 6 | 57 | 88.5 | 1975.12 |
| 131 | 朱仙庄副井 | 6.5 | 256 | 284 | 1975.12 |
| 132 | 潘二主井 | 7.5 | 265 | 325/390 | 1975.12 |

| 序　号 | 井筒名称 | 净直径(m) | 冲积层深度(m) | 冻结深度(m) | 开钻日期 |
|---|---|---|---|---|---|
| 133 | 临涣主井 | 7.2 | 238 | 275 | 1976.05 |
| 134 | 潘二西风井 | 6.5 | 285.9 | 320/310 | 1976.12 |
| 135 | 潘二副井 | 8 | 257.8 | 325/280 | 1976.12 |
| 136 | 小南副井 | 7 | 30.7 | 43 | 1977 |
| 137 | 坨城新风井 | 4 | 51.75 | 82 | 1977 |
| 138 | 张集东风井 | 4 | 110 | 130 | 1977.01 |
| 139 | 唐山2号回风井 | 7.8 | 146.5 | 170 | 1977.01 |
| 140 | 鲍店主井 | 6.5 | 146.6 | 270/250 | 1977.01 |
| 141 | 岱河新副井 | 6 | 74.47 | 92 | 1977.02 |
| 142 | 临涣副井 | 7.2 | 235.1 | 282/255 | 1977.03 |
| 143 | 鲍店副井 | 8 | 145.5 | 240/200 | 1977.08 |
| 144 | 马坡混合井 | 6 | 105 | 228/115 | 1977.12 |
| 145 | 潘二南风井 | 7 | 275.5 | 320/300 | 1977.12 |
| 146 | 石台南风井 | 4 | 87 | 90 | 1978.02 |
| 147 | 海孜主井 | 6.5 | 240 | 285 | 1978.03 |
| 148 | 鲍店北风井 | 5 | 196.4 | 230/196.4 | 1978.04 |
| 149 | 邢台西风井 | 5 | 200.4 | 235/130 | 1978.04 |
| 150 | 潘三主井 | 7.5 | 210.4 | 280/267 | 1978.04 |
| 151 | 张双楼主井 | 5.5 | 241 | 325/275 | 1978.04 |
| 152 | 海孜中央风井 | 4.5 | 256 | 275 | 1978.05 |
| 153 | 张双楼副井 | 6.5 | 241 | 345/285 | 1978.06 |
| 154 | 鲍店南风井 | 5 | 165.2 | 188/165 | 1978.07 |
| 155 | 潘三副井 | 8 | 200.6 | 280/267 | 1978.07 |
| 156 | 海孜副井 | 7.2 | 240 | 285 | 1978.09 |
| 157 | 杨庄新副井 | 6 | 78 | 94 | 1979.01 |
| 158 | 海孜西风井 | 6 | 239.4 | 276 | 1979.01 |
| 159 | 三河尖主井 | 5.5 | 214.76 | 245 | 1979.04 |
| 160 | 东滩主井 | 7 | 105.8 | 151/140 | 1979.04 |
| 161 | 三河尖副井 | 7.2 | 214.76 | 250 | 1979.06 |
| 162 | 潘三中央风井 | 6.6 | 216.2 | 300 | 1979.08 |
| 163 | 潘三东风井 | 6.5 | 358.5 | 415 | 1979.08 |
| 164 | 土型风井 | 4.5 | 61.81 | 93 | 1979.09 |
| 165 | 东滩副井 | 8 | 105.8 | 150 | 1979.12 |
| 166 | 三河尖风井 | 6.2 | 210 | 250 | 1979.12 |
| 167 | 东滩北风井 | 6 | 108.44 | 146/136 | 1979.12 |

| 序　号 | 井　筒　名　称 | 净直径(m) | 冲积层深度(m) | 冻结深度(m) | 开钻日期 |
|---|---|---|---|---|---|
| 168 | 童宁风井 | 5 | 225.3 | 276 | 1980.01 |
| 169 | 石台新副井 | 6 | 50 | 77 | 1980.03 |
| 170 | 龙东主井 | 5 | 224 | 315/270 | 1980.03 |
| 171 | 龙东副井 | 6.5 | 224 | 325/275 | 1980.05 |
| 172 | 毕各庄回风井 | 6.5 | 247.3 | 270 | 1980.07 |
| 173 | 朱庄西风井 | 4 | 63.41 | 70 | 1981.01 |
| 174 | 东滩南副井 | 6 | 133.29 | 210/160 | 1981.03 |
| 175 | 朔里西风井 | 4 | 71.91 | 87 | 1981.07 |
| 176 | 朔里南二风井 | 4 | 65.82 | 82 | 1981.11 |
| 177 | 毕各庄进风井 | 6.5 | 252.97 | 270 | 1982.01 |
| 178 | 谢桥矸石井 | 6.6 | 246 | 330/205 | 1982.10 |
| 179 | 谢桥副井 | 8 | 298.7 | 360 | 1982.12 |
| 180 | 云驾岭副井 | 5.5 | 136.6 | 159 | 1983 |
| 181 | 云驾岭主井 | 5 | 138.4 | 165 | 1983 |
| 182 | 田陈副井 | 6.5 | 28.45 | 140/85 | 1983 |
| 183 | 田陈主井 | 4.5 | 28.45 | 140/85 | 1983 |
| 184 | 杨村南风井 | 4.5 | 182.76 | 225/185 | 1983 |
| 185 | 沈庄新风井 | 4 | 42.74 | 50 | 1983.01 |
| 186 | 桃园主井 | 5 | 291.2 | 340 | 1983.01 |
| 187 | 葛泉主井 | 5 | 92.16 | 145 | 1983.03 |
| 188 | 芦岭新副井 | 6.5 | 199.2 | 245 | 1983.04 |
| 189 | 杨村主井 | 5 | 185.5 | 210/195 | 1983.05 |
| 190 | 田陈中央风井 | 5 | 30.2 | 160/85 | 1983.06 |
| 191 | 昌黎风井 | 2.5 | 38.02 | 50 | 1983.08 |
| 192 | 葛泉副井 | 5.5 | 96.83 | 150 | 1983.09 |
| 193 | 桃园副井 | 6.5 | 291.7 | 340 | 1983.09 |
| 194 | 杨村北风井 | 4.5 | 167.24 | 210/195 | 1983.09 |
| 195 | 杨村副井 | 6 | 182.42 | 213/200 | 1983.10 |
| 196 | 杨庄主井 | 4.5 | 172.31 | 278/188 | 1983.10 |
| 197 | 谢桥主井 | 7.2 | 291.4 | 363 | 1983.11 |
| 198 | 刘一南风井 | 4 | 118.53 | 174 | 1984.01 |
| 199 | 刘二风井 | 5 | 123 | 175 | 1984.01 |
| 200 | 杨庄北风井 | 4.5 | 169.7 | 259/192 | 1984.01 |
| 201 | 刘二主井 | 5 | 139.4 | 270/216 | 1984.02 |
| 202 | 刘二副井 | 6 | 145.5 | 270/220 | 1984.03 |

| 序　号 | 井筒名称 | 净直径（m） | 冲积层深度（m） | 冻结深度（m） | 开钻日期 |
|---|---|---|---|---|---|
| 203 | 王家庄主井 | 4 | 66.94 | 69 | 1984.08 |
| 204 | 上官主井 | 4.5 | 55.5 | 60 | 1984.09 |
| 205 | 荆各庄风井 | 6 | 166.95 | 190 | 1984.10 |
| 206 | 新庄风井 | 4.5 | 144.13 | 175 | 1984.11 |
| 207 | 新庄主井 | 5 | 135.15 | 312/175 | 1984.11 |
| 208 | 三河口西风井 | 5 | 47.31 | 155/75 | 1984.12 |
| 209 | 新庄副井 | 6 | 135 | 310/160 | 1985.02 |
| 210 | 任楼主井 | 5 | 278.4 | 353/318 | 1985.04 |
| 211 | 常村主井 | 6.5 | 38.25 | 84 | 1985.05 |
| 212 | 土型主井 | 4.5 | 57.94 | 91 | 1985.06 |
| 213 | 常村副井 | 8 | 35.5 | 92.5 | 1985.06 |
| 214 | 三河口主井 | 5 | 54.3 | 107 | 1985.06 |
| 215 | 任楼副井 | 7.2 | 277.2 | 350/318 | 1985.06 |
| 216 | 土型风井 | 3.5 | 57.94 | 91 | 1985.07 |
| 217 | 横河主井 | 4.5 | 148.2 | 168/160 | 1985.08 |
| 218 | 拾屯主井 | 5 | 62.9 | 166.5/70 | 1985.10 |
| 219 | 横河副井 | 4.5 | 144.7 | 172/160 | 1985.10 |
| 220 | 欢城主井 | 4.5 | 42.3 | 86/72 | 1986 |
| 221 | 拾屯风井 | 3.5 | 70.54 | 136.5/71 | 1986.05 |
| 222 | 三河口副井 | 6 | 51.77 | 159/85 | 1986.05 |
| 223 | 欢城二号井 | 6 | 43.2 | 270 | 1986.10 |
| 224 | 吕家坨混合井 | 8.3 | 66.62 | 80 | 1986.11 |
| 225 | 南屯混合井 | 8 | 88.27 | 245/150 | 1987.04 |
| 226 | 太平主井 | 4 | 163.1 | 185 | 1987.05 |
| 227 | 东欢坨风井 | 6.5 | 172.5 | 190 | 1987.05 |
| 228 | 北宿2号西风井 | 4.5 | 101.6 | 145/126 | 1987.05 |
| 229 | 王家庄副井 | 4 | 69.21 | 75 | 1987.06 |
| 230 | 东欢坨副井 | 8 | 167.59 | 195 | 1987.09 |
| 231 | 太平副井 | 5 | 167.6 | 180 | 1987.11 |
| 232 | 白马河风井 | 5 | 143.5 | 250/170 | 1987.12 |
| 233 | 唐山外官屯副井 | 6 | 310 | 324 | 1988.01 |
| 234 | 济宁2号副井 | 8 | 173.93 | 235/190 | 1988.02 |
| 235 | 济宁2号风井 | 6 | 177.4 | 390/195 | 1988.03 |
| 236 | 滦南主井 | 4 | 58.4 | 73 | 1988.05 |
| 237 | 滦南风井 | 2.5 | 58.4 | 73 | 1988.07 |

续上表

| 序　号 | 井　筒　名　称 | 净直径(m) | 冲积层深度(m) | 冻结深度(m) | 开　钻　日　期 |
|---|---|---|---|---|---|
| 238 | 北宿2号副井 | 6 | 101.6 | 134/105 | 1988.07 |
| 239 | 钱家营东风井 | 6.5 | 261.2 | 324/275 | 1988.08 |
| 240 | 济宁2号主井 | 6 | 178.18 | 258/195 | 1988.11 |
| 241 | 邱集主井 | 4 | 318.9 | 338/275 | 1988.12 |
| 242 | 欢城三号井 | 4.5 | 68.9 | 110 | 1989.01 |
| 243 | 邱集副井 | 4.5 | 317 | 330/274 | 1989.02 |
| 244 | 鲁庄主井 | 4.5 | 82 | 93 | 1989.03 |
| 245 | 唐山10号井 | 8 | 143.2 | 180 | 1989.03 |
| 246 | 东欢坨主井 | 6.5 | 171 | 195 | 1989.04 |
| 247 | 东荣2号风井 | 4.5 | 28.46 | 325 | 1989.04 |
| 248 | 潘一补风井 | 7 | 281.76 | 325/240 | 1989.06 |
| 249 | 鲁庄副井 | 5 | 82 | 91 | 1989.07 |
| 250 | 新集主井 | 5.5 | 156.1 | 250/235 | 1989.07 |
| 251 | 姚桥新主井 | 5.5 | 463.3 | 325/190 | 1989.08 |
| 252 | 钱家营副井 | 8 | 226.9 | 245/137 | 1989.09 |
| 253 | 姚桥西风井 | 5.8 | 159.7 | 345/190 | 1989.09 |
| 254 | 岱庄新主井 | 4.5 | 38 | 8 | 1989.10 |
| 255 | 钱家营主井 | 6.5 | 212.7 | 242/105 | 1989.10 |
| 256 | 新集副井 | 6.5 | 151.5 | 255/235 | 1989.10 |
| 257 | 窦庄主井 | 4 | 49.45 | 70 | 1989.12 |
| 258 | 陈四楼副井 | 6.5 | 374.5 | 435/405 | 1989.12 |
| 259 | 大桥西风井 | 5 | 40 | 45 | 1990 |
| 260 | 窦庄风井 | 3 | 49.45 | 54 | 1990.02 |
| 261 | 东荣2号副井 | 7.5 | 250.05 | 300/180 | 1990.04 |
| 262 | 东荣2号主井 | 5.5 | 230.15 | 370/178 | 1990.04 |
| 263 | 徐庄主井 | 4 | 43.95 | 285/65 | 1990.05 |
| 264 | 郑腰庄主井 | 4.5 | 49.13 | 75 | 1990.06 |
| 265 | 唐山东2号风井 | 2 | 48.43 | 69 | 1990.07 |
| 266 | 唐山东2号主井 | 4 | 54.27 | 73 | 1990.07 |
| 267 | 襄垣主井 | 4.5 | 55.91 | 85 | 1990.07 |
| 268 | 郑腰庄风井 | 3 | 49.13 | 75 | 1990.08 |
| 269 | 休城主井 | 4 | 62.14 | 265/71 | 1990.08 |
| 270 | 南寨主井 | 5 | 226.12 | 264 | 1990.10 |
| 271 | 休城副井 | 4.5 | 65.75 | 315/84 | 1990.10 |
| 272 | 钱家营西风井 | 7 | 307.68 | 324 | 1990.11 |

续上表

| 序　号 | 井筒名称 | 净直径(m) | 冲积层深度(m) | 冻结深度(m) | 开钻日期 |
|---|---|---|---|---|---|
| 273 | 襄垣北主井 | 4 | | 85 | 1991 |
| 274 | 红阳3号主井 | 5.5 | 132.58 | 165 | 1991 |
| 275 | 关村风井 | 3 | 142.06 | 167 | 1991.01 |
| 276 | 南寨副井 | 6 | 226.09 | 266 | 1991.02 |
| 277 | 古汉山主井 | 5 | 210 | 277/226 | 1991.05 |
| 278 | 徐庄副井 | 4.5 | 36.55 | 86 | 1991.07 |
| 279 | 红阳3号副井 | 7 | 129.63 | 165 | 1991.07 |
| 280 | 红阳3号风井 | 6.5 | 130.7 | 165 | 1991.08 |
| 281 | 蔡山风井 | 3.5 | 84.4 | 107 | 1991.09 |
| 282 | 城子河副井 | 3.5 | 36.7 | 80 | 1991.10 |
| 283 | 东欢坨新风井 | 7 | 160.1 | 187 | 1991.10 |
| 284 | 牛庄风井 | 3.5 | 53.63 | 76.5 | 1991.11 |
| 285 | 城子河主井 | 5.2 | 36.7 | 80 | 1991.12 |
| 286 | 蔡山主井 | 5 | 90.8 | 113 | 1991.12 |
| 287 | 梧桐庄副井 | 7 | 120.5 | 153 | 1991.12 |
| 288 | 车集主井 | 5 | 344.92 | 300/270 | 1991.12 |
| 289 | 位村副井 | 5 | 110 | 140 | 1992 |
| 290 | 建昌营子矿风井 | 3.5 | 74.8 | 141 | 1992 |
| 291 | 建昌营子矿主井 | 4.5 | 74.8 | 144 | 1992 |
| 292 | 位村主井 | 5 | 110 | 150 | 1992 |
| 293 | 东荣3号矿风井 | 5 | 231.9 | 280 | 1992 |
| 294 | 祁南西风井 | 5 | 326.6 | 366/334 | 1992 |
| 295 | 古汉山风井 | 5 | 204.97 | 287/235 | 1992.01 |
| 296 | 梧桐庄风井 | 6 | 123.45 | 156.2 | 1992.02 |
| 297 | 付村主井 | 5.5 | 83.5 | 205/130 | 1992.02 |
| 298 | 梧桐庄主井 | 5.5 | 126.07 | 270/170 | 1992.02 |
| 299 | 祁南主井 | 5.5 | 329.2 | 380/347 | 1992.02 |
| 300 | 车集副井 | 6.5 | 242.27 | 290/265 | 1992.03 |
| 301 | 济宁3号主井 | 7.5 | 175.9 | 375/185 | 1992.03 |
| 302 | 元氏主井 | 5 | 321.2 | 375 | 1992.04 |
| 303 | 付村副井 | 8 | 72.4 | 185/130 | 1992.04 |
| 304 | 元氏副井 | 6 | 360.7 | 410 | 1992.06 |
| 305 | 祁南副井 | 7.5 | 329.9 | 372/339 | 1992.06 |
| 306 | 济宁3号副井 | 8 | 178.36 | 395/190 | 1992.06 |
| 307 | 蔚县副井 | 5 | 139.5 | 161 | 1992.08 |

| 序　　号 | 井　筒　名　称 | 净直径（m） | 冲积层深度（m） | 冻结深度（m） | 开　钻　日　期 |
|---|---|---|---|---|---|
| 308 | 济宁3号风井 | 6.5 | 172.88 | 385/185 | 1992.08 |
| 309 | 刘东风井 | 3.5 | 102.89 | 135 | 1992.09 |
| 310 | 东荣3号主井 | 5.5 | 186.16 | 327 | 1992.09 |
| 311 | 沛城东风井 | 3 | 131.4 | 156/115 | 1992.10 |
| 312 | 刘东混合井 | 5 | 97.23 | 135 | 1992.11 |
| 313 | 蔚县主井 | 4.5 | 145 | 173.5 | 1992.11 |
| 314 | 丰沛龙固矿主井 | 5 | 192.8 | 248 | 1993 |
| 315 | 鹿洼主井 | 4.5 | 288.9 | 320 | 1993 |
| 316 | 鹿洼副井 | 5 | 287.1 | 330 | 1993 |
| 317 | 平十三东回风井 | 4.5 | 96 | 193 | 1993.03 |
| 318 | 八里塘提升井 | 6 | 153 | 197 | 1993.03 |
| 319 | 东荣3号副井 | 6.5 | 188.4 | 360 | 1993.04 |
| 320 | 岱桥混合井 | 5 | 52.8 | 134.5 | 1993.07 |
| 321 | 八里塘风井 | 4.5 | 157.3 | 200 | 1993.07 |
| 322 | 刑周副井 | 3 | 96.83 | 107 | 1993.08 |
| 323 | 任仲主井 | 4.5 | 78.1 | 83 | 1993.09 |
| 324 | 大演武风井 | 3.5 | 76.8 | 100 | 1993.09 |
| 325 | 刑周主井 | 3.6 | 75.05 | 80 | 1993.10 |
| 326 | 大演武主井 | 5 | 80 | 100 | 1993.10 |
| 327 | 卫庄新主井 | 5 | 63.11 | 104 | 1993.10 |
| 328 | 平十三东进风井 | 5 | 96 | 166 | 1993.10 |
| 329 | 任仲风井 | 3 | 77.8 | 80 | 1993.12 |
| 330 | 里彦主井 | 5 | | 188 | 1994 |
| 331 | 里彦副井 | 6 | 176 | 198 | 1994 |
| 332 | 龙固矿副井 | 5 | 192.8 | 248 | 1994.02 |
| 333 | 泰岳石膏矿 | 5 | 576 | 315 | 1994.04 |
| 334 | 古汉山副井 | 6.5 | 214.62 | 271/230 | 1994.04 |
| 335 | 潘二西进风井 | 6 | 287.8 | 320/317 | 1994.04 |
| 336 | 河北柳泉煤矿主井 | 3.6 | 80 | 152 | 1994.05 |
| 337 | 有宜矿风井 | 3.2 | 50.29 | 60 | 1994.07 |
| 338 | 淄博局许厂风井 | 5 | 190.8 | 230 | 1994.07 |
| 339 | 广湖主井 | 4.5 | | 75 | 1994.09 |
| 340 | 许厂副井 | 6.5 | 191.6 | 230 | 1994.10 |
| 341 | 上官副井 | 4.5 | 45.25 | 55 | 1994.11 |
| 342 | 新集混合井 | 7.2 | 158 | 230 | 1994.11 |

| 序　　号 | 井 筒 名 称 | 净直径(m) | 冲积层深度(m) | 冻结深度(m) | 开 钻 日 期 |
|---|---|---|---|---|---|
| 343 | 许厂主井 | 4.5 | 190.1 | 230 | 1994.12 |
| 344 | 济宁运河矿主井 | 4.5 | 204.5 | 240 | 1994.12 |
| 345 | 古城主井 | 5.5 | 175.4 | 250 | 1995.02 |
| 346 | 龙口矿区柳海风井 | 5 | 78 | 115 | 1995.04 |
| 347 | 淮南张集中央风井 | 7 | 327 | 376/355 | 1995.04 |
| 348 | 河北隆尧亦城副井 | 3.2 | 173.2 | 83 | 1995.05 |
| 349 | 河北隆尧亦城主井 | 4.5 | 173.2 | 83 | 1995.05 |
| 350 | 广西合浦石膏矿2号井 | 3 | 73 | 107 | 1995.05 |
| 351 | 河北邢台春光主井 | 3 | 170.5 | 181 | 1995.05 |
| 352 | 运河矿副井 | 5 | 209.3 | 245 | 1995.05 |
| 353 | 龙口矿区柳海副井 | 5 | 78 | 115 | 1995.06 |
| 354 | 山东龙口矿区柳海主井 | 5 | 78 | 115 | 1995.07 |
| 355 | 古城副井 | 6 | 170.74 | 250 | 1995.07 |
| 356 | 汶口主井 | 4.5 | 24 | 50 | 1995.10 |
| 357 | 淮北洪杨混合井 | 5 | 75 | 105 | 1995.11 |
| 358 | 汶口风井 | 3.5 | 24 | 50 | 1995.12 |
| 359 | 河北兴业石膏矿主井 | 4 | 66.24 | 82 | 1995.12 |
| 360 | 安徽吉山混合井 | 5 | 60.62 | 90 | 1996 |
| 361 | 吉山矿风井 | 3.5 | 73.53 | 107 | 1996 |
| 362 | 付村混合井 | 5 | 77.5 | 121/87 | 1996 |
| 363 | 泰安阳石膏矿风井 | 4.5 | 25 | 50 | 1996.01 |
| 364 | 河北中关煤矿主井 | 3 | 68.7 | 74 | 1996.01 |
| 365 | 孟巴矿主井 | 6 | 214.2 | 278 | 1996.01 |
| 366 | 淮南张集矿主井 | 7 | 324 | 373 | 1996.02 |
| 367 | 金桥主井 | 4.5 | 376.35 | 412 | 1996.03 |
| 368 | 淮南张集矿副井 | 8 | 324 | 374 | 1996.04 |
| 369 | 泰安阳石膏矿风井 | 3.5 | 24.5 | 80 | 1996.05 |
| 370 | 孟巴矿副井 | 6 | 122.2 | 272 | 1996.05 |
| 371 | 淮南新集矿西风井 | 5.5 | 191 | 246/230 | 1996.05 |
| 372 | 岱桥风井 | 3 | 49.3 | 115 | 1996.06 |
| 373 | 隆尧华丰煤矿主井 | 3.5 | 133 | 148 | 1996.06 |
| 374 | 平十三西回风井 | 4.5 | 81.71 | 160 | 1996.06 |
| 375 | 金桥副井 | 5 | 383.5 | 412 | 1996.07 |
| 376 | 山东许楼副井 | 6 | 57 | 310/95 | 1996.07 |
| 377 | 隆尧华丰煤矿副井 | 2.5 | 134.8 | 150 | 1996.08 |

续上表

| 序　号 | 井　筒　名　称 | 净直径(m) | 冲积层深度(m) | 冻结深度(m) | 开　钻　日　期 |
|---|---|---|---|---|---|
| 378 | 淮北蔡山风井 | 3.5 | 80 | 179 | 1996.10 |
| 379 | 河北政宏煤矿副井 | 3 | 239 | 252 | 1996.11 |
| 380 | 淮南新集五矿副井 | 5.5 | 136 | 183 | 1996.12 |
| 381 | 淮南新集五矿主井 | 5.5 | 136 | 183 | 1996.12 |
| 382 | 宿州祁东矿主井 | 5 | 380 | 400 | 1996.12 |
| 383 | 淮北蔡山混合井 | 5.5 | 78 | 125 | 1997.01 |
| 384 | 宿州祁东矿副井 | 6 | 369 | 398 | 1997.01 |
| 385 | 河北政宏煤矿主井 | 4 | 239 | 252 | 1997.02 |
| 386 | 邢台宏旭煤矿副井 | 2.8 | 170.5 | 185 | 1997.04 |
| 387 | 河南城郊煤矿主井 | 5 | 325 | 394 | 1997.04 |
| 388 | 山东昭阳煤矿主井 | 4.3 | 49.46 | 75 | 1997.06 |
| 389 | 山东枣庄矿务局田庄主井 | 4.5 | 141 | 175 | 1997.06 |
| 390 | 山东昭阳煤矿副井 | 3.8 | 49.46 | 85 | 1997.07 |
| 391 | 河北柳泉煤矿副井 | 3 | 80 | 152 | 1997.07 |
| 392 | 济宁泗河矿主井 | 4.5 | 162.4 | 180 | 1997.07 |
| 393 | 泗河矿副井 | 5 | 165.8 | 185 | 1997.07 |
| 394 | 河南城郊煤矿副井 | 6.5 | 325 | 404 | 1997.07 |
| 395 | 山东枣庄矿务局田庄副井 | 5.5 | 141 | 175 | 1997.08 |
| 396 | 岱庄风井 | 6.5 | 274.4 | 345 | 1997.08 |
| 397 | 安徽圣泉主井 | 4.2 | 67 | 92 | 1997.09 |
| 398 | 岱庄副井 | 4.5 | 273.5 | 320 | 1997.10 |
| 399 | 淮北赵楼混合井 | 4.5 | 67 | 100 | 1997.11 |
| 400 | 唐山外官屯主井 | 5.5 | 310 | 328 | 1997.11 |
| 401 | 山东石膏矿主井 | 5 | 19.45 | 47 | 1997.12 |
| 402 | 石膏矿副井 | 3.5 | 18.45 | 47 | 1997.12 |
| 403 | 河北刑东煤矿副井 | 6 | 231.5 | 255 | 1997.12 |
| 404 | 北宿2号主井 | 4.5 | 87 | 130/90 | 1998 |
| 405 | 葛亭主井 | 6 | 25 | 230 | 1998.01 |
| 406 | 济宁唐阳矿主井 | 4.5 | 249 | 322 | 1998.01 |
| 407 | 唐阳矿副井 | 5 | 245.1 | 310 | 1998.03 |
| 408 | 山东枣庄矿务局滕北主井 | 5 | 106 | 185 | 1998.04 |
| 409 | 葛亭主井 | 5 | 270.1 | 298 | 1998.05 |
| 410 | 元宝山铁矿东矿风井 | 3.5 | 75.7 | 135 | 1998.06 |
| 411 | 元宝山铁矿东矿罐笼井 | 4.5 | 79.71 | 135 | 1998.06 |
| 412 | 山东枣庄矿务局滕北混合井 | 5 | 106 | 190 | 1998.06 |

续上表

| 序　号 | 井　筒　名　称 | 净直径(m) | 冲积层深度(m) | 冻结深度(m) | 开　钻　日　期 |
|---|---|---|---|---|---|
| 413 | 葛亭副井 | 5 | 268.2 | 296 | 1998.08 |
| 414 | 河北沽源煤矿风井 | 3.5 | 99 | 105 | 1998.11 |
| 415 | 广西双合石膏矿混合井 | 4.5 | 80 | 111 | 1999.02 |
| 416 | 河北内邱鑫源矿主井 | 2.8 | 158.63 | 165 | 1999.04 |
| 417 | 莱州上金矿 | 4.5 | 32 | 56 | 1999.05 |
| 418 | 河北沽源煤矿风井 | 3.5 | 99 | 101 | 1999.08 |
| 419 | 河南梁北东风井 | 4.5 | 148.2 | 205 | 1999.12 |
| 420 | 山东里能集团新挑河副井 | 5 | 210 | 240/225 | 2000.02 |
| 421 | 济宁高庄矿副井 | 6.5 | 87.5 | 153.6 | 2000.03 |
| 422 | 山东鲁西煤矿副井 | 5 | 224.62 | 286 | 2000.03 |
| 423 | 山东鲁西煤矿主井 | 4.5 | 224.62 | 286 | 2000.03 |
| 424 | 山东里能集团新挑河主井 | 4.5 | 210 | 255/225 | 2000.04 |
| 425 | 内邱鑫源矿副井 | 3.8 | 158.63 | 165 | 2000.11 |
| 426 | 山东湖西煤矿主井 | 5 | 192.4 | 225 | 2001.01 |
| 427 | 邢台兴华煤矿副井 | 4.5 | 220.59 | 240 | 2001.01 |
| 428 | 山东莱州金矿主井 | 4 | 40 | 60 | 2001.03 |
| 429 | 邢台兴华煤矿主井 | 4.5 | 220.59 | 240 | 2001.03 |
| 430 | 河北隆西石膏矿主井 | 5.5 | 59.52 | 80 | 2001.04 |
| 431 | 山东湖西煤矿副井 | 6 | 188 | 235 | 2001.04 |
| 432 | 山东梁宝寺风井 | 6.5 | 387 | 461 | 2001.04 |
| 433 | 淄博唐口风井 | 6 | 215.47 | 245 | 2001.05 |
| 434 | 河北金地铁矿主井 | 4 | 68.9 | 71 | 2001.06 |
| 435 | 淄博唐口副井 | 7 | 214.62 | 255 | 2001.06 |
| 436 | 淄博唐口主井 | 7.5 | 216.16 | 245 | 2001.07 |
| 437 | 河南新庄北风井 | 4.7 | 187.8 | 225/200 | 2001.07 |
| 438 | 济宁司法局金源主井 | 4.5 | 84 | 126 | 2001.08 |
| 439 | 枣局蒋庄南风井 | 5 | 59.4 | 130 | 2001.08 |
| 440 | 肥局梁宝寺主井 | 5 | 370.9 | 461 | 2001.08 |
| 441 | 济宁司法局金源副井 | 5 | 80 | 132 | 2001.09 |
| 442 | 肥局梁宝寺副井 | 6.5 | 371.6 | 461 | 2001.09 |
| 443 | 肥局梁宝寺风井 | 5 | 388 | 461 | 2001.10 |
| 444 | 河北金地铁矿副井 | 4.5 | 68.9 | 64 | 2001.11 |
| 445 | 昕局新驿主井 | 5 | 187.6 | 247 | 2001.11 |
| 446 | 枣庄金庄副井 | 6 | 68 | 110 | 2001.12 |
| 447 | 枣庄金庄主井 | 5 | 70 | 110 | 2001.12 |

| 序　号 | 井筒名称 | 净直径(m) | 冲积层深度(m) | 冻结深度(m) | 开钻日期 |
|---|---|---|---|---|---|
| 448 | 昕局新驿副井 | 6 | 188.41 | 248 | 2001.12 |
| 449 | 留庄副井 | 4.5 | 78.8 | 230/100 | 2002 |
| 450 | 留庄主井 | 4 | 79 | 230/100 | 2002 |
| 451 | 河北远大煤矿主井 | 3.8 | 159.98 | 175 | 2002.01 |
| 452 | 河南程村矿副井 | 5 | 406.8 | 485 | 2002.01 |
| 453 | 河南程村矿主井 | 4.3 | 429.86 | 485 | 2002.01 |
| 454 | 安徽含山石膏矿混合井 | 5 | 21.2 | 188/155 | 2002.01 |
| 455 | 山东莱州新立风井 | 3.5 | 60 | 70 | 2002.02 |
| 456 | 河北西庞工煤箕斗井 | 4.3 | 159 | 175 | 2002.02 |
| 457 | 山西小常矿主井 | 5 | 160.2 | 175 | 2002.03 |
| 458 | 河北隆西石膏矿副井 | 5.5 | 59.52 | 85 | 2002.04 |
| 459 | 开济老虎矿兴源井 | 4.5 | 130 | 175 | 2002.04 |
| 460 | 山西小常矿副井 | 5 | 160.2 | 175 | 2002.04 |
| 461 | 山东巨野矿区济西矿主井 | 4.5 | 457.18 | 488/468 | 2002.04 |
| 462 | 安徽刘楼铁矿 | 5 | 76.26 | 95 | 2002.05 |
| 463 | 河北刑北煤矿副井 | 4.5 | 195.5 | 230 | 2002.05 |
| 464 | 山东高阳铁矿副井 | 4 | 102 | 135 | 2002.06 |
| 465 | 泰取源石膏矿风井 | 3.5 | 21.4 | 135 | 2002.06 |
| 466 | 河北刑北煤矿主井 | 4.5 | 195.5 | 225 | 2002.06 |
| 467 | 安徽含山石膏矿风井 | 3.5 | 21.2 | 188/155 | 2002.06 |
| 468 | 山东巨野矿区济西矿副井 | 5 | 457.18 | 488/468 | 2002.06 |
| 469 | 泰安源石膏矿混合井 | 5 | 21.4 | 135 | 2002.07 |
| 470 | 山东王旺铁矿回风井 | 3.5 | 175.8 | 180 | 2002.07 |
| 471 | 淮南刘庄矿主井 | 5.5 | 241.75 | 293 | 2002.07 |
| 472 | 淮南刘庄矿副井 | 6.7 | 251.8 | 298 | 2002.07 |
| 473 | 淮南刘庄矿风井 | 6 | 293.2 | 341 | 2002.07 |
| 474 | 山东王旺铁矿进风井 | 3.5 | 175.8 | 180 | 2002.08 |
| 475 | 山东鑫丰铁矿大幸台主井 | 3.7 | 21.5 | 30 | 2002.09 |
| 476 | 山东鑫丰铁矿张家主井 | 4.5 | 17.2 | 30 | 2002.09 |
| 477 | 唐山宏林矿主井 | 5 | 135 | 155 | 2002.09 |
| 478 | 河北远大煤矿副井 | 2.8 | 157.5 | 167 | 2002.09 |
| 479 | 山西王庄风井 | 5.5 | 90.25 | 165 | 2002.11 |
| 480 | 济宁新源矿主井 | 5 | 120.3 | 306 | 2002.11 |
| 481 | 济宁七五新主井 | 5 | 57.95 | 335 | 2002.11 |
| 482 | 河南张屯主井 | 3.5 | 225.65 | 180 | 2002.12 |

| 序　号 | 井筒名称 | 净直径(m) | 冲积层深度(m) | 冻结深度(m) | 开钻日期 |
|---|---|---|---|---|---|
| 483 | 新源矿副井 | 6.5 | 120.4 | 297 | 2002.12 |
| 484 | 山东新安新主井 | 5 | 106.6 | 126 | 2003.01 |
| 485 | 河北刑周石膏二矿主井 | 5 | 89.25 | 145 | 2003.01 |
| 486 | 唐山宏林矿副井 | 5 | 135 | 175 | 2003.01 |
| 487 | 山东田陈矿北风井 | 5 | 30.17 | 176.8 | 2003.01 |
| 488 | 河南张屯副井 | 4.5 | 225.65 | 180 | 2003.01 |
| 489 | 山东义桥副井 | 5 | 253.27 | 290 | 2003.01 |
| 490 | 山东义桥主井 | 5 | 251.7 | 290 | 2003.01 |
| 491 | 宁阳鑫安主井 | 5 | 81.7 | 136 | 2003.02 |
| 492 | 山东何岗矿主井 | 4.5 | 218.7 | 240 | 2003.02 |
| 493 | 邢台邢盛矿主井 | 4.5 | 203 | 240 | 2003.02 |
| 494 | 新汶局龙固副井 | 7 | 568 | 650 | 2003.02 |
| 495 | 山东锦丘矿主井 | 4.5 | 90.3 | 126 | 2003.03 |
| 496 | 唐山刘庄矿风井 | 5.5 | 151 | 175 | 2003.03 |
| 497 | 淮南矿业张集北副井 | 7 | 320 | 363 | 2003.03 |
| 498 | 淮南张集北风井 | 6 | 323.3 | 479 | 2003.03 |
| 499 | 锦丘矿副井 | 5 | 91 | 129 | 2003.04 |
| 500 | 宏林矿新风井 | 5 | 114 | 216 | 2003.04 |
| 501 | 邢台刑盛矿副井 | 4.5 | 203 | 243 | 2003.04 |
| 502 | 淮南顾桥矿主井 | 7.5 | 276 | 325 | 2003.04 |
| 503 | 淮南顾桥矿风井 | 7.5 | 322 | 370 | 2003.04 |
| 504 | 安徽涡北矿风井 | 6 | 413.2 | 474 | 2003.04 |
| 505 | 安徽涡北矿主井 | 5 | 413.9 | 476/423 | 2003.04 |
| 506 | 宁夏煤业亘元风井 | 6 | 262.55 | 127 | 2003.05 |
| 507 | 山西司马矿风井 | 5 | 139.27 | 160.4 | 2003.05 |
| 508 | 河北宏政煤矿主井 | 4.5 | 218.76 | 230 | 2003.05 |
| 509 | 安徽界沟煤矿主井 | 5 | 288.15 | 315 | 2003.05 |
| 510 | 安徽界沟煤矿副井 | 6 | 286.4 | 332 | 2003.05 |
| 511 | 张集北主井 | 5.5 | 315 | 363 | 2003.05 |
| 512 | 山西司马矿副井 | 7 | 113 | 148 | 2003.06 |
| 513 | 山西司马矿主井 | 5 | 113 | 155 | 2003.06 |
| 514 | 山东何岗矿副井 | 5 | 215.47 | 241 | 2003.06 |
| 515 | 河北宏政煤矿副井 | 4.5 | 218.76 | 242 | 2003.06 |
| 516 | 山东东大矿主井 | 4.5 | 66.2 | 126 | 2003.07 |
| 517 | 枣庄局滨湖主井 | 5 | 116 | 140 | 2003.07 |

续上表

| 序　号 | 井筒名称 | 净直径(m) | 冲积层深度(m) | 冻结深度(m) | 开钻日期 |
|---|---|---|---|---|---|
| 518 | 内蒙建昌营2号主井 | 4.5 | 74.79 | 145 | 2003.07 |
| 519 | 河北宏旭煤矿副井 | 4 | 155 | 167 | 2003.07 |
| 520 | 东大矿副井 | 5 | 66.2 | 126 | 2003.08 |
| 521 | 淮南丁集矿风井 | 7.5 | 528.6 | 558 | 2003.09 |
| 522 | 鲁能集团彭庄主井 | 5 | 299.1 | 378 | 2003.10 |
| 523 | 淄博矿业亭南主井 | 5 | 10.27 | 420 | 2003.10 |
| 524 | 河南城郊矿风井 | 5 | 354.8 | 423/365 | 2003.10 |
| 525 | 安徽涡北矿副井 | 6.5 | 410.9 | 470/420 | 2003.10 |
| 526 | 河北葛泉煤矿副井 | 5 | 173.56 | 183 | 2003.11 |
| 527 | 河北葛泉煤矿主井 | 4.5 | 173.56 | 183 | 2003.11 |
| 528 | 鲁能集团彭庄副井 | 6 | 299.65 | 378 | 2003.11 |
| 529 | 淄博矿业亭南副井 | 6 | 10.27 | 420 | 2003.11 |
| 530 | 河北西葛泉铁矿主井 | 4.2 | 90 | 100 | 2003.12 |
| 531 | 龙口局北皂东风井 | 5 | 69.26 | 135 | 2003.12 |
| 532 | 济宁阳城矿主井 | 5 | 223.8 | 288 | 2003.12 |
| 533 | 兖矿集团赵楼风井 | 6.5 | 471 | 534 | 2003.12 |
| 534 | 腾东煤矿主井 | 5.5 | 22.9 | 50 | 2004 |
| 535 | 淮南顾北风井 | 7 | 464.4 | 502 | 2004 |
| 536 | 石膏矿风井 | 4.5 | 15.9 | 73 | 2004.01 |
| 537 | 开滦单侯矿风井 | 5.5 | 89 | 154 | 2004.01 |
| 538 | 河南张屯主井延伸 | 3.5 | 225.65 | 240 | 2004.01 |
| 539 | 阳城矿副井 | 6.5 | 232.6 | 293 | 2004.01 |
| 540 | 淮南刘庄看新主井 | 8 | 255.4 | 307 | 2004.01 |
| 541 | 兖矿集团赵楼主井 | 7 | 473 | 527 | 2004.01 |
| 542 | 宁阳石膏矿主井 | 6 | 15.9 | 122 | 2004.02 |
| 543 | 山西常村西坡回风井 | 6 | 70.29 | 151 | 2004.02 |
| 544 | 开滦单侯矿副井 | 7 | 102 | 154 | 2004.02 |
| 545 | 山西常村西坡进风井 | 6 | 70.29 | 154 | 2004.02 |
| 546 | 阳城矿风井 | 5 | 221.9 | 293 | 2004.02 |
| 547 | 淮南丁集矿主井 | 8 | 530 | 565 | 2004.02 |
| 548 | 莱州铁矿副井 | 5 | 30 | 52 | 2004.03 |
| 549 | 莱州铁矿风井 | 4 | 31.6 | 57 | 2004.03 |
| 550 | 临沂局王楼主井 | 5.5 | 266.15 | 294 | 2004.03 |
| 551 | 兖矿集团赵楼副井 | 7.2 | 475 | 530 | 2004.03 |
| 552 | 丁集矿副井 | 7.5 | 525 | 565 | 2004.03 |

| 序　号 | 井筒名称 | 净直径(m) | 冲积层深度(m) | 冻结深度(m) | 开钻日期 |
|---|---|---|---|---|---|
| 553 | 山东莱州铁矿主井 | 4 | 30 | 52 | 2004.04 |
| 554 | 河北群闪锌矿 | 3.3 | 39.29 | 65 | 2004.04 |
| 555 | 河北许庄煤矿主井 | 4.5 | 177.85 | 214 | 2004.04 |
| 556 | 河南刘河矿主井 | 4.5 | 242 | 286/242 | 2004.04 |
| 557 | 河南刘河矿副井 | 5 | 240 | 338/247 | 2004.04 |
| 558 | 卧龙湖矿风井 | 5 | 228.5 | 276 | 2004.05 |
| 559 | 临沂局王楼副井 | 6 | 269.8 | 294 | 2004.05 |
| 560 | 卧龙湖矿主井 | 5 | 228.6 | 298 | 2004.05 |
| 561 | 永夏薛湖主井 | 5 | 391 | 460 | 2004.05 |
| 562 | 河南新桥煤矿副井 | 6.5 | 390.15 | 553 | 2004.05 |
| 563 | 河南新桥煤矿主井 | 5 | 392 | 602 | 2004.05 |
| 564 | 河北许庄煤矿副井 | 4.5 | 177.85 | 223 | 2004.06 |
| 565 | 卧龙湖矿副井 | 6.2 | 226.5 | 275 | 2004.06 |
| 566 | 潘北矿副井 | 8.1 | 344.8 | 393 | 2004.06 |
| 567 | 薛湖副井 | 6.5 | 398.28 | 460 | 2004.06 |
| 568 | 内蒙古昌盛煤矿副井 | 3.5 | 59.5 | 88/88 | 2004.06 |
| 569 | 内蒙古昌盛煤矿主井 | 4.5 | 59.5 | 88/88 | 2004.06 |
| 570 | 安徽许疃煤矿中央风井 | 5 | 352.1 | 396 | 2004.07 |
| 571 | 潘北矿主井 | 6 | 346.8 | 398 | 2004.07 |
| 572 | 刘庄矿西回风井 | 4.5 | 218.4 | 410 | 2004.07 |
| 573 | 河南吴桂桥煤矿主井 | 5 | 393.47 | 420 | 2004.07 |
| 574 | 淮南矿业顾北主井 | 7.6 | 464 | 500 | 2004.07 |
| 575 | 安徽许疃煤矿风井 | 6 | 204.2 | 269 | 2004.08 |
| 576 | 孙疃主井 | 5 | 203.88 | 269 | 2004.08 |
| 577 | 黑龙江东荣一矿副井 | 6.5 | 176.7 | 288 | 2004.08 |
| 578 | 黑龙江东荣一矿主井 | 5.5 | 147.2 | 323 | 2004.08 |
| 579 | 新汶矿业济阳主井 | 5 | 280.3 | 355 | 2004.08 |
| 580 | 新汶矿业济阳副井 | 6 | 277.2 | 360 | 2004.08 |
| 581 | 刘庄矿西进风井 | 5 | 320.5 | 418 | 2004.08 |
| 582 | 河南赵固一矿副井 | 6.5 | 518 | 575 | 2004.08 |
| 583 | 河南偏桥副井 | 5 | 166.78 | 245 | 2004.09 |
| 584 | 焦作矿业赵固主井 | 5 | 518 | 575 | 2004.09 |
| 585 | 山东郭屯煤矿主井 | 5 | 587.4 | 702 | 2004.09 |
| 586 | 张家口宣东风井 | 6.5 | 92 | 115 | 2004.10 |
| 587 | 河南偏桥主井 | 4.5 | 166.78 | 245 | 2004.10 |

| 序　号 | 井 筒 名 称 | 净直径（m） | 冲积层深度（m） | 冻结深度（m） | 开 钻 日 期 |
|---|---|---|---|---|---|
| 588 | 孙疃副井 | 6.8 | 210.1 | 264 | 2004.10 |
| 589 | 淮南潘北矿风井 | 7 | 348 | 395 | 2004.10 |
| 590 | 山东花园煤矿主井 | 4.5 | 479.5 | 512 | 2004.10 |
| 591 | 河南吴桂桥煤矿副井 | 5.2 | 379 | 420 | 2004.11 |
| 592 | 山东花园煤矿副井 | 5 | 479.5 | 512 | 2004.11 |
| 593 | 山东郭屯矿风井 | 5.5 | 563.61 | 702 | 2004.11 |
| 594 | 昌邑毛家寨铁矿措施井 | 3.5 | 24.2 | 80 | 2004.12 |
| 595 | 昌邑毛家寨铁矿风井 | 4 | 22.49 | 80 | 2004.12 |
| 596 | 昌邑毛家寨铁矿主井 | 5.5 | 24.2 | 80 | 2004.12 |
| 597 | 淮南顾北矿副井 | 8.1 | 462 | 500 | 2004.12 |
| 598 | 焦作矿业赵固风井 | 5 | 524 | 575 | 2004.12 |
| 599 | 鲁能集团郭屯副井 | 6.5 | 587 | 702 | 2004.12 |
| 600 | 潘一第二副井 | 7 | 169 | 330 | 2005.02 |
| 601 | 山西新能公司风井 | 5 | 49.6 | 125 | 2005.03 |
| 602 | 山西新能公司主井 | 5 | 49.6 | 125 | 2005.03 |
| 603 | 五沟矿副井 | 6 | 272.3 | 309 | 2005.03 |
| 604 | 五沟矿风井 | 5 | 272 | 316 | 2005.03 |
| 605 | 五沟矿主井 | 5 | 273.5 | 334 | 2005.03 |
| 606 | 薛湖风井 | 5.5 | 362.3 | 430 | 2005.03 |
| 607 | 晋城矿业赵庄主井 | 5 | 62.9 | 115 | 2005.04 |
| 608 | 山西新能公司副井 | 6.8 | 49.6 | 125 | 2005.04 |
| 609 | 刘桥一矿风井 | 4 | | 147 | 2005.04 |
| 610 | 祁东矿东风井 | 5.5 | 349.7 | 382 | 2005.04 |
| 611 | 泉店副井 | 6.5 | 440.1 | 500 | 2005.04 |
| 612 | 平顶山泉店主井 | 5 | 455.3 | 613 | 2005.04 |
| 613 | 河北东庞矿井新风井 | 5.5 | 169.98 | 228/175 | 2005.04 |
| 614 | 晋城矿业赵庄副井 | 6.5 | 62.9 | 115 | 2005.05 |
| 615 | 山东北徐楼风井 | 5 | 95.8 | 125 | 2005.05 |
| 616 | 河北东庞矿井技改副井 | 5.5 | 102.5 | 142 | 2005.05 |
| 617 | 刘店矿副井 | 6.5 | 319 | 382 | 2005.05 |
| 618 | 刘店矿主井 | 5 | 319 | 382 | 2005.05 |
| 619 | 安徽刘店煤矿风井 | 5.5 | 318.78 | 422 | 2005.05 |
| 620 | 安徽杨柳煤矿风井 | 5 | 134.55 | 176/145 | 2005.05 |
| 621 | 河北东庞矿井主井 | 4.5 | 102.5 | 145 | 2005.06 |
| 622 | 宁夏煤业亘元2号风井 | 6 | 256.9 | 270 | 2005.06 |

续上表

| 序　号 | 井筒名称 | 净直径(m) | 冲积层深度(m) | 冻结深度(m) | 开钻日期 |
|---|---|---|---|---|---|
| 623 | 山西霍尔辛赫矿井主井 | 6 | 154.75 | 205 | 2005.07 |
| 624 | 山西霍尔辛赫矿井副井 | 6.5 | 163.75 | 230 | 2005.07 |
| 625 | 安徽青东矿井副井 | 7 | 231.86 | 298 | 2005.07 |
| 626 | 山西高和矿井风井 | 7.5 | 158 | 233 | 2005.08 |
| 627 | 腾东煤矿副井 | 6 | 22.9 | 50 | 2005.09 |
| 628 | 河北梧桐庄矿井西风井 | 5 | 92 | 150 | 2005.10 |
| 629 | 山西高和矿井主井 | 8.2 | 158 | 246 | 2005.10 |
| 630 | 内蒙古爱民温都主井 | 5.5 | 118 | 280 | 2005.10 |
| 631 | 泉店风井 | 5 | 455.3 | 523 | 2005.10 |
| 632 | 内蒙古爱民温都风井 | 5 | 115.47 | 280 | 2005.11 |
| 633 | 内蒙古爱民温都副井 | 6.5 | 118 | 280 | 2005.11 |
| 634 | 安徽口孜东矿井风井 | 7.5 | 573.2 | 626 | 2005.11 |
| 635 | 口子东矿主井 | 7.5 | 568.4 | 737 | 2005.11 |
| 636 | 锡林浩特多伦主井 | 5 | 87.76 | 158 | 2005.12 |
| 637 | 山西高和矿井副井 | 8.2 | 158 | 245 | 2005.12 |
| 638 | 口子东矿副井 | 8 | 571.9 | 617 | 2005.12 |
| 639 | 锡林浩特多伦副井 | 5.5 | 87.76 | 158 | 2006.01 |
| 640 | 江苏李堂矿副井 | 5 | 430 | 500 | 2006.01 |
| 641 | 江苏李堂矿主井 | 5 | 430 | 500 | 2006.01 |
| 642 | 济宁矿业宵云主井 | 5 | 420.35 | 470 | 2006.04 |
| 643 | 临沂局军成主井 | 6 | 261.5 | 355 | 2006.06 |
| 644 | 济宁矿业宵云副井 | 5.5 | 403.9 | 470 | 2006.06 |
| 645 | 扎莱诺尔灵东风井 | 6 | 21.5 | 315 | 2006.10 |
| 646 | 扎莱诺尔灵东副井 | 7.5 | 21.5 | 397 | 2006.10 |
| 647 | 扎莱诺尔灵东主井 | 6.5 | 21.5 | 474 | 2006.10 |
| 648 | 枣庄局滨湖副井 | 6.5 | 114 | 140 | 2007.07 |
| 649 | 赵官煤矿副井 | 6 | 267.86 | 315 | 2005.01 |
| 650 | 赵官煤矿主井 | 5 | 267.65 | 315 | 2005.01 |
| 651 | 河南神火煤电公司薛湖煤矿东风井 | 5.5 | 362.3 | 430 | 2005.03 |
| 652 | 河南神火煤电公司薛湖煤矿副井 | 6.5 | 385.59 | 500 | 2005.04 |
| 653 | 河南神火煤电公司薛湖煤矿主井 | 5.0 | 411.6 | 513 | 2005.04 |
| 654 | 霍尔辛赫风井 | 5 | 166 | 210 | 2005.06 |

| 序　号 | 井 筒 名 称 | 净直径(m) | 冲积层深度(m) | 冻结深度(m) | 开 钻 日 期 |
|---|---|---|---|---|---|
| 655 | 河南神火煤电公司薛湖煤矿风井 | 5.0 | 411.6 | 523 | 2005.06 |
| 656 | 淮北袁店矿主井 | 5.0 | 246.42 | 298 | 2005.08 |
| 657 | 淮北袁店矿副井 | 6.5 | 246.95 | 305 | 2005.08 |
| 658 | 山东里能集团郓城煤矿主井 | 7.0 | 467.97 | 590 | 2005.12 |
| 659 | 山东里能集团郓城煤矿副井 | 7.2 | 536.63 | 590 | 2005.12 |
| 660 | 济宁矿业集团霄云矿主井 | 5.0 | 420.35 | 470 | 2006.01 |
| 661 | 济宁矿业集团霄云矿副井 | 5.5 | 403.9 | 470 | 2006.01 |
| 662 | 李堂矿井主井 | 5.0 | 427 | 468 | 2006.01 |
| 663 | 李堂矿井副井 | 5.0 | 430 | 475 | 2006.01 |
| 664 | 安徽界沟煤矿风井 | 5.0 | 200 | 328 | 2006.04 |
| 665 | 临沂矿务局王楼2号矿主井 | 5.0 | 262.5 | 355 | 2006.04 |
| 666 | 临沂矿务局王楼2号矿副井 | 6.0 | 261.5 | 355 | 2006.04 |
| 667 | 唐山东安铁矿主井 | 4.0 | 45 | 70.5 | 2006.05 |
| 668 | 枣庄矿务局付村煤业公司付村煤矿风井 | 5.0 | 76.15 | 185 | 2006.05 |
| 669 | 临沂局军成主井 | 5.0 | 262.5 | 355 | 2006.05 |
| 670 | 河南焦煤集团赵固二矿主井 | 5.0 | 493.05 | 615 | 2006.06 |
| 671 | 河南焦煤集团赵固二矿副井 | 6.9 | 465.25 | 628 | 2006.06 |
| 672 | 河南焦煤集团赵固二矿风井 | 5.2 | 498.8 | 628 | 2006.06 |
| 673 | 临沂局军成副井 | 6.0 | 261.5 | 355 | 2006.06 |
| 674 | 唐山东安铁矿风井 | 2.5 | 45 | 74 | 2006.07 |
| 675 | 内蒙古高岗梁主井 | 5.0 | 138.24 | 285 | 2006.07 |
| 676 | 内蒙古高岗梁副井 | 5.0 | 138.24 | 285 | 2006.07 |
| 677 | 安徽钱营孜副井 | 6.5 | 218.15 | 270 | 2006.07 |
| 678 | 桃园新副井 | 6.5 | 289.65 | 340 | 2006.08 |
| 679 | 扎赉诺尔煤业有限公司灵东煤矿主井 | 6.5 | 21.5 | 474 | 2006.08 |
| 680 | 扎赉诺尔煤业有限公司灵东煤矿副井 | 7.0 | 21.5 | 397 | 2006.08 |
| 681 | 山西万方主井 | 5.0 | 180 | 200 | 2006.08 |
| 682 | 扎赉诺尔煤业有限公司灵东煤矿风井 | 6.0 | 21.5 | 315 | 2006.08 |
| 683 | 江西丰龙矿副井 | 6.5 | 70.5 | 80 | 2006.09 |
| 684 | 江西丰龙矿主井 | 5 | 70.5 | 80 | 2006.09 |
| 685 | 河南新庄北进风井 | 6.5 | 181.53 | 225 | 2006.09 |
| 686 | 山西万方副井 | 6.5 | 180 | 190 | 2006.09 |
| 687 | 山东里能集团新河2号煤矿主井 | 5.5 | 233.75 | 278 | 2006.09 |

| 序　号 | 井筒名称 | 净直径(m) | 冲积层深度(m) | 冻结深度(m) | 开钻日期 |
|---|---|---|---|---|---|
| 688 | 扎赉诺尔煤业公司铁北矿风井 | 4.5 | 18.8 | 341 | 2006.09 |
| 689 | 钱营孜主井 | 5.0 | 161.15 | 270 | 2006.10 |
| 690 | 钱营孜副井 | 6.0 | 161.15 | 270 | 2006.10 |
| 691 | 山东里能集团新河2号煤矿副井 | 6.0 | 232.99 | 278 | 2006.10 |
| 692 | 内蒙古阿根塔拉矿主井 | 5.5 | 128.3 | 285 | 2006.10 |
| 693 | 内蒙古阿根塔拉矿副井 | 6.5 | 130.2 | 285 | 2006.10 |
| 694 | 内蒙古阿根塔拉矿风井 | 5.0 | 128.3 | 285 | 2006.10 |
| 695 | 金黄庄矿风井 | 5.5 | 119 | 166 | 2006.11 |
| 696 | 金黄庄矿副井 | 6 | 117 | 166 | 2006.11 |
| 697 | 金黄庄矿主井 | 5 | 117 | 166 | 2006.11 |
| 698 | 高河小庄进风井 | 7.5 | 180.75 | 230 | 2006.12 |
| 699 | 高河小庄回风井 | 7.5 | 180.75 | 230 | 2007.01 |
| 700 | 朱集矿回风井 | 7.5 | 206 | 375 | 2007.01 |
| 701 | 淮南顾桥矿回风井 | 7.2 | 305 | 350 | 2007.01 |
| 702 | 河南神火集团葛店煤矿双庙副井 | 6.5 | 181.95 | 250.5 | 2007.02 |
| 703 | 淮南矿业集团朱集煤矿副井 | 8.2 | 318.3 | 375 | 2007.02 |
| 704 | 朱集矿矸石井 | 8.3 | 250.4 | 375 | 2007.02 |
| 705 | 淮南顾桥矿进风井 | 8.6 | 290.13 | 345 | 2007.02 |
| 706 | 河南神火煤电公司薛湖煤矿<br>中央风井 | 5.5 | 321.58 | 450 | 2007.02 |
| 707 | 山西李村风井 | 7.0 | 109.26 | 225 | 2007.04 |
| 708 | 淮南矿业集团朱集煤矿主井 | 7.6 | 320.3 | 387 | 2007.04 |
| 709 | 河南城郊西风井 | 5.0 | 420.86 | 465 | 2007.04 |
| 710 | 山西李村主井 | 6.5 | 120.16 | 265 | 2007.05 |
| 711 | 山西李村副井 | 8.2 | 120.3 | 276 | 2007.05 |
| 712 | 河南永煤龙宇能源陈四楼<br>煤矿北风井 | 5.0 | 315.81 | 410 | 2007.05 |
| 713 | 唐山孟家屯铁矿混合井 | 6.5 | 122.73 | 160 | 2007.06 |
| 714 | 山海大屯煤电公司孔庄混合主井 | 8.1 | 153 | 347 | 2007.06 |
| 715 | 徐州矿务集团夹河煤矿<br>新风井井筒 | 5.5 | 150 | 164 | 2007.08 |
| 716 | 内蒙古黑城子矿主井 | 5.5 | 162.37 | 235 | 2007.08 |
| 717 | 内蒙古黑城子矿副井 | 7.0 | 158.67 | 275 | 2007.08 |
| 718 | 内蒙古黑城子矿风井 | 6.5 | 160.25 | 215 | 2007.08 |
| 719 | 唐山孟家屯铁矿风井 | 5.0 | 111.83 | 160 | 2007.08 |
| 720 | 山西王庄煤矿副井 | 7.0 | 147.55 | 252 | 2007.08 |

| 序　号 | 井筒名称 | 净直径(m) | 冲积层深度(m) | 冻结深度(m) | 开钻日期 |
|---|---|---|---|---|---|
| 721 | 焦煤集团有限责任公司九里山新风井 | 6.0 | 173 | 268 | 2007.08 |
| 722 | 山西王庄煤矿回风井 | 5.5 | 151 | 251 | 2007.08 |
| 723 | 新疆干沟主井 | 5.0 | 35.5 | 130 | 2007.09 |
| 724 | 胡家河煤矿风井 | 7.0 | 10.51 | 541 | 2007.09 |
| 725 | 胡家河煤矿主井 | 6.5 | 220 | 548 | 2007.09 |
| 726 | 安徽开发矿业公司李楼铁矿1号副井 | 6.0 | 73.3 | 160 | 2007.11 |
| 727 | 胡家河煤矿副井 | 8.5 | 200 | 578 | 2007.11 |
| 728 | 焦煤集团有限责任公司新河煤矿主井 | 4.0 | 214.1 | 292 | 2007.11 |
| 729 | 焦煤集团有限责任公司新河煤矿副井 | 6.0 | 218.1 | 292 | 2007.11 |
| 730 | 焦煤集团有限责任公司新河煤矿风井 | 4.5 | 211.7 | 288 | 2007.11 |
| 731 | 临沂矿业集团新上海庙1号矿主井 | 6.0 | 41.5 | 532 | 2008.01 |
| 732 | 临沂矿业集团新上海庙1号矿副井 | 8.0 | 42.47 | 554 | 2008.01 |
| 733 | 临沂矿业集团新上海庙1号矿风井 | 6.0 | 41.5 | 525 | 2008.01 |
| 734 | 淮南矿业集团潘一东区风井 | 8.0 | 205.1 | 249 | 2008.02 |
| 735 | 山东杨营煤矿主井 | 5.5 | 496.1 | 540 | 2008.03 |
| 736 | 安徽谢桥煤矿风井 | 7.5 | 271.9 | 355 | 2008.03 |
| 737 | 长城窝堡矿主井 | 5.5 | 111.7 | 76 | 2008.04 |
| 738 | 山西古城副立井 | 8.5 | 74.58 | 170 | 2008.04 |
| 739 | 山西古城回风井 | 8.0 | 79.41 | 178 | 2008.04 |
| 740 | 安徽谢桥煤矿2号副井 | 8.2 | 294.18 | 355 | 2008.04 |
| 741 | 刘塘坊措施井 | 4.0 | 100 | 310 | 2008.04 |
| 742 | 肥城矿业集团梁宝寺2号主井 | 5.0 | 448.94 | 510 | 2008.04 |
| 743 | 肥城矿业集团梁宝寺2号副井 | 6.5 | 464.4 | 536 | 2008.04 |
| 744 | 肥城矿业集团梁宝寺2号风井 | 5.5 | 453.85 | 526 | 2008.04 |
| 745 | 潘一矿东区主井 | 7.6 | 23.5 | 278 | 2008.05 |
| 746 | 双鸭山南翼风井 | 5.0 | 175.8 | 336 | 2008.05 |
| 747 | 淮南矿业集团谢桥箕斗井 | 7.6 | 287.95 | 395 | 2008.05 |
| 748 | 长城窝堡矿副井 | 7.0 | 105 | 85 | 2008.05 |
| 749 | 长城窝堡矿风井 | 5.5 | 96.8 | 80 | 2008.05 |
| 750 | 祁东矿南区进风井 | 6.5 | 416 | 460 | 2008.05 |
| 751 | 和县铁矿南风井 | 3.0 | 6 | 80/51 | 2008.05 |

| 序　号 | 井　筒　名　称 | 净直径(m) | 冲积层深度(m) | 冻结深度(m) | 开　钻　日　期 |
|---|---|---|---|---|---|
| 752 | 新疆干沟风井 | 3.0 | 35.5 | 130 | 2008.06 |
| 753 | 潘一矿东区副井 | 8.6 | 29.75 | 288 | 2008.06 |
| 754 | 黄岗梁六区铁矿主井 | 5.0 | 189 | 304 | 2008.06 |
| 755 | 黄岗梁六区铁矿副井 | 5.0 | 189 | 302 | 2008.06 |
| 756 | 内蒙古鲁新矿副井 | 7.0 | 5 | 278 | 2008.06 |
| 757 | 和县铁矿措施井 | 4.7 | 15.55 | 72/50 | 2008.06 |
| 758 | 内蒙古鲁新矿风井 | 6.0 | 8 | 187 | 2008.06 |
| 759 | 虎豹湾煤矿风井 | 6.5 | 81.4 | 580 | 2008.06 |
| 760 | 龙王庙主井 | 4.5 | 259.6 | 272 | 2008.07 |
| 761 | 陕西山东煤矿主井 | 5.0 | 66.84 | 75 | 2008.07 |
| 762 | 龙王庙风井 | 4.5 | 259.6 | 272 | 2008.07 |
| 763 | 刘塘坊西风井 | 4.5 | 100 | 310 | 2008.07 |
| 764 | 许昌主井 | 4.5 | 90 | 207 | 2008.07 |
| 765 | 内蒙古伊敏河东矿区第一煤矿主井 | 6.0 | 53.5 | 260 | 2008.07 |
| 766 | 内蒙古伊敏河东矿区第一煤矿副井 | 7.5 | 44.9 | 260 | 2008.07 |
| 767 | 内蒙古伊敏河东矿区第一煤矿风井 | 6.0 | 46.3 | 260 | 2008.07 |
| 768 | 龙塘沿铁矿主井 | 4.7 | 56.2 | 94 | 2008.07 |
| 769 | 龙塘沿铁矿副井 | 5.0 | 56.2 | 94 | 2008.07 |
| 770 | 龙塘沿铁矿北风井 | 4.0 | 145.65 | 159 | 2008.07 |
| 771 | 麻家梁主井 | 9.0 | 275.9 | 386 | 2008.08 |
| 772 | 陕西山东煤矿副井 | 4.7 | 66.84 | 75 | 2008.08 |
| 773 | 同煤浙能麻家梁矿公司麻家梁煤矿副井 | 9.3 | 269 | 347 | 2008.08 |
| 774 | 麻家梁风井 | 8.0 | 250.6 | 350 | 2008.08 |
| 775 | 屯留南回风井 | 7.5 | 76.71 | 207 | 2008.08 |
| 776 | 虎豹湾煤矿主井 | 6.0 | 81.82 | 631 | 2008.08 |
| 777 | 鲁新矿井主井 | 5 | 94.4 | 184 | 2008.09 |
| 778 | 徐州矿务集团垞城煤矿新风井井筒 | 5.5 | 275 | 292 | 2008.09 |
| 779 | 赵官煤矿风井 | 5.5 | 267.7 | 315 | 2008.09 |
| 780 | 龙王庙副井 | 6.0 | 259.6 | 272 | 2008.08 |
| 781 | 山东省陈蛮庄煤矿副井 | 6.5 | 482.09 | 640 | 2008.09 |
| 782 | 辽阳灯塔市红祥煤矿风井 | 3.5 | 101 | 140 | 2008.09 |
| 783 | 山东省陈蛮庄煤矿主井 | 5.0 | 568.79 | 629 | 2008.09 |
| 784 | 潍坊万宝毛家寨铁矿主井 | 4.5 | 58 | 113 | 2008.09 |
| 785 | 潍坊万宝毛家寨铁矿副井 | 4.5 | 58 | 95 | 2008.09 |

续上表

| 序　号 | 井筒名称 | 净直径(m) | 冲积层深度(m) | 冻结深度(m) | 开钻日期 |
|---|---|---|---|---|---|
| 786 | 吴集铁矿南风井 | 4.0 | 135 | 152 | 2008.09 |
| 787 | 吴集铁矿北风井 | 4.0 | 75 | 142 | 2008.09 |
| 788 | 伊化矿业资源公司母杜柴登矿副井 | 9.4 | 124.67 | 721 | 2008.10 |
| 789 | 屯留南进风井 | 7.5 | 76.82 | 193 | 2008.10 |
| 790 | 安徽开发矿业公司李楼铁矿南风井 | 5.5 | 95 | 200 | 2008.10 |
| 791 | 虎豹湾煤矿副井 | 7.0 | 69.39 | 600 | 2008.10 |
| 792 | 新集三矿西风井 | 5.0 | 160 | 355 | 2008.10 |
| 793 | 唐钢司家营铁矿1号副井 | 6.0 | 126.7 | 180 | 2008.10 |
| 794 | 伊化矿业资源公司母杜柴登矿风井 | 6.5 | 7 | 675 | 2008.10 |
| 795 | 唐钢司家营铁矿大贾副井 | 6.0 | 126.7 | 180 | 2008.10 |
| 796 | 伊化矿业资源公司母杜柴登矿主井 | 6.5 | 124.67 | 777 | 2008.10 |
| 797 | 北阳庄矿井风井 | 5 | 159.2 | 202 | 2008.11 |
| 798 | 开滦北阳庄矿副井 | 7.0 | 152 | 190 | 2008.11 |
| 799 | 皖北煤电集团公司朱集西副井 | 8.0 | 471.95 | 540 | 2008.11 |
| 800 | 山东杨营煤矿副井 | 6.0 | 412 | 588 | 2008.11 |
| 801 | 峰峰梧桐庄2号主井 | 6.0 | 126 | 150 | 2008.11 |
| 802 | 潍坊万宝毛家寨铁矿风井 | 3.0 | 60 | 120 | 2008.11 |
| 803 | 杨村矿副井 | 7.5 | 536.65 | 725 | 2008.12 |
| 804 | 安徽开发矿业公司李楼铁矿北风井 | 5.0 | 160 | 175 | 2008.12 |
| 805 | 开滦北阳庄矿主井 | 5.5 | 150.51 | 190 | 2008.12 |
| 806 | 淮南潘一东矿第二副井 | 8.6 | 184.9 | 276 | 2008.12 |
| 807 | 皖北煤电集团公司朱集西主井 | 6.0 | 451 | 529 | 2008.12 |
| 808 | 内蒙古科尔沁左翼中旗宝龙山金田矿主井 | 5.0 | 178.45 | 195 | 2008.12 |
| 809 | 内蒙古科尔沁左翼中旗宝龙山金田矿副井 | 6.0 | 178.6 | 195 | 2008.12 |
| 810 | 内蒙古塔然高勒矿副井 | 9.0 | 4.2 | 614 | 2009.01 |
| 811 | 内蒙古塔然高勒矿风井 | 6.0 | 3.7 | 579 | 2009.01 |

| 序　号 | 井　筒　名　称 | 净直径(m) | 冲积层深度(m) | 冻结深度(m) | 开　钻　日　期 |
|---|---|---|---|---|---|
| 812 | 内蒙古塔然高勒矿主井 | 8.2 | 114.6 | 658 | 2009.01 |
| 813 | 淮北金石矿业混合井 | 6.0 | 41.39 | 85 | 2009.01 |
| 814 | 淮北金石矿业风井 | 4.0 | 41.85 | 85 | 2009.01 |
| 815 | 新集一矿西副井 | 7.2 | 41 | 190 | 2009.02 |
| 816 | 三元南翼风井 | 5.0 | 191.6 | 250 | 2009.02 |
| 817 | 马泰壕风井 | 6.5 | 75 | 423 | 2009.02 |
| 818 | 山东省陈蛮庄煤矿风井 | 5.5 | 572.45 | 644 | 2009.02 |
| 819 | 内蒙古察哈素矿副井 | 9.2 | 270.79 | 463 | 2009.04 |
| 820 | 临沂矿业集团榆树井煤矿风井 | 5.0 | 30 | 323 | 2009.04 |
| 821 | 内蒙古察哈素矿风井 | 7.2 | 258.97 | 395 | 2009.04 |
| 822 | 内蒙古五九集团白音查干煤矿主井 | 5.0 | 73.8 | 83 | 2009.04 |
| 823 | 内蒙古五九集团白音查干煤矿副井 | 6.5 | 68 | 77 | 2009.04 |
| 824 | 皖北煤电集团公司朱集西风井 | 7.5 | 471.95 | 532 | 2009.04 |
| 825 | 内蒙古五九集团白音查干煤矿风井 | 4.5 | 68.5 | 77 | 2009.04 |
| 826 | 河南永煤集团有限公司顺和煤矿副井 | 6.0 | 432.96 | 500 | 2009.05 |
| 827 | 山东星村煤矿西风井 | 5.5 | 130.28 | 290 | 2009.05 |
| 828 | 杨村矿主井 | 7.5 | 283 | 710 | 2009.06 |
| 829 | 泊江海子风井 | 7.6 | 389 | 556 | 2009.06 |
| 830 | 郑州华辕煤业公司李粮店煤矿副井 | 6.5 | 391.25 | 800 | 2009.06 |
| 831 | 宁夏红一煤矿风井 | 6.0 | 333.87 | 450 | 2009.06 |
| 832 | 郑州华辕煤业公司李粮店煤矿主井 | 5.0 | 394.8 | 772 | 2009.06 |
| 833 | 泊江海子主井 | 9.5 | 7.03 | 558 | 2009.06 |
| 834 | 中天合创能源公司葫芦素副井 | 10.0 | 41.05 | 525 | 2009.06 |
| 835 | 山东省单县丰源实业公司张集矿主井 | 5.5 | 456.66 | 583 | 2009.06 |
| 836 | 郑州华辕煤业公司李粮店煤矿风井 | 6.0 | 460.89 | 513 | 2009.07 |
| 837 | 泊江海子副井 | 10.5 | 6.9 | 556 | 2009.07 |
| 838 | 中天合创能源公司葫芦素主井 | 9.6 | 522.56 | 525 | 2009.07 |
| 839 | 中天合创能源公司葫芦素回风井 | 8.0 | 525 | 672 | 2009.07 |
| 840 | 常村矿王村回风立井 | 7.5 | 39.68 | 168 | 2009.07 |
| 841 | 内蒙古北方联合电力朝克乌拉矿主井 | 8.2 | 42.5 | 415 | 2009.07 |
| 842 | 内蒙古北方联合电力朝克乌拉矿副井 | 7.5 | 42.5 | 390 | 2009.07 |

续上表

| 序 号 | 井 筒 名 称 | 净直径(m) | 冲积层深度(m) | 冻结深度(m) | 开钻日期 |
|---|---|---|---|---|---|
| 843 | 内蒙古北方联合电力朝克乌拉矿风井 | 6.0 | 42.5 | 368 | 2009.07 |
| 844 | 邹庄风井 | 6.0 | 243.9 | 315 | 2009.08 |
| 845 | 开滦林南仓矿新风井 | 6.5 | 169.9 | 248 | 2009.08 |
| 846 | 邹庄主井 | 5.0 | 252.4 | 316 | 2009.08 |
| 847 | 山东省单县丰源实业公司张集矿副井 | 6.5 | 449.69 | 619 | 2009.08 |
| 848 | 徐家二期混合井 | 5.0 | 67 | 81 | 2009.09 |
| 849 | 查干淖尔副立井 | 9.0 | 19.8 | 220 | 2009.09 |
| 850 | 沈煤集团红阳煤矿南风井 | 6.5 | 171.8 | 210 | 2009.09 |
| 851 | 查干淖尔回风井 | 6.0 | 21.7 | 220 | 2009.09 |
| 852 | 常村矿王村副立井 | 7.5 | 33.58 | 130 | 2009.09 |
| 853 | 宁夏红一煤矿副井 | 8.0 | 340.2 | 432 | 2009.10 |
| 854 | 河南许昌新龙矿业梁北煤矿北进风井 | 6.5 | 182.5 | 269 | 2009.10 |
| 855 | 宁夏红一煤矿主井 | 7.0 | 345.2 | 412 | 2009.10 |
| 856 | 神华宁煤集团麦垛山煤副立井 | 9.4 | 50 | 492 | 2009.10 |
| 857 | 神华宁煤集团麦垛山煤风立井 | 6.5 | 50 | 518 | 2009.10 |
| 858 | 神华神东集团锦界煤矿进风井 | 5.5 | 20.81 | 90 | 2009.10 |
| 859 | 神华神东集团锦界煤矿回风井 | 5.5 | 20.81 | 90 | 2009.10 |
| 860 | 雅店煤矿副井 | 8.5 | 370 | 394.5 | 2009.11 |
| 861 | 孟村矿副井 | 8.5 | 90 | 610 | 2009.11 |
| 862 | 陕西彬长小庄矿主井 | 7.5 | 13.6 | 242 | 2009.11 |
| 863 | 孟村矿主井 | 6.5 | 90 | 580 | 2009.12 |
| 864 | 陕西彬长小庄矿副井 | 8.5 | 13.6 | 250 | 2009.12 |
| 865 | 宏河集团红旗矿主井 | 5.0 | 333.77 | 380 | 2010.01 |
| 866 | 宏河集团红旗矿副井 | 5.0 | 333.77 | 380 | 2010.01 |
| 867 | 江西丰龙矿北翼风井 | 5.5 | 3.4 | 110 | 2010.02 |
| 868 | 红四矿风井 | 6.0 | 395 | 630 | 2010.02 |
| 869 | 杨村矿风井 | 7.8 | 90.6 | 800 | 2010.02 |
| 870 | 安徽刘塘坊矿业公司刘塘坊铁矿北风井 | 5.0 | 260.25 | 310 | 2010.03 |
| 871 | 红四矿主井 | 5.5 | 26.3 | 645 | 2010.04 |
| 872 | 赵家寨煤矿西风井井筒 | 5.5 | 170.58 | 274 | 2010.04 |
| 873 | 中平能化平禹九矿主井冻结工程 | 5.5 | 358.1 | 541 | 2010.04 |
| 874 | 红四矿副井 | 7.0 | 446.1 | 682 | 2010.04 |
| 875 | 安徽洪鑫源矿业公司马鞍山铁矿主井 | 4.6 | 17.32 | 725 | 2010.04 |

| 序　号 | 井 筒 名 称 | 净直径(m) | 冲积层深度(m) | 冻结深度(m) | 开 钻 日 期 |
|---|---|---|---|---|---|
| 876 | 伊犁四矿风井 | 6.0 | 98.65 | 207 | 2010.04 |
| 877 | 巴彦高勒主井 | 8.2 | 180 | 592 | 2010.05 |
| 878 | 内蒙古门克庆副井 | 10.0 | 760.23 | 765.5 | 2010.05 |
| 879 | 内蒙古门克庆主井 | 9.6 | 67.29 | 802 | 2010.05 |
| 880 | 巴彦高勒副井 | 9.0 | 649.67 | 655 | 2010.05 |
| 881 | 内蒙古门克庆风井 | 8.0 | 69 | 747 | 2010.05 |
| 882 | 鄂托克前旗权辉商贸公司沙章图矿主井 | 5.5 | 216 | 275 | 2010.05 |
| 883 | 鄂托克前旗权辉商贸公司沙章图矿副井 | 7.0 | 211.7 | 366 | 2010.05 |
| 884 | 鄂托克前旗权辉商贸公司沙章图矿风井 | 6.5 | 241.1 | 303 | 2010.05 |
| 885 | 孟村矿风井 | 7.5 | 90 | 620 | 2010.06 |
| 886 | 板集矿副井 | 7.3 | 5.7 | 673 | 2010.07 |
| 887 | 平煤股份一矿北三回风井 | 6.5 | 91 | 660 | 2010.07 |
| 888 | 淮南矿业集团潘三矿新西风井 | 8.0 | 440.15 | 508 | 2010.09 |
| 889 | 陕西彬长小庄矿风井 | 7.5 | 245.98 | 533 | 2010.09 |
| 890 | 板集矿主井 | 6.2 | 8.3 | 660 | 2010.09 |
| 891 | 板集矿风井 | 6.5 | 8.9 | 666 | 2010.09 |
| 892 | 山西三元中央回风井 | 6.0 | 253.51 | 270 | 2010.09 |
| 893 | 蒙大矿业公司纳林河2号矿井副井 | 10.5 | 76.74 | 521 | 2010.09 |
| 894 | 华电煤业隆德煤矿回风立井 | 6.0 | 67 | 102 | 2010.09 |
| 895 | 陕西彬长小庄矿2号副井 | 6.5 | 245.98 | 533 | 2010.10 |
| 896 | 双合矿主井 | 5.5 | 135 | 305 | 2010.10 |
| 897 | 信湖煤矿副井 | 8.1 | 244.7 | 492 | 2010.10 |
| 898 | 徐楼二期风井 | 4.0 | 88.85 | 115 | 2010.10 |
| 899 | 峰峰矿业集团磁西矿主井 | 7.0 | 128 | 200 | 2010.11 |
| 900 | 付村副井 | 6.0 | 110 | 275 | 2010.11 |
| 901 | 沈煤集团盛隆公司碱场煤矿南风井 | 5.0 | 120 | 130 | 2010.12 |
| 902 | 高家堡副井 | 8.5 | 22.8 | 850 | 2010.12 |
| 903 | 新汶矿业集团黑梁矿风井 | 5.5 | 197.55 | 272 | 2010.12 |
| 904 | 珲春矿业集团板石煤矿西风井 | 5.5 | 88.42 | 98.5 | 2011.01 |
| 905 | 新汶伊犁一矿立井井筒 | 7.2 | 新近系168m | 430 | 2011.01 |
| 906 | 峰峰矿业集团磁西矿风井 | 7.0 | 155.3 | 250 | 2011.01 |
| 907 | 高家堡主井 | 7.5 | 26.5 | 791 | 2011.01 |
| 908 | 高家堡风井 | 7.5 | 320 | 830 | 2011.01 |
| 909 | 山西梵王寺副井 | 9.4 | 156.5 | 612 | 2011.02 |

| 序 号 | 井筒名称 | 净直径(m) | 冲积层深度(m) | 冻结深度(m) | 开钻日期 |
|---|---|---|---|---|---|
| 910 | 核桃峪副立井 | 9 | 214 | 950 | 2011.02 |
| 911 | 新巨龙能源公司龙固煤矿北风井 | 6.0 | 675.6 | 730 | 2011.03 |
| 912 | 核桃峪回风井 | 7.0 | 521 | 916 | 2011.03 |
| 913 | 峰峰矿业集团磁西矿副井 | 8.0 | 155.3 | 250 | 2011.04 |
| 914 | 丁家梁矿副井 | 6.8 | 278.2 | 651 | 2011.04 |
| 915 | 中平能化平禹九矿回风井立井 | 5.5 | 360.5 | 446 | 2011.04 |
| 916 | 榆树沟煤矿副井 | 7.0 | 156.76 | 254 | 2011.04 |
| 917 | 丁家梁矿风井 | 5.5 | 270.25 | 626 | 2011.04 |
| 918 | 丁家梁矿主井 | 5.0 | 187 | 653 | 2011.05 |
| 919 | 淮南矿业集团潘三矿深部进风井 | 8.6 | 273.6 | 380 | 2011.05 |
| 920 | 榆树沟煤矿主井 | 5.5 | 156.76 | 254 | 2011.05 |
| 921 | 红墩子矿区红二煤矿主井 | 5.5 | 266.54 | 409 | 2011.06 |
| 922 | 山东龙祥煤矿主井 | 5.0 | 337.4 | 410 | 2011.06 |
| 923 | 山东龙祥煤矿副井 | 6.0 | 334.9 | 448 | 2011.06 |
| 924 | 平煤股份一矿北三进风井 | 7.5 | 91 | 672 | 2011.06 |
| 925 | 恒源煤电刘桥一矿北回风井 | 6.5 | 139.55 | 198 | 2011.07 |
| 926 | 安徽任楼煤矿风井 | 6.0 | 261.25 | 308 | 2011.07 |
| 927 | 甘肃能源开发公司新庄煤矿副立井 | 9.0 | 890 | 908 | 2011.08 |
| 928 | 花草滩副井井筒 | 6.5 | 250 | 460 | 2011.08 |
| 929 | 陕西未来能源化工金鸡滩煤矿风井 | 6.5 | 230 | 245 | 2011.08 |
| 930 | 河南天中煤业公司安里煤矿主井 | 5.0 | 414.15 | 484.8 | 2011.08 |
| 931 | 河南天中煤业公司安里煤矿副井 | 5.5 | 414.2 | 483 | 2011.08 |
| 932 | 张掖市宏能煤业公司花草滩煤矿主井 | 5.5 | 400 | 460 | 2011.08 |
| 933 | 陕西未来能源化工金鸡滩煤矿回风立井 | 7.0 | 6 | 252 | 2011.08 |
| 934 | 红墩子矿区红二煤矿副井 | 8 | 299.48 | 411 | 2011.09 |
| 935 | 祁南回风井 | 7.5 | 98.7 | 389 | 2011.09 |
| 936 | 红墩子矿区红二煤矿风井 | 6.0 | 253.6 | 374 | 2011.09 |
| 937 | 新庄风井冻结工程 | 7.5 | 210.61 | 910 | 2011.09 |
| 938 | 平煤八矿进风井 | 7.0 | 399.9 | 453 | 2011.10 |
| 939 | 金鸡滩矿风井 | 7.0 | 6 | 252 | 2011.10 |
| 940 | 淮北祁南煤矿安全改建副井 | 8.2 | 340.26 | 400 | 2011.11 |
| 941 | 兖矿煤业鄂尔多斯能化公司转龙湾风井 | 6.5 | 26.79 | 110 | 2011.11 |
| 942 | 张集矿第二副井 | 8.8 | 156.7 | 406 | 2011.12 |

| 序　号 | 井筒名称 | 净直径(m) | 冲积层深度(m) | 冻结深度(m) | 开钻日期 |
|---|---|---|---|---|---|
| 943 | 神华宁煤集团金家渠煤矿中部副立井 | 9.0 | 14.55 | 482 | 2012.02 |
| 944 | 神华宁煤集团金家渠煤矿中部回风立井 | 6.0 | 25 | 497 | 2012.02 |
| 945 | 淮北陶忽图煤矿副井 | 10.5 | 679.3 | 782 | 2012.04 |
| 946 | 河南神火刘河煤矿中央风井 | 5.0 | 258.04 | 288 | 2012.04 |
| 947 | 北皂副井 | 6 | 50.7 | 54 | |
| 948 | 房庄风井 | 3 | 48.55 | 55 | |
| 949 | 房庄主井 | 4.5 | 48.55 | 55 | |
| 950 | 郭庄主井 | 4.5 | 58.8 | 81 | |
| 951 | 落陵副井 | 5 | 63.15 | 84 | |
| 952 | 落陵主井 | 5 | 52.3 | 84 | |
| 953 | 柴里风井 | 6 | 76.6 | 86 | |
| 954 | 郭庄副井 | 4.5 | 58.8 | 86 | |
| 955 | 柳新风井 | 4 | 85.5 | 98 | |
| 956 | 柴里新副井 | 6.6 | 73 | 100 | |
| 957 | 赵案庄副井 | 6 | 70.5 | 100 | |
| 958 | 赵案庄主井 | 4.5 | 70.5 | 100 | |
| 959 | 蒋庄副井 | 6.5 | 51.61 | 105 | |
| 960 | 红阳4号主井 | 5 | 84.2 | 112 | |
| 961 | 孔井西风井 | 4.5 | 65.5 | 112 | |
| 962 | 柳新副井 | 5 | 104 | 112 | |
| 963 | 柳新主井 | 5 | 104 | 112 | |
| 964 | 庞庄新主井 | 5.5 | 89 | 115 | |
| 965 | 红阳1号新副井 | 7 | 93.25 | 116 | |
| 966 | 张小楼新主井 | 5.7 | 102 | 131 | |
| 967 | 卜戈桥小立井 | 3.5 | 116 | 135 | |
| 968 | 张小楼新副井 | 7 | 102 | 135 | |
| 969 | 卜戈桥副井 | 5 | 125 | 140 | |
| 970 | 张集新副井 | 7.5 | 107.5 | 140 | |
| 971 | 花家湖副井 | 6 | 124.75 | 155 | |
| 972 | 九里山主井 | 6 | 138 | 155 | |
| 973 | 花家湖主井 | 5 | 122.5 | 158 | |
| 974 | 花家湖风井 | 6 | 124.79 | 164 | |
| 975 | 孔庄副井 | 6 | 156.6 | 173 | |
| 976 | 孔庄主井 | 5 | 156 | 180 | |

续上表

| 序　号 | 井筒名称 | 净直径(m) | 冲积层深度(m) | 冻结深度(m) | 开钻日期 |
|---|---|---|---|---|---|
| 977 | 孔庄风井 | 4 | 160.8 | 183 | |
| 978 | 沛城风井 | 3.5 | 178 | 195 | |
| 979 | 沛城副井 | 5 | 178 | 195 | |
| 980 | 沛城主井 | 5 | 178 | 195 | |
| 981 | 朱仙庄南二风井 | 6 | 248.14 | 267 | |
| 982 | 高庄风井 | 5 | 77.58 | 90 | |
| 983 | 高庄混合井 | 5 | 83 | 90 | |
| 984 | 卫庄风井 | 5 | 65.25 | 110/90 | |
| 985 | 袁塘风井 | 5 | 65.25 | 110/90 | |
| 986 | 袁塘副井 | 6.5 | 63.5 | 110/90 | |
| 987 | 候庄东风井 | 4 | 80.1 | 115/105 | |
| 988 | 付村西风井 | 5 | 77.5 | 121/87 | |
| 989 | 蒋庄主井 | 4.5 | 57.6 | 123/100 | |
| 990 | 蒋庄西风井 | 5.5 | 59.7 | 125/110 | |
| 991 | 卫庄混合井 | 6 | 90.1 | 125/115 | |
| 992 | 候庄副井 | 5.5 | 116.4 | 127/119 | |
| 993 | 候庄主井 | 4 | 109.8 | 127/119 | |
| 994 | 付村南风井 | 5 | 88 | 130/95 | |
| 995 | 卫庄主井 | 4 | 90 | 135/120 | |
| 996 | 王晃主井 | 4.5 | 93 | 231/100 | |

## 中国冻结斜井统计表　　　　　　　　　　　附表2

| 序　号 | 井筒名称 | 净直径(内尺寸)(m) | 冲积层深度(m) | 冻结斜长(m) | 开钻日期 |
|---|---|---|---|---|---|
| 1 | 榆树林主斜井 | 2 | 43.75 | 49 | 1985.05 |
| 2 | 宁夏王洼煤矿副斜井 | 3.6×3.8 | 116.89 | 39～72.8 | 2006.09 |
| 3 | 宁夏王洼二矿延伸冻结工程主斜井 | 5×3.9 | 85.739 | 41.8～61.3 | 2007.10 |
| 4 | 宁夏王洼二矿延伸冻结工程副斜井 | 3.8×3.7 | 85.739 | 43.7～60.3 | 2007.10 |
| 5 | 马泰壕主斜井 | | | 441 | 2009.03 |
| 6 | 吕临能化公司庞庞塔矿1号副斜井 | 4.8×3.8 | 95 | 47.07～102.12 | 2009.05 |
| 7 | 庞庞塔副斜井 | 5.2×4.5 | 90 | 95.5 | 2009.06 |
| 8 | 庞庞塔主斜井 | 5.2×4.1 | 73.65 | 288.35 | 2006.06 |
| 9 | 查干淖尔主斜井 | 5.0×5.0 | 65.8 | 285 | 2009.09 |
| 10 | 新汶矿业集团黑梁矿主斜井 | 4.6×3.8 | 24 | 12.67～39.48 | 2010.10 |

| 序　　号 | 井筒名称 | 净直径(内尺寸)(m) | 冲积层深度(m) | 冻结斜长(m) | 开钻日期 |
|---|---|---|---|---|---|
| 11 | 新汶矿业集团黑梁矿副斜井 | 4.5×3.8 | 23 | 12.44～39.51 | 2010.10 |
| 12 | 新汶矿业集团长城矿主斜井 | 4.6×3.8 | 22 | 27.29～32.86 | 2011.07 |
| 13 | 新汶矿业集团黑梁矿副斜井帷幕 | 4.5×3.8 | 23 | 41.35 | 2011.07 |
| 14 | 陕西未来能源化工金鸡滩煤矿主斜井 | 5.5×5.8 | 27 | 45 | 2011.07 |
| 15 | 陕西未来能源化工金鸡滩煤矿副斜井 | 6.0×5.8 | 22 | 34 | 2011.07 |
| 16 | 新汶矿业集团福城矿新副斜井 | 4.5×3.8 | 25 | 9.392～40.360 | 2011.11 |
| 17 | 淮北矿区新建矿井由于风道 | 5.5×5.5 | 21.4 | 24.5 | 2007 |

**中国地铁等市政冻结工程统计**　　　　　　　　附表3

| 序　　号 | 工程名称 | 地层情况 | 冻结规模(开挖范围) | 冻结孔布置方式 | 实施时间 |
|---|---|---|---|---|---|
| 1 | 南京地铁一期工程张府园—三山街区间盾构联络通道 | 淤泥质砂、粉砂、粉质黏土、粉细砂 | 联络通道3.13m(宽)×3.16m(高)×17.12m(长) | 全断面水平冻结法加固 | 2003.04 |
| 2 | 南京地铁一期工程张府园车站南隧道盾构法 | 淤泥质砂、粉砂、粉质黏土 | 冻土墙布置冻结孔21个,冻结孔深度18.5m,开孔间距250mm | 垂直冻结 | 2002 |
| 3 | 南京地铁试验段中华门站—三山街站区间隧道联络通道及排水泵房 | 粉土、粉质黏土、淤泥质粉质黏土、粉砂、粉土 | 联络通道3.2m(宽)×4.24m(高)×7m(长),集水井深3.4m | 全断面水平冻结法加固 | 2003 |
| 4 | 南京地铁2号线油坊桥盾构井—中和村站区间1号联络通道 | 粉质黏土、粉砂、粉细砂 | 联络通道开挖尺寸13.8m(长)×3.4m(宽)×4.28m(高) | 双向水平(放射孔)冻结 | 2008.10 |
| 5 | 南京地铁南北线一期工程玄武门站—许府巷站区间联络通道 | 粉质黏土(可塑～硬塑) | 联络通道长6.8m(长)×3.3m(宽)×3.5m(高) | 全断面水平冻结法加固 | 2004.3 |
| 6 | 南京地铁一期工程钓鱼台—三山街区间盾构联络通道冻结工程 | 杂填土、淤泥质砂、粉砂、粉质黏土 | 联络通道及泵站合建 | 全断面水平冻结法加固(放射孔) | 2002.11.10 |
| 7、8 | 南京地铁2号线集庆门车站北端头盾构进洞(左右线两个) | 淤泥质粉质黏土、粉砂、淤泥质粉质黏土和粉土 | 盾构到达水平隧道周边冻结(下部冻结长度6m,上部及周边3m) | 水平冻结 | 2008.11(左线)、2008.12(右线) |

| 序　号 | 工　程　名　称 | 地　层　情　况 | 冻结规模（开挖范围） | 冻结孔布置方式 | 实　施　时　间 |
|---|---|---|---|---|---|
| 9 | 杭州地铁1号线湘湖站—滨康路站区间隧道1号联络通道 | 淤泥质粉质黏土、淤泥质黏土 | 通道8.69m（长）×4.14m（高）×3.8m（宽） | 水平冻结[双向放射孔（56+12）个] | 2011.01.06～2011.04.16 |
| 10 | 杭州地铁1号线湘湖站—滨康路站区间隧道2号联络通道 | 淤泥质粉质黏土 | 通道8.69m（长）×3.5m（高）×3.8m（宽），集水井4.3m（长）×3.8m（宽）×4.65m（深） | 水平冻结[双向放射孔（67+12）个] | 2011.02.10～2011.05.10 |
| 11 | 杭州地铁1号线滨康路站—西兴站盾构区间联络通道及泵站 | 淤泥质粉质黏土 | 通道11m（长）×4.443m（高）×3.8m（宽），集水井3.8m（长）×3.8m（宽）×3.3m（深） | 水平冻结[双向放射孔（54+13）个] | 2011.03.15～2011.05.20 |
| 12 | 杭州地铁1号线滨和路站—西兴站区间隧道联络通道及泵站 | 砂质粉土、淤泥质粉质黏土 | 通道6.53m（长）×2.61m（高）×2.5m（宽），集水井3m（长）×2.5m（宽）×4.2m（深） | 水平冻结[双向放射孔（54+13）个] | 2010.06～2010.10 |
| 13 | 杭州地铁1号线滨和路站—江陵路站区间隧道联络通道及泵站 | 砂质粉土、淤泥质粉质黏土 | 通道7.60m（长）×2.61m（高）×2.5m（宽），集水井3m（长）×2.5m（宽）×4.2m（深） | 水平冻结[双向放射孔（54+13）个] | 2011.01～2011.04 |
| 14 | 杭州地铁1号线江陵路站—近江站1号联络通道 | 淤泥质粉质黏土、粉质黏土、细砂、圆砾层 | 通道6.50m（长）×2.64m（高）×4.2m（宽），集水井4.4m（长）×4.0m（宽）×3.8m（深） | 水平孔133个 | 2010.09.18～2010.12.25 |
| 15 | 杭州地铁1号线江陵路站—近江站2号联络通道 | 淤泥质粉质黏土、淤泥质粉质黏土、粉质黏土层 | 通道6.50m（长）×2.64m（高）×4.2m（宽） | 水平孔73个 | 2010.10.29～2011.01.30 |
| 16 | 杭州地铁1号线近江站—婺江路站联络通道 | 砂质粉土夹粉砂、淤泥质粉质黏土、黏土、灰色黏土 | 通道10.8m（长）×2.56m（高）×2.5m（宽） | 水平冻结[双向放射孔（47+13）个] | 2011.07～2011.10 |
| 17 | 杭州地铁1号线婺江路站—城站站联络通道 | 砂质粉土夹粉砂、粉砂夹砂质粉土、砂质粉土、砂质粉土夹粉砂 | 通道8.4m（长）×2.56m（高）×2.5m（宽），集水井2.7m（长）×2.25m（宽）×3.19m（深） | 水平冻结[双向放射孔（56+13）个] | 2011.11～2012.01 |
| 18 | 杭州地铁1号线城站站—定安路站盾构区间隧道联络通道及泵站 | 粉质黏土 | 通道5.16m（长）×6m（高）×4.6m（宽），集水井4.5m（长）×4m（宽）×4.84m（深） | 水平冻结[双向放射孔（57+16）个] | 2011.07.05～2011.11.02 |
| 19 | 杭州地铁1号线定安路站—龙翔桥站盾构区间隧道联络通道及泵站 | 粉质黏土 | 通道中心距离13.54m（长）×2.5m（高）×2.5m（宽），集水井3m（长）×2.5m（宽）×3.7m（深） | 水平冻结[双向放射孔（64+12）个] | 2011.10.25～2012.01.15 |

| 序　号 | 工程名称 | 地层情况 | 冻结规模(开挖范围) | 冻结孔布置方式 | 实施时间 |
|---|---|---|---|---|---|
| 20 | 杭州地铁1号线凤起路站—武林广场站区间联络通道 | 淤泥质粉质黏土、粉质黏土 | 通道5.5m(长)×4.9m(高)×4m(宽),集水井4m(长)×4m(宽)×3.2m(深) | 水平冻结(64+12)个 | 2011.08～2011.11 |
| 21 | 杭州地铁1号线文化广场站—打铁关站区间隧道联络通道及泵站 | 淤泥质粉质黏土、含砂粉质黏土 | 通道10.95m(长)×2.79m(高)×2.5m(宽),集水井3.1m(长)×2.5m(宽)×3.8m(深) | 水平冻结(双向放射孔(69+14)个) | 2010.11～2011.06 |
| 22 | 杭州地铁1号线打铁关站—闸弄口站区间联络通道 | 淤泥质粉质黏土 | 通道7.88m(长)×2.643m(高)×2.5m(宽),集水井3m(长)×2.5m(宽)×3.45m(深) | 水平冻结[双向放射孔(67+8)个] | 2011.06.19 |
| 23 | 杭州地铁1号线闸弄口站—火车东站区间1号联络通道 | 粉砂 | 通道5.8m(长)×2.643m(高)×2.5m(宽),集水井3m(长)×2.5m(宽)×3.45m(深) | 水平冻结[双向放射孔(69+8)个] | 2011.07.28～2011.12.17 |
| 24 | 杭州地铁1号线闸弄口站—火车东站站区间2号联络通道 | 淤泥质粉质黏土 | 通道9.378m(长)×2.643m(高)×2.5m(宽),集水井3m(长)×2.5m(宽)×3.45m(深) | 水平冻结[双向放射孔(67+8)个] | 2011.12.18～2012.03.21 |
| 25 | 杭州地铁1号线火车东站站—彭埠站区间泵站 | 淤泥质粉质黏土 | 通道5.2m(长)×4.4m(高)×4m(宽),集水井4.5m(长)×4m(宽)×3.9m(深) | 水平孔(79+7)个 | 2012.03.21 |
| 26 | 杭州地铁1号线彭埠站—七堡站盾构区间隧道1号联络通道及泵站 | 淤泥质粉质黏土夹粉土、淤泥质粉质黏土、黏土夹淤泥质粉质黏土 | 通道中心距离33m(长)×5.605m(高)×4m(宽),其中泵房段4.5m(长)×8.235m(高)×4m(宽) | 水平冻结[双向放射孔(57+59)个] | 2010.10～2010.12 |
| 27 | 杭州地铁1号线彭埠站—七堡站盾构区间隧道2号联络通道及泵站 | 淤泥质粉质黏土、砂质粉土、黏土夹粉质黏土 | 通道中心距离13m(长)×4.493m(高)×4m(宽) | 水平冻结[双向放射孔(43+16)个] | 2010.09～2010.10 |
| 28 | 杭州地铁1号线七堡站—九和路站盾构区间隧道 | 粉砂夹砂质粉土、淤泥质粉质黏土 | 通道6.33m(长)×3.38m(高)×3.8m(宽),集水井4.3m(长)×3.8m(宽)×4.5m(深) | 水平冻结[双向放射孔(54+13)个] | 2010.03～2010.11 |
| 29 | 杭州地铁1号线九堡站—客运中心站盾构区间隧道联络通道及泵站 | 砂质粉土、粉砂夹砂质粉土 | 通道8.56m(长)×5.9m(高)×4.6m(宽),集水井4.5m(长)×4m(宽)×5.04m(深) | 水平冻结[双向放射孔(57+19)个] | 2011.5.28～2011.9.20 |
| 30 | 杭州地铁1号线客运中心站—乔司南站盾构区间隧道联络通道及泵站 | 砂质粉土、粉砂、黏质粉土夹粉质黏土 | 通道15.166m(长)×2.14m(高)×2.5m(宽),集水井3m(长)×2.5m(宽)×4m(深) | 水平冻结[双向放射孔67个] | 2010.04～2010.07 |

| 序　号 | 工程名称 | 地层情况 | 冻结规模（开挖范围） | 冻结孔布置方式 | 实施时间 |
|---|---|---|---|---|---|
| 31 | 杭州地铁1号线翁梅站—余杭高铁站区间联络通道及泵站 | 粉砂层和砂质粉土 | 通道13.274m（长）×3.543m（高）×4.6m（宽），集水井4.3m（长）×4.6m（宽）×4.440m（深） | 水平冻结（双向放射孔67个） | 2011.10～2012.01 |
| 32 | 杭州地铁1号线余杭高铁站—南苑站区间1号联络通道 | 粉砂层、黏质粉土夹淤泥质土层和砂质粉土层 | 通道12m（长）×4.443m（高）×4m（宽） | 水平冻结（双向放射孔46个） | 2011.01～2012.01 |
| 33 | 杭州地铁1号线余杭高铁站—南苑站区间2号联络通道及泵站 | 粉砂层、黏质粉土夹淤泥质土层和砂质粉土层 | 通道12m（长）×3.393m（高）×4.6m（宽），集水井4.3m（长）×4.6m（宽）×3.95m（深） | 水平冻结（双向放射孔67个） | 2010.12～2011.03 |
| 34 | 杭州地铁1号线南苑站—临平站区间联络通道及泵站 | 粉砂土层 | 通道11.862m（长）×3.393m（高）×4.6m（宽），集水井3.562m（长）×4.6m（宽）×3.95m（深） | 水平冻结（双向放射孔75个） | 2011.03～2011.06 |
| 35 | 杭州地铁1号线九堡东站—下沙西站区间段1号联络通道 | 砂质粉土、淤泥质粉质黏土夹黏质粉土 | 通道6.79m×4.5m×5.55m，集水井3.9m×4.64m | 水平冻结[双向放射孔（59+116）个] | 2010.03～2010.07 |
| 36 | 杭州地铁1号线九堡东站—下沙西站区间段2号联络通道 | 粉砂夹砂质粉土、砂质粉土 | 通道5.8m×4.5m×4.393m | 水平冻结[双向放射孔（45+6）个] | 2010.03～2010.06 |
| 37 | 杭州地铁1号线客运中心站—下沙西站区间段3号联络通道 | 粉砂夹砂质粉土、砂质粉土 | 通道5.8m×4.5m×4.393m | 水平冻结[双向放射孔（40+6）个] | 2010.05～2010.07 |
| 38 | 杭州地铁1号线下沙西站—金沙湖站区间联络通道及泵站 | 黏质粉土、黏质粉土夹淤泥质粉质黏土 | 通道11.1m（长）×4.86m（高）×4.5m（宽），集水井4.5m（长）×4.0m（宽）×3.13m（深） | 水平冻结[双向放射孔（64+6）个] | 2010.04.02～2010.07.15（未包括融沉注浆时间） |
| 39 | 杭州地铁1号线金沙湖站—高沙路站区间联络通道及泵站 | 黏质粉土、黏质粉土夹淤泥质粉质黏土 | 通道12.1m（长）×4.86m（高）×4.5m（宽），集水井4.5m（长）×4.0m（宽）×3.13m（深） | 水平冻结[双向放射孔（64+6）个] | 2010.09.30～2011.01.07（未包括融沉注浆时间） |
| 40 | 杭州地铁1号线高沙路站—文泽路站区间联络通道 | 砂质粉土、淤泥质粉质黏土夹黏质 | 通道长5.8m×4.5m×5.653m，集水井3.9m×3.85m | 沿通道外围[双向放射孔（59+16）个] | 2010.05～2010.09 |
| 41 | 广州地铁2号线纪念堂—越秀公园区间 | 岩石断层破碎带 | 115（63.45）m | 水平冻结（隧道周边封闭、拱顶封闭） | 2001.05 |

| 序　号 | 工程名称 | 地层情况 | 冻结规模（开挖范围） | 冻结孔布置方式 | 实施时间 |
|---|---|---|---|---|---|
| 42 | 广州地铁3号线天河客运站折返线下穿广汕公路和沙河立交桥 | 杂填土、粉土等 | （双向对接各73m）水平长度138.8m | 水平冻结（隧道周边封闭） | 2005～2006 |
| 43 | 广州地铁2号线海珠广场—江南西区间 | 洞门上方2～3m为砂层，洞身为强中风化地层 | 始发端头加固 | 垂直冻结 | 2000 |
| 44 | 广州地铁2号线在海珠广场至公元前站区间塌方处理 | 砂层、砂质黏土、洞身为强风化地层 | 沿隧道轴向两侧布置43.4m（排距8m）长并深入中风化花岗岩3.0m | 垂直冻结 | 2000.01 |
| 45 | 广州地铁2/8线延长线工程南浦站—洛溪站区间联络通道 | 粉细砂、中粗砂 | 水平长度7m | 水平冻结（隧道周边封闭） | 2009 |
| 46 | 广佛线普君北—朝安区间 | 粉质黏土、中粗砂、砾砂、全风化、强风化泥质粉沙岩 | 垂直长度24m | 垂直冻结 | 2010 |
| 47 | 广州地铁6线一期坦尾—如意坊区间 | 淤泥质粉细砂 | 水平长度14m，垂直长度14m | 水平、垂直冻结 | 2012 |
| 48 | 广州地铁2号线海珠广场Ⅱ号通道 | 人工回填土、淤泥质砂、裂隙风化花岗岩 | | 垂直冻结 | 1999 |
| 49 | 宁波江厦桥东站—舟孟北路站区间右线盾构进洞 | 淤泥层、淤泥质黏土层、黏质粉土夹粉砂层 | 端头井洞门范围向内，外圈7.9m，内圈3.3m | 水平冻结 | 2011.10.12 |
| 50 | 宁波东门口站—江厦桥东站区间盾构出洞端头井 | 淤泥层、淤泥质黏土层、黏质粉土夹粉砂层 | 端头井竖直向下13.2m，地面宽度3m | 垂直冻结 | 2011.10.12 |
| 51 | 宁波东门口站—江厦桥东站区间联络通道 | 黏土、粉质黏土 | 中心线间距12.023m；帷幕结构外不小于2m，喇叭口不小于1.7m | 水平冻结 | 未开始 |
| 52 | 宁波江厦桥东站—舟孟北路站区间联络通道冻结加固 | 灰色粉质黏土夹粉砂、黏土 | 通道中心线间距12.000m，设计交圈帷幕结构外不小于1.8m | 水平冻结 | 2012.02.16 |

续上表

| 序　号 | 工程名称 | 地层情况 | 冻结规模（开挖范围） | 冻结孔布置方式 | 实施时间 |
|---|---|---|---|---|---|
| 53 | 宁波樱花公园站—福明路站区间联络通道 | 粉质黏土夹粉砂、粉质黏土、粉质黏土 | 通道线间距约 11.2m；帷幕结构外不小于 2m，喇叭口不小于 1.8m | 水平冻结 | 2012.01.19 |
| 54 | 宁波福明路站—世纪大道站区间联络通道 | 淤泥质黏土层、粉质黏土夹粉砂层、黏土 | 通道线间距约 13.4m；帷幕结构外不小于 2m，喇叭口不小于 1.8m | 水平冻结 | 2011.06.03 |
| 55 | 宁波世纪大道站—海晏北路站区间联络通道 | 灰色粉质黏土夹粉砂、灰色粉质黏土 | 通道线间距 13.600m；帷幕结构不小于 2.2m，喇叭口不小于 1.9m | 水平冻结 | 2012.03.14 |
| 56 | 宁波海晏北路站—福庆北路站区间联络通道 | 粉砂、灰色粉质黏土夹粉砂 | 通道线间距 13.670m；帷幕结构外不小于 2m，喇叭口不小于 1.7m | 水平冻结 | 2012.01.14 |
| 57 | 宁波福庆北路站—盛莫路站区间联络通道 | 灰色淤泥、灰色淤泥质黏土、层灰色粉砂、层灰色粉质黏土夹粉砂和灰色粉质黏土 | 通道处两线间距为 12.000m；帷幕结构外不小于 2m，喇叭口 2.5m | 水平冻结 | 2012.03.17 |
| 58 | 宁波盛莫路站—东环南路站区间联络通道 | 层灰色淤泥质黏土、黏土 | 通道处两线间距为 14.000m；帷幕结构外不小于 2m，喇叭口 2.5m | 水平冻结 | 2012.01.01 |
| 59 | 宁波东环南路站—出入段线区间联络通道 | 灰色淤泥质黏土、黏土 | 通道处两线间距为 11.000m | 水平冻结 | 将开始 |
| 60～65 | 苏州地铁火车站站—东风井区间盾构进出洞：东风井右线盾构出洞东洞门、东风井右线盾构进洞西洞门、火车站站右线盾构出洞东洞门、火车站站左线盾构进洞东洞门、东风井左线盾构出洞东洞门和东风井左线盾构进洞东洞门，共 6 个洞门（盾构 3 次到达，3 次始发） | 粉土夹粉砂层外，其余均为灰色粉质黏土层、粉土夹粉砂 | | 在工作井内利用水平冻结和部分倾斜孔冻结加固地层 | 2010 |
| 66 | 无锡地铁 1 号线湖滨路站—大学城站区间 2 号联络通道 | 饱和黏性土 | 总长 7.81m，净宽 2.5m，净高 2.75m | 全断面水平冻结法加固（放射孔） | 2011.05.27 |

| 序号 | 工 程 名 称 | 地 层 情 况 | 冻结规模（开挖范围） | 冻结孔布置方式 | 实 施 时 间 |
|---|---|---|---|---|---|
| 67 | 武汉地铁 2 号线一期工程范汉区间联络通道 | | 联络通道 6～7m（长）×3.9m（宽）×4.3m（高） | 水平冻结（放射孔） | 2009.08.23 |
| 68 | 武汉地铁 2 号线过江隧道联络通道 | 淤泥质砂、粉砂、砂质黏土 | 联络通道 6～7m（长）×3.9m（宽）×4.3m（高） | 水平冻结（放射孔） | 2011.09 |
| 69 | 天津地铁 1 号线小白楼站—下瓦房站区间联络通道 | 粉土、淤泥质粉质黏土和第四系粉质黏土 | | 水平冻结（放射孔） | 2004.08.11 |
| 70 | 天津地铁 1 号线下瓦房站—南楼站区间联络通道 | 淤泥质黏土、粉砂 | 通道开挖轮廓 4.583m（高）×3.3m（宽）×5.7m（长），集水井开挖轮廓5.3m（长）×3.3m（宽）×3.32m（深） | 双向水平冻结（放射孔） | 2005.01 |
| 71 | 天津地铁 3 号线张兴庄站基坑地连墙内部转角止水冻结工程 | | 地连墙内部转角共计 4 个接缝处16个冻结孔，冻结深度29m | 垂直局部冻结 | |
| 72 | 天津地铁 2 号线芥园西道站—咸阳路站联络通道 | | | | 2011.05 |
| 73 | 天津地铁 2 号线翠阜新村站—沙柳路站联络通道 | 粉质黏土、粉土、粉砂、粉质黏土、粉土 | 9.867m 长 | 水平冻结（放射孔），集水井双向 V 形冻结 | 2010 |
| 74 | 天津地铁 2 号线沙柳路—博山道联络通道冻结工程 | 饱和粉质黏土和粉砂 | 联络通道 11m（长）×5.7m（高）×5.2m（宽），泵站 | 全断面水平冻结法加固（放射孔） | 2009.06.08 |
| 75 | 天津地铁 9 号线大直沽西路站—东兴路站区间盾构联络通道 | 淤泥质黏土 | 联络通道开挖 4.24m（高）×3.2m（宽）×7.5m（长） | 单向（放射孔）水平冻结（对面少量下斜冻结孔） | 2008 |
| 76 | 沈阳地铁工程 2 号井 | 含水冲积层 | 井筒净直径7m，冻结深度51m | 垂直冻结 | 1975 |
| 77 | 沈阳地铁 2 号线工—文区间联络通道（两个） | 砂质黏土、粉砂（含大粒径卵石）、细纱 | | 水平冻结（单侧放射孔） | 2011.04 |

续上表

| 序　号 | 工 程 名 称 | 地 层 情 况 | 冻结规模（开挖范围） | 冻结孔布置方式 | 实 施 时 间 |
|---|---|---|---|---|---|
| 78 | 沈阳地铁1号线铁西广场站—云峰北街站区间联络通道 | | | | 2009 |
| 79 | 沈阳地铁1号线云峰北街站—沈阳站区间联络通道 | | 联络通道6m（长）×2.2m（宽） | 单向放射孔（近水平） | 2009 |
| 80 | 沈阳地铁2号线五里河站—奥体中心站区间1号联络通 | | | | 2010 |
| 81 | 上海地铁明珠线二期工程长阳路站—杨树浦路站区间隧道旁通道工程 | 填土、褐黄色、灰黄色黏土、灰色黏质粉土、灰色淤泥质黏土、灰色淤泥质黏土 | 联络通道9m（长）×2.4m（宽），集水井深2.2m | 单向放射孔（近水平） | 2004 |
| 82 | 上海地铁2号线陆家嘴站—河南中路站区间黄浦江下隧道联络通道 | 灰色淤泥质黏土、黏土、粉质黏土 | 联络通道6m长，集水井底到联络通道顶7.9m | 单向放射孔＋对面冷板 | 1998.12.11 |
| 83 | 上海地铁4号线事故处理 | 灰色淤泥质黏土、黏土、粉质黏土 | | 原隧道周边水平（周边封闭） | |
| 84 | 上海地铁1号线思南路联络通道集水井 | 淤泥质黏土、灰色粉砂 | 冻结4.5m×2.9m×2.423m（深） | 垂直冻结（联络通道集水井内） | 1994 |
| 85 | 上海地铁1号线宁海西路下行线隧道侧挂大泵站 | 淤泥质黏土、灰色粉砂、绿色黏土 | 4.5m×4.5m×6.85m（深） | 下行隧道侧边放射冻结孔全断面冻结 | 1994 |
| 86 | 上海地铁明珠线上体场车站穿越原地铁1号线上体馆站 | 饱和灰色淤泥质黏土和砂质粉土 | 隧道断面6.16m（高）×6.38m（宽），长22.6m，穿越段与地铁1号线斜交成79° | 水平冻结 | 2002 |
| 87 | 上海地铁9号线R406标 | | | | |
| 88 | 上海地铁10号线华山路下行线盾构进洞 | | 进洞周边全封闭冻结，长3.2m | 洞内水平冻结 | 2008.11 |
| 89 | 上海地铁10号线中华路盾构出洞 | 砂质粉土、淤泥质砂、饱和粉细砂 | 进洞周边全封闭冻结 | 水平冻结 | 2008 |

| 序 号 | 工 程 名 称 | 地 层 情 况 | 冻结规模(开挖范围) | 冻结孔布置方式 | 实 施 时 间 |
|---|---|---|---|---|---|
| 90 | 上海地铁 10 号线溧阳路—曲阳路站区间曲阳路站盾构进洞加固二次加固 | 砂质粉土、灰色淤泥质黏土、灰色黏土 | 在搅拌桩加固的基础上周边全封闭冻结(长度7m,盾构切削面冻结长1m) | 水平冻结 | 2008 |
| 91 | 上海市复兴东路越江隧道四条联络通道 | 饱和粉细砂、砂土 | | | 2003 |
| 92,93 | 上海大连路越江隧道内两条联络通道 | 砂质粉土、淤泥质砂 | 连接通道的净断面为1.4m×2.2m(高),距离分别为22.87m和17.17m | 水平冻结(放射孔) | 2003 |
| 94 | 上海大连路越江隧道工程出洞加固 | 砂质粉土、淤泥质砂 | 冻结厚度2.8m | 垂直冻结 | 2003 |
| 95 | 上海地铁明珠线蓝村路站—浦东南路站区间隧道联络通道、泵站 | 饱和灰色淤泥质黏土、灰色黏土和灰色粉质黏土 | 线间距 13.482m;通道4.23m(高)×3.2m(宽);泵站 4.2m(长)×3.2m(宽)×2.2m(深) | 全断面水平冻结法加固(放射孔) | 2006.06 |
| 96 | 上海地铁 1 号线漕宝路站和上体馆站之间废旧盾构151 号拆除工作井 | 灰色淤泥质黏土、灰色黏土、灰色粉砂 | 2.07m×9.0m(宽)×15.5m(深)(局部出水后采用液氮冻结) | 垂直冻结(地面3m不冻结,盾构范围不冻结,周边包括上下全冻) | 1992.05.05 |
| 97 | 上海地铁 1 号线长沙路集水井 | 淤泥质黏土 | 隧道侧与集水井之间的死角 | 局部斜孔冻结 | 1994 |
| 98 | 上海祁连山路站—真南路站区间隧道旁通道工程 | | | | |
| 99 | 上海 10 号线国权路站—五角场站区间联络通道及泵站 | 泥质黏土层、黏土层、粉质黏土层、淤泥质黏土层与黏土层 | 长 7.7m | 水平冻结(双侧放射孔) | 2008 |
| 100 | 上海地铁 10 号线10.8 标华山路进洞华山路进洞下行线 | 灰色淤泥质粉质黏土、灰色淤泥质黏土层、灰色黏土 | φ7.5m 圆形布置,开孔间距0.76m(弧长),冻结冻结长度为 6m,孔数31 个 | 井下水平冻结 | 2008.08 |
| 101,102 | 上海地铁上体馆—宜山路站区间 4/3 号盾构进洞 | 灰色砂质粉土、粉质黏土 | 布置圈径 7m 和6.6m,各 9 个孔 | 水平液氮冻结 | 2004.01.11(上行)<br>2004.05.27(下行) |
| 103～107 | 上海地铁 13 号线世博园站—长清路站区间盾构进出洞(4 个) | 灰色砂质粉土、粉质黏土、粉质砂 | 垂直冻结孔 2000m | 垂直冻结 | 2008.09 |

续上表

| 序 号 | 工 程 名 称 | 地 层 情 况 | 冻结规模(开挖范围) | 冻结孔布置方式 | 实 施 时 间 |
|---|---|---|---|---|---|
| 108 | 上海地铁 4 号线浦东南路—南浦大桥的过江风井兼深旁通道 | | | | |
| 109 | 上海下穿国铁与轻轨 3、4 号立交的大统路地道敞开段改建工程 | 含水砂层、黏土层 | 27m×30m×16m(深)基坑冻土帷幕 | 垂直冻结 | 2010 |
| 110 | 上海地铁 2 号线浙江中路—陆家嘴区间隧道旁通道 | | | | |
| 111 | 北京地铁复八线热电厂段隧道 | 杂填土、壤土、细砂 | 拱顶冻结,8 个水平孔长 45m | 水平冻结 | 1997.10 |
| 112 | 北京地铁工程 | 粉质黏土、粉砂 | 冻结段长度 90m,深28m | 垂直冻结 | 1973 |
| 113 | 深圳地铁 1 号线广深铁路桥边地下大流速水地层冻结 | 淤泥质粉质黏土、粉砂、河卵石、旧河床 | 止水帷幕 26m(深)×108m(长) | 垂直冻结 | 2003.01 |
| 114 | 云南星云湖抚仙湖出流改道隧道工程应用冻结工程 | 饱和黏土、粉砂、粉细砂 | 120m 长隧道,60m 深冻结孔(冻结下部 10m) | 垂直冻结 | 2007.05.06 |
| 115 | 南水北调穿越黄河北岸盾构进出洞冻结工程 | 高压含水地层 | 1.2m×13.3m(弧长)×14m(深) | 垂直冻结 | 2008 |
| 116 | 武汉(大咀)长江穿越隧道 $\phi$3.08m 长江边到接收井隧道损坏约 89m 事故处理,隧道江边隔断冻土墙 | 杂填土、粉土、粉沙、中砂 | 计 6 排(5.6m 厚、11m宽),38 个冻结孔 | 垂直冻结 | 2008 |
| 117 | 湖口大桥东塔 4 个桩基冻结工程 | 淤泥、细沙、淤泥质黏土、卵砾石层 | 冻结深度 43m,圈径6m,厚度 1.83m | 垂直冻结 | 1998.03.15 |
| 118 | 凤台淮河大桥主桥墩两个圆形基础 | 饱和砂、砂质黏土 | $\phi$14.0m×42.5m(上游)(36.5m 下游) | 垂直冻结 | 1987.12.09(上游)1988.01.11(下游) |

| 序　号 | 工　程　名　称 | 地　层　情　况 | 冻结规模（开挖范围） | 冻结孔布置方式 | 实　施　时　间 |
|---|---|---|---|---|---|
| 119 | 东海拉尔水泥厂地下卸矿室和皮带走廊 | 含水卵石层 | 地下卸矿室 10.2m×13.6m×20.5m（深），皮带走廊 32.3m×7.1m×（10.5～14.2m）（深） | 垂直冻结 | 1987.06.26 |
| 120 | 南通钢厂沉淀池 | 砂层、砂质黏土层 | φ12m×20m（深） | 垂直冻结 | 1990 |
| 121 | 润扬长江公路大桥南锚碇基础 | 淤泥质亚黏土、亚黏土与粉砂互层、细砂 | 基坑平面尺寸边长为 70.5m×52.5m，开挖深 29.0m。140φ150cm@170cm（172.5cm）排桩桩间冻土柱止水，冻结孔数为 144 个，深40m,冻结帷幕入岩11m | 垂直冻结 | 2001 |
| 122 | 广州丫髻沙大桥 9-27、29 号，10-19、20 号 4 个桩基事故处理工程 | 细纱、砂质黏土 | 全为圆形冻土结构 φ1.9m＋3.5m（双排孔）× 21m,桩基底部冻结厚度为 5m | 垂直冻结 | 1998.12 |
| 123 | 苏嘉杭高速公路庞山湖特大桥 26 号-Y2 灌注桩基事故处理 | 黏土、亚黏土、粉砂 | 在桩基外侧布置 2 圈冻结孔 φ5m×61m（深） | 垂直冻结 | 2001 |
| 124 | 某高校逸夫教学楼 | 砂、砂砾层 | 31.0m×40.0m［对应边 13.0(18)m、22.0(18)m］×12m（深） | 垂直冻结 | 2002 |
| 125 | 陕西神木输水隧洞 7 号 | 含水第四系冲积层厚19.23m | φ2.6m×124.26m（长） | 水平冻结 | 2007.07 |
| 126 | 陕西神木输水隧洞 8 号 | 含水第四系冲积层厚 11.44m | φ2.6m×128.64m（长） | 水平冻结 | 2007.07 |
| 127 | 陕西神木输水隧洞 9 号 | 含水第四系冲积层厚 21.81m | φ2.6m×139.53m（长） | 水平冻结 | 2007.07 |
| 128 | 陕西神木输水隧洞 10 号 | 含水第四系冲积层厚 18.96m | φ2.6m×141.76m（长） | 水平冻结 | 2007.07 |
| 129 | 陕西神木输水隧洞 11 号 | 含水第四系冲积层厚 31.93m | φ3.0m×146.74m（长） | 水平冻结 | 2007.07 |
| 130 | 陕西神木输水隧洞 12 号 | 含水第四系冲积层厚 49.41m | φ3.0m×148.91m（长） | 水平冻结 | 2007.07 |

# 参 考 文 献

[1] 陈湘生. 地层冻结工法理论研究与实践. 北京：煤炭工业出版社，2007.

[2] 陈湘生. 人工冻结黏土力学特性研究及冻土地基离心模型实验. 北京：清华大学，2001.

[3] 木下诚一. 冻土物理学. 王异. 张志权，译. 长春：吉林科学出版社，1985.

[4] 陈湘生. 对冻结井几个关键问题的探讨. 煤炭科学技术，1999(1):36-38.

[5] 张瑞杰，等. 人工地层冻结应用研究进展和展望. 岩土工程学报，2000，22(1):40-43.

[6] 虞相，等. 我国地层冻结技术的新发展//地层冻结工程技术和应用——中国地层冻结工程 40 年论文集. 北京：煤炭工业出版社，1995:11-16.

[7] 陈湘生. 北京和上海地铁水平冻结施工技术. 岩石力学与工程学报，1999(增刊):987-981.

[8] 陈湘生，等. 冻结法在上海地铁建设中的几种形式//地层冻结工程技术和应用——中国地层冻结工程 40 年论文集. 北京：煤炭工业出版社，1995:469-471.

[9] 陈湘生，等. 地层全向冻结加固施工技术//第五届全国青年岩石力学与工程学术会议论文集. 广州：华南理工大学出版社，1999:384-388.

[10] 郭东信. 中国的冻土. 兰州：甘肃教育出版社，1990.

[11] 铁道部第三勘测设计院. 冻土工程. 北京：中国铁道出版社，1994.

[12] H. A. 崔托维奇. 冻土力学. 北京：科学出版社，1990.

[13] 徐学祖，等. 土体冻胀和盐胀机理. 北京：科学出版社，1995.

[14] 赵云龙. 铁路路基冻害及防治. 北京：中国铁道出版社，1984.

[15] 童长江，等. 土的冻胀与建筑物冻害防治. 北京：水利电力出版社，1985.

[16] 中国科学院兰州冰川冻土研究所. 冻土的温度水分应力及其相互作用. 兰州：兰州大学出版社，1985.

[17] 徐学祖. 冻土中水分迁移的试验研究. 北京：科学出版社，1991.

[18] 黄文熙. 土的工程性质. 北京：水利电力出版社，1983.

[19] 钱家欢. 土力学. 南京：河海大学出版社. 1988.

[20] 翁家杰. 井巷特殊施工. 北京：煤炭工业出版社，1991.

[21] 崔广心，李毅. 含水土结冰温度的初步研究. 冰川冻土，1993，15(2):317-321.

[22] 李毅，崔广心，等. 有压条件下湿黏土结冰温度的研究. 冰川冻土，1996，18(1):

43-46.

[23] 崔广心,杨维好.受荷载的湿土结冰温度变化规律的研究.冰川冻土,1997,19(4):321-327.

[24] 李述训,程国栋.冻融土中的水热输运问题.兰州:兰州大学出版社,1995.

[25] Tsutomu,Takashi.土壤单向冻结试验中试样高度对冻胀比的影响//第三届国际地层冻结会议论文选集.北京:科学出版社,1989.

[26] 吴紫汪.土的冻胀性试验研究//中国科学院兰州冰川冻土研究所集刊 第2号.北京:科学出版社,1981:82-86.

[27] 朱强.论季节冻土冻胀沿深度的分布.冰川冻土,1988,10(1):1-7.

[28] 朱强.刚性衬砌渠道冻胀防治设计.冰川冻土,1993,15(2):339-345.

[29] 谢荫琦,等.季节冻土区水工建筑物地基土冻胀性的工程分类//第三届全国冻土学术会议论选文集.北京:科学出版社,1989.

[30] R. H. Jones.人工冻结引起的地层位移//第三届国际地层冻结会议论选文集.北京:科学出版社,1989.

[31] 崔广心.深厚表土层中的冻结壁和井壁.徐州:中国矿业大学出版社,1998.

[32] 陈湘生.离心模型模拟技术在寒区工程中的应用现状和展望//第一届全国寒区环境与工程青年学术会议论文集.兰州:兰州大学出版社,1994:156-161.

[33] 濮家骝.土工离心模型试验及其应用的发展趋势.岩土工程学报,1996,18(5):92-94.

[34] 陶龙光,巴肇伦.城市地下工程.北京:科学技术出版社,1995.

[35] 孙钧.世纪之交岩土力学研究的若干进展//岩土力学数值分析与解析方法.广州:广东科技出版社,1998.

[36] 崔广心.关于冻结壁几个问题的探讨//地层冻结工程技术和应用——中国地层冻结工程40年论文集.北京:煤炭工业出版社,1995:117-122.

[37] 陈湘生.地层冻结技术40年.煤炭科学技术.1996,1:13-15.

[38] 陈湘生.我国煤矿凿井技术现状及展望.煤炭科学技术,1997(1):11-13.

[39] 陈湘生.华东地区立井井壁破坏原因浅析.建井技术,1997(4):1-2.

[40] 汪崇鲜.人工冻结黏土强度准则的试验研究.北京:煤炭科学研究院,1998.

[41] 包承纲.饶锡保,等.岩土工程中离心模型试验的现状和若干技术问题.土工基础,1990(1):22-29.

[42] 任露泉.试验优化技术.北京:机械工业出版社,1987.

［43］陈湘生.土壤冻胀离心模拟试验.煤炭学报,1999,24(6):615-619.

［44］陈湘生.岩土工程技术最新进展——全向冻结技术.地下空间,1999(增刊).

［45］濮家骝.土工离心模型试验及其应用的发展趋势.岩土工程学报,1996,18(5):92-94.

［46］陈湘生.离心模型模拟技术在寒区工程中的应用现状和展望//第一届全国寒区环境与工程青年学术会议论文集.兰州:兰州大学出版社,1994:156-161.

［47］刘建航,侯学渊.基坑工程手册.北京:中国建筑出版社,1997.

［48］Miller R. D. Freezing and heaving of saturated soils. Highway Research Record ,1972(393):1-11.

［49］J. m. Konrad ,N. R. Morgenstern. Effect of applied pressure on freezing soils. Canadian Geotechnical Journal,1982,19:494-505.

［50］B. D. Kay ,E. Perfect. State of the art: Heat and mass transfer in freezing soils//Proceedings of 5th International Symposium on Ground Freezing Rotterdam:A. A. Balkema, 1985,1:3-21.

［51］Yu. N. Malushitsky. The centrifuge model testing of waste-heap embankment. UK: Cambridge University Press,1981.

［52］A. N. Schofield. Cambridge geotechnical centrifuge operations. 20th Rankine Lecture, Geotechnique,1980,30(3):227-268.

［53］R. N. Taylor. Geotechnical centrifuge technology. Blackie Academic & Professional,1995.

［54］P. J. Langhorne, W. H. Robinson. Effect of acceleration on sea ice growth. Nature,1983,305:695-698.

［55］T. S. Unison, A. C Palmer. Physical model study of artificial pipeline settlements//Proceeding of 5th international conference on permafrost ,Trondhein, Norway, 1988(2):1324-1329.

［56］S. A. Ketcham. Applications of centrifuge testing to cold regions geotechnical studies. US Cold Regions Research and Engineering Lab,1990.

［57］A. S. Ketcham, P. B. Black ,P. Pretto. Frost heave loading of a constrained footing by centrifuge modeling. ASCE J. of Geotechnical Engg,1997,123(9):874-880.

［58］A. C. Palmer. Centrifuge modeling of ice and brittle materials. Canadian

Geotech. J, 1991, 28:896-898.

[59] T. S. Vinson, P. L. Wurst. Centrifuge modeling of ice forces on single piles. ASCE Civil Engineering in the Artic Offshore,1985:489-497.

[60] Chen Xiangsheng, C. C. Smith, A. N. Schofield. Frost heave of pipelines: centrifuge and 1g model tests. Cambridge University Technical Report,1993.

[61] Chen Xiangsheng, A. N. Schofield,C. C. Smith. Preliminary tests of heave and settlement of soils undergoing one cycle of freeze—thaw in a closed system on a small centrifuge//Proc. 6th Int. Conf. Permafrost,1993, 2:1070-1072.

[62] Pu Jialiu,Liu F. D ,Li J. K. , etc. Development of medium-size geotechnical centrifuge at tsing university Proceedings of the Int. Conf. Centrifuge 94,Rotterdam:A. A. Balkema,1994:53-56.

[63] Rebhan D. New experience and problems with LIN ground freezing //Ground Freezing 91. Rotterdam :A. A. Balkema, 1991.

[64] Yu. N. Malushitsky. The centrifugal model testing of waste-heap embankments. UK. Cambridge University Press,1981.

[65] A. N. Schofield. Cambridge geotechnical centrifuge operations. 20th Rankine Lecture, Geotechnique, 1980,30(3):227-268.

[66] R. N. Taylor. Geotechnical centrifuge technology. Blackie Academic &. Professional,1995.

[67] P. J. Langhorne ,W. H. Robinson. Effect of acceleration on sea ice growth. Nature, 1983, 305:695-698.

[68] H. F. Clough ,T. S. Vinson Centrifuge model experiments to determine ice forces on vertical cylindrical structure. Cold Regions Science and Technology, 1986, 12:2452-59.

[69] H. F. Clough ,T. S. Vinson. Determination of ice forces with centrifuge models. ASTM J. of Geotech. Test, 1986, 9(2):49-60.

[70] T. S. Vinson , A. C. Palmer. Physical model study of artic pipeline settlements//Proceedings of 5th International Conference on Permafrost, Trondheim, Norway, 1988, 2: 1324-1329.

[71] S. A. Ketcham. Applications of centrifuge testing to cold regions geotechnical studies. US Cold Regions Res. And Engineering Lab, 1990.

[72] A. S. Ketcham, P. B. Black ,P. Pretto. Frost heave loading of a constrained footing by centrifuge modelling. ASCE J. of Geotechnical Engg. , 1997, 123(9): 874-880.

[73] M. S. Lovell ,A. N. Schofield. Centrifugal modelling of sea ice//Proceedings of 1st International Conference on Ice Technology, 1986:105-113.

[74] P. R. Lach, F. Poorooshabs. Centrifuge modelling of ice scour//Proceedings of 4th Canadian Conf. Marine Geotechnical Engineering, 1993:356-374.

[75] A. C. Palmer. Centrifuge modelling of ice and brittle materials. Canadian Geotech. J. , 1991, 28:896-898.

[76] A. C. Palmer, A. N. Schofield, T. S. Vinson etc. Centrifuge modelling of underwater permafrost and sea ice//Proceedings of 4th Int. Offshore Mechanics and Artic Engineering Symposium, 1985,2:65-69.

[77] T. S. Vinson ,P. L. Wurst. Centrifugal modelling of ice forces on single piles//ASCE Civil Engineering in the Artic Offshore, 1985:489-497.

[78] C. C. Smith. Thaw induced settlement of pipelines in centrifuge model tests. Cambridge, 1992.

[79] Chen Xiangsheng, C. C. Smith ,A. N. Schofield. Frost heave of pipelines: centrifuge and 1g model tests, Cambridge Unversity Technical Report, 1993.

[80] Chen Xiangsheng, A. N. Schofield ,C. C. Smith. Preliminary tests of heave and settlement of soils undergoing one cycle of freeze-thaw in a closed system on a small centrifuge//Proc. 6th Int. Conf. Permafrost, 1993,2:1070-1072.

[81] D. J. Goodings ,N. Straub. Boulder jacking through seasonal freezing and thawing//Proceedings of Int'l Conf. Centrifuge 98. Balkema:A. A. 1998:869-873.